钢铁烧结烟气多污染物过程控制原理与新技术

甘　敏　范晓慧　著

科学出版社
北京

内 容 简 介

　　本书主要介绍作者在钢铁烧结烟气多污染物过程控制原理与新技术方面的研究成果。全书共 7 章。第 1 章介绍烧结烟气污染物排放和控制现状;第 2 章揭示烧结烟气污染物的排放规律与特征;第 3 章阐明生物质燃料影响烧结的机理,开发强化生物质能烧结的技术;第 4 章研究烧结过程 NO_x 生成行为和影响因素,开发低 NO_x 烧结技术;第 5 章揭示烟气循环烧结的基本原理,构建适宜的烟气循环烧结模式;第 6 章研究 PM_{10}、$PM_{2.5}$ 的排放特性、生成机理及迁移机制,开发调控 PM_{10}、$PM_{2.5}$ 迁移的关键技术;第 7 章探讨源头减排、过程控制与末端治理有机耦合的高效减排技术。

　　本书可供钢铁冶金、矿物加工工程专业的教师、研究生、高年级本科生参考,也可供相关专业的科研、设计、生产人员参考。

图书在版编目(CIP)数据

钢铁烧结烟气多污染物过程控制原理与新技术/甘敏,范晓慧著. —北京:科学出版社,2019.3
　ISBN 978-7-03-060596-2

Ⅰ.①钢…　Ⅱ.①甘…②范…　Ⅲ.①钢铁冶金-烧结-空气污染控制
Ⅳ.①X511

中国版本图书馆 CIP 数据核字(2019)第 034179 号

责任编辑:牛宇锋　赵晓廷 / 责任校对:王萌萌
责任印制:吴兆东 / 封面设计:蓝正设计

科 学 出 版 社 出版
北京东黄城根北街 16 号
邮政编码:100717
http://www.sciencep.com

北京中石油彩色印刷有限责任公司 印刷
科学出版社发行　各地新华书店经销

＊

2019 年 3 月第 一 版　开本:720×1000　1/16
2023 年 1 月第三次印刷　印张:15 1/2
字数:295 000
定价:118.00元
(如有印装质量问题,我社负责调换)

序

　　钢铁工业是我国国民经济的基础性产业,对国民经济建设起到重要支撑作用。我国粗钢产量已连续 23 年保持世界第一。近年来,钢铁制造水平和钢材品质的不断提高,推动着我国向钢铁强国迈进。但是,钢铁工业是资源密集型和能源密集型产业,其能耗高、污染大,严重制约着我国钢铁工业的转型升级和绿色发展。

　　近年来,我国钢铁行业积极摒弃过去先污染后治理的传统观念,致力于打造环境友好型钢铁工业,创建集约化、洁净化、资源化、低碳化的绿色工厂,取得了阶段性的成效,已有少数钢铁企业基本达到国际先进绿色制造水平,但大多数钢铁企业环保工艺技术水平仍然较低、装备仍然落后。2018 年 7 月 3 日由国务院公开发布的《打赢蓝天保卫战三年行动计划》将钢铁工业纳入污染物减排的重点行业,生态环境部随即颁布了全球范围内最严格的钢铁工业超低排放标准,对我国钢铁企业环保技术挑战巨大。

　　我国钢铁工业以长流程生产为主,"烧结—高炉—转炉"的冶炼工艺占主导地位。能耗高、污染重的铁前工序是节能和减排的重点,其中烧结工序排放的烟气中含 CO_x、SO_x、NO_x、二噁英、重金属、超细颗粒物等多种污染物,是钢铁流程中污染最为严重的环节,其污染占钢铁工业污染总负荷的 40%。当前烧结烟气主要采用末端治理技术,但存在设备复杂、流程长、投资和运行成本高、副产物难利用等诸多问题,且难以达到超低排放的苛刻要求。由于治理难度大,烧结烟气被列为钢铁工业"十三五"规划的重点治理对象。

　　面对日趋严苛的环保要求,污染物源头和过程控制方法变得越来越重要,从工艺本身和生产过程出发,减少烟气排放和污染物的产生量,减少末端治理的任务并提高净化效率,是烧结工序实现低成本超低排放的核心。中南大学长期致力于烧结烟气污染物源头和过程减排的研究工作,涵盖清洁能源替代化石燃料、烟气循环利用、污染物过程抑制生成、污染物集中排放等基础理论和新技术的研究,为钢铁工业超低排放改造及绿色制造提供了技术支撑。

　　该书是作者总结多年的研究成果撰写而成的。书中针对烧结烟气多污染物控制,以污染物的生成特性和排放规律为基础,构建了多污染物源头和过程控制技术路线,开发了生物质能烧结技术、烧结过程 NO_x 抑制生成技术、烟气循环烧结新工艺、$PM_{2.5}$ 迁移和排放调控方法等,建立了节能、减排、低碳且具有广泛适用性的技术支撑体系,实现了烟气减量排放、污染物减量生成与集中排放,并通过耦合污染物综合治理技术,实现了烧结烟气多污染物的高效控制。

　　该书是一部系统反映钢铁烧结烟气污染物过程控制研究前沿和最新研究成果的专著,它的出版对提升钢铁制造绿色水平具有重要意义,将对钢铁工业环保技术的进步和可持续健康发展做出积极贡献。

2019 年 3 月于长沙

前　　言

我国是世界最大的钢铁生产国,粗钢产量占全球近 50%。巨大的产能导致能源消耗量大、环境负荷重。钢铁工业能源消耗占全国总能耗的 15%,烟尘、CO_x、SO_x、NO_x、二噁英排放量分别占全国排放总量的 8.3%、12%、7.4%、6%、32%,废气排放约占全国工业废气排放量的 21%。因此,为了推动我国钢铁产业持续健康发展,一方面要发挥钢铁在国民经济建设的支柱作用,另一方面要继续减少能源消耗和污染物排放以实现钢铁绿色生产。

近年来,国家非常重视钢铁行业的节能减排,并取得了阶段性的成效,2017 年统计的中国钢铁工业协会会员单位吨钢综合能耗同比下降 2.16%,外排废气中 SO_2 排放量同比下降 3.69%,烟尘排放量同比下降 7.34%。但当前的排放水平与钢铁绿色制造的目标相比,仍有较大的差距。钢铁工业迫切需要转型升级,通过超低排放改造,使钢铁工业成为与社会、城市、生态环境共融共存的低碳绿色产业。

我国钢铁生产以"烧结—高炉—转炉"的长流程为主,烧结为炼铁提供 70% 以上的含铁炉料,是最重要的原料加工工序。但烧结是钢铁制造流程中的高能耗、高污染环节,其能耗仅次于高炉炼铁而居第二位,烧结烟气中的 SO_x、NO_x、二噁英、重金属、$PM_{2.5}$ 等污染物的排放量均居钢铁工业首位,污染物排放到大气危害巨大,直接威胁到人类的生存环境。

烧结烟气超低排放改造是大气污染治理的重要内容,2018 年生态环境部发布的《钢铁企业超低排放改造工作方案(征求意见稿)》要求烧结球团行业颗粒物、二氧化硫、氮氧化物小时均值排放浓度分别不高于 $10mg/m^3$、$35mg/m^3$ 和 $50mg/m^3$,力争到 2020 年、2022 年、2025 年底前分别完成钢铁产能改造 4.8 亿 t、5.8 亿 t、9 亿 t 左右的目标。因此,烧结烟气超低排放改造任务重、时间紧、难度大。目前主要依靠末端治理的方法存在以下问题:①污染物难以达到超低排放标准所需的脱除程度;②烧结烟气量大,污染物种类多,且治理多为组合工艺,导致设备投资高、占地空间大、运行成本高;③缺乏针对烧结烟气特征开发的控制技术,使得环保技术被动适应烧结工艺;④副产物产出量大,容易导致二次污染。

面对严峻的环保形势,以及当前主要依靠末端治理技术存在的不足,近十年来作者在国家自然科学基金的资助以及中冶长天国际工程有限责任公司(简称"中冶长天")、中国宝武钢铁集团有限公司(简称"宝钢")、湖南华菱湘潭钢铁有限公司(简称"湘钢")等企业的支持下,持续开展了烧结烟气多污染物过程控制原理与新技术的研究,从清洁能源替代化石燃料、烟气循环利用、污染物过程抑制生成、污染物集中排放等多方面实现烟气与污染物的源头和过程减排,并通过有机耦合末端治理技术,突破超低排放改造的关键科学问题。

本书是在总结研究成果和经验的基础上撰写而成的。全书共7章。第1章分析钢铁工业的发展趋势,介绍烧结烟气污染物排放和控制现状;第2章揭示烧结烟气污染物的排放规律和特征;第3章研究生物质燃料替代化石燃料对烧结过程的影响机理,开发生物质能烧结的强化技术;第4章研究烧结过程中 NO_x 的生成行为,探明抑制 NO_x 形成的关键因素,开发低 NO_x 烧结技术;第5章揭示烟气循环对烧结过程的影响机理,以及烟气污染物在循环过程中的减排行为,构建适宜的烟气循环烧结模式;第6章系统研究烧结烟气 PM_{10}、$PM_{2.5}$ 的排放特性,揭示 PM_{10}、$PM_{2.5}$ 在烧结过程中的生成机理及迁移机制,开发调控 PM_{10}、$PM_{2.5}$ 迁移和排放的关键技术;第7章介绍通过源头减排、过程控制技术有机耦合末端治理技术,实现多污染物综合减排。

本书第2~4章、第7章由甘敏撰写,第1章、第5章(5.1节、5.3~5.5节)、第6章(6.1节、6.2节、6.5~6.8节)由范晓慧撰写,陈许玲参与了5.2节的撰写,季志云参与了6.3节和6.4节的撰写,吕薇和汪国靖参与了本书的材料整理工作。在本书完稿之际,作者特别感谢中国工程院院士邱冠周教授在百忙之中审阅书稿并撰写序言,感谢邱冠周院士、胡岳华教授和姜涛教授多年的指导和培养,感谢同事和研究生的支持与帮助。

本书得到国家自然科学基金钢铁联合研究基金重点项目(U1660206)、国家自然科学基金面上项目(51474237)、国家自然科学基金青年科学基金项目(51804347、51304245)、国家自然科学基金钢铁联合研究基金项目(U1760107、51174253)等的资助。

由于作者水平有限,书中难免存在不足、疏漏之处,恳请各位读者批评指正。

作　者
2019 年 3 月于长沙

目　　录

序
前言
第1章　钢铁绿色制造及烧结清洁生产现状 ……………………………………… 1
　1.1　钢铁工业发展现状及趋势 ………………………………………………… 1
　1.2　烧结污染物排放与清洁生产现状 ………………………………………… 4
　　1.2.1　烧结能耗和污染物排放 ……………………………………………… 4
　　1.2.2　烧结清洁生产与污染物排放标准 …………………………………… 6
　1.3　烧结烟气污染物控制现状 ………………………………………………… 10
　　1.3.1　CO_x 控制技术 ………………………………………………………… 10
　　1.3.2　SO_2 控制技术 ………………………………………………………… 12
　　1.3.3　NO_x 控制技术 ………………………………………………………… 14
　　1.3.4　颗粒物控制技术 ……………………………………………………… 16
　　1.3.5　多污染物控制技术 …………………………………………………… 18
　1.4　污染物过程控制的意义及思路 …………………………………………… 21
　　1.4.1　过程控制对整体减排的意义 ………………………………………… 21
　　1.4.2　过程控制技术思路 …………………………………………………… 23
　参考文献 …………………………………………………………………………… 24
第2章　烧结烟气污染物排放特征 ……………………………………………… 30
　2.1　烧结过程烟气排放规律 …………………………………………………… 30
　　2.1.1　烟气温度、流量及负压变化规律 …………………………………… 30
　　2.1.2　气体污染物排放规律 ………………………………………………… 31
　　2.1.3　PM_{10}、$PM_{2.5}$ 及重金属排放规律 ……………………………… 33
　2.2　烧结烟气污染物整体排放特征 …………………………………………… 35
　　2.2.1　气体污染物排放特征 ………………………………………………… 35
　　2.2.2　颗粒态污染物排放特征 ……………………………………………… 36
　　2.2.3　二噁英排放特征 ……………………………………………………… 37
　2.3　烟气特征区域划分 ………………………………………………………… 38
　2.4　本章小结 …………………………………………………………………… 39
　参考文献 …………………………………………………………………………… 40

第3章　生物质能烧结原理与减排技术 ·· 41

　3.1　生物质燃料的物化特性 ··· 41

　3.2　生物质燃料燃烧特征与气化特性 ····································· 44

　　3.2.1　燃烧特征及其动力学 ·· 44

　　3.2.2　气化特性及其动力学 ·· 49

　3.3　生物质燃料影响烧结的规律 ··· 53

　　3.3.1　对烧结矿产量、质量指标的影响 ································ 53

　　3.3.2　对烧结矿成分的影响 ·· 54

　　3.3.3　对烧结矿冶金性能的影响 ······································ 54

　3.4　生物质燃料对烧结污染物减排的影响 ································· 56

　　3.4.1　对 CO_2 减排的影响 ·· 56

　　3.4.2　对 SO_2 减排的影响 ·· 56

　　3.4.3　对 NO_x 减排的影响 ·· 57

　3.5　生物质燃料影响铁矿烧结的机理 ····································· 58

　　3.5.1　对燃烧前沿的影响 ·· 58

　　3.5.2　对燃料燃烧程度的影响 ·· 59

　　3.5.3　对燃烧带气氛的影响 ·· 60

　　3.5.4　对料层温度的影响 ·· 61

　　3.5.5　对烧结矿矿物组成的影响 ······································ 63

　　3.5.6　对烧结矿微观结构的影响 ······································ 64

　　3.5.7　影响机理分析 ·· 65

　3.6　基于调控生物质燃料性能的强化烧结技术 ··························· 65

　　3.6.1　优化炭化工艺 ·· 65

　　3.6.2　成型预处理技术 ·· 67

　　3.6.3　生物质改性技术 ·· 69

　3.7　基于生物质与煤同步炭化的强化烧结技术 ··························· 71

　　3.7.1　生物质型焦特性的研究 ·· 71

　　3.7.2　生物质型焦与秸秆炭/焦粉的燃烧性比较 ······················ 75

　　3.7.3　生物质型焦的烧结应用效果 ···································· 76

　3.8　本章小结 ··· 77

　参考文献 ··· 78

第4章　低 NO_x 烧结原理与新技术 ····································· 81

　4.1　烧结 NO_x 生成机理及来源分析 ··································· 81

　　4.1.1　烧结 NO_x 生成机理 ·· 81

　　4.1.2　烧结 NO_x 来源 ·· 83

4.2　工艺参数对 NO$_x$ 排放的影响 ································· 85
　　4.2.1　混合料水分的影响 ································· 85
　　4.2.2　焦粉的影响 ······································· 86
　　4.2.3　生石灰的影响 ····································· 88
　　4.2.4　碱度的影响 ······································· 89
　　4.2.5　料层高度的影响 ··································· 90
4.3　燃料性质对 NO$_x$ 生成的影响 ·························· 91
　　4.3.1　燃料氮含量的影响 ································· 92
　　4.3.2　固定碳含量的影响 ································· 92
　　4.3.3　挥发分含量的影响 ································· 92
　　4.3.4　燃料反应性的影响 ································· 94
　　4.3.5　燃料粒度的影响 ··································· 94
4.4　烧结原料及产物对 NO$_x$ 生成的影响 ·················· 95
　　4.4.1　铁氧化物的影响 ··································· 95
　　4.4.2　熔剂的影响 ······································· 97
　　4.4.3　铁氧化物和熔剂混合物的影响 ······················ 98
　　4.4.4　烧结过程生成物的影响 ····························· 99
4.5　燃烧条件对 NO$_x$ 生成的影响 ·························· 101
　　4.5.1　燃烧温度的影响 ···································· 101
　　4.5.2　气氛的影响 ·· 103
4.6　燃料分布对燃烧和 NO$_x$ 生成的影响 ··················· 105
　　4.6.1　制粒小球中燃料的分布状态 ························· 105
　　4.6.2　燃料分布对燃烧的影响 ····························· 106
　　4.6.3　燃料分布对 NO$_x$ 生成的影响 ···················· 107
4.7　基于燃料预处理的低 NO$_x$ 烧结技术 ··················· 109
　　4.7.1　燃料预处理对燃烧过程 NO$_x$ 生成的影响 ··········· 109
　　4.7.2　燃料预处理对制粒的影响 ··························· 109
　　4.7.3　燃料预处理对烧结指标和 NO$_x$ 排放的影响 ········· 111
4.8　基于燃料预制粒的低 NO$_x$ 烧结技术 ··················· 116
　　4.8.1　预制粒工艺 ·· 116
　　4.8.2　预制粒物料比例对烧结的影响 ······················ 117
　　4.8.3　预制粒物料比例对 NO$_x$ 排放的影响 ··············· 118
　　4.8.4　生物质燃料替代部分焦粉强化技术 ··················· 119
4.9　本章小结 ·· 121
参考文献 ·· 122

第5章 烟气循环烧结原理与新工艺················124

5.1 循环烟气对烧结指标的影响················124

　5.1.1 O_2 含量的影响················124

　5.1.2 CO_2 含量的影响················126

　5.1.3 $H_2O(g)$含量的影响················127

　5.1.4 CO 含量的影响················128

　5.1.5 气体温度的影响················129

　5.1.6 循环烟气的适宜组成················131

5.2 污染物在循环过程的反应行为················131

　5.2.1 反应热力学分析················132

　5.2.2 CO 的燃烧行为················134

　5.2.3 NO_x 的催化还原················134

　5.2.4 SO_2 的吸附反应················137

　5.2.5 与常规烧结工艺的对比················140

5.3 烟气循环对烧结成矿的影响················141

　5.3.1 对烧结气氛的影响················141

　5.3.2 对料层温度场的影响················143

　5.3.3 对烧结矿物相组成的影响················145

　5.3.4 对烧结矿微观结构的影响················147

5.4 烟气循环模式的构建················149

　5.4.1 烟气循环烧结设计原理················150

　5.4.2 不同循环模式的循环烟气特性················152

　5.4.3 循环模式对烧结指标的影响················154

　5.4.4 循环模式对烧结矿微观结构的影响················154

　5.4.5 循环模式对烧结矿冶金性能的影响················157

　5.4.6 循环模式对烧结烟气排放的影响················158

　5.4.7 烟气循环工艺比较················159

5.5 本章小结················161

参考文献················162

第6章 烧结 PM_{10} 和 $PM_{2.5}$ 特性及控制技术················164

6.1 烧结烟气 PM_{10}、$PM_{2.5}$ 理化特性················164

6.2 影响烧结烟气 PM_{10}、$PM_{2.5}$ 排放的因素················169

　6.2.1 水分的影响················169

　6.2.2 焦粉配比的影响················169

　6.2.3 制粒时间的影响················171

6.2.4　原料条件的影响 ……………………………………………… 172

6.3　烧结过程 PM_{10}、$PM_{2.5}$ 的生成机理 ……………………… 176

6.3.1　在干燥预热阶段的生成行为 ………………………………… 177

6.3.2　在燃烧前期的生成行为 ………………………………………… 179

6.3.3　在燃烧后期的生成行为 ………………………………………… 181

6.3.4　在熔融阶段的生成行为 ………………………………………… 184

6.3.5　PM_{10}、$PM_{2.5}$ 的生成机理 …………………………………… 186

6.4　料层对 PM_{10}、$PM_{2.5}$ 的吸附行为 ……………………… 190

6.4.1　湿料带厚度的影响 ……………………………………………… 190

6.4.2　湿料带水分的影响 ……………………………………………… 191

6.4.3　混合料粒度分布的影响 ………………………………………… 192

6.4.4　湿料带吸附 PM_{10}、$PM_{2.5}$ 的机理 ………………………… 194

6.5　PM_{10}、$PM_{2.5}$ 在料层的解吸行为 ……………………… 196

6.5.1　湿料带吸附 PM_{10}、$PM_{2.5}$ 后的化学组成变化 ………… 196

6.5.2　PM_{10}、$PM_{2.5}$ 在高温过程的解吸特征 …………………… 197

6.5.3　有害元素在高温过程的解吸行为 …………………………… 201

6.5.4　PM_{10}、$PM_{2.5}$ 排放与其生成-迁移的关系 ……………… 203

6.6　基于分层布料调控 PM_{10}、$PM_{2.5}$ 排放的技术 ……… 204

6.6.1　料层中有害元素的脱除规律 ………………………………… 204

6.6.2　分层布料对 PM_{10}、$PM_{2.5}$ 排放的影响 ………………… 206

6.6.3　分层布料对烧结和有害元素脱除的影响 …………………… 211

6.7　基于黏结剂强化料层吸附的 PM_{10}、$PM_{2.5}$ 迁移调控技术 …… 213

6.7.1　黏结剂强化料层吸附 PM_{10}、$PM_{2.5}$ 的效果 …………… 213

6.7.2　黏结剂强化 PM_{10}、$PM_{2.5}$ 集中排放的效果 …………… 214

6.7.3　黏结剂强化料层吸附 PM_{10}、$PM_{2.5}$ 的机理 …………… 217

6.8　本章小结 ………………………………………………………… 220

参考文献 …………………………………………………………… 220

第7章　烧结烟气污染物综合控制技术探讨 ………………………… 222

7.1　基于烟气减量与生物质减排的综合技术 ……………………… 222

7.1.1　燃烧和传热行为 ………………………………………………… 222

7.1.2　对烧结指标的影响 ……………………………………………… 224

7.1.3　综合减排效果 …………………………………………………… 224

7.2　基于集中排放的 $PM_{2.5}$ 综合控制技术 ……………………… 225

7.2.1　$PM_{2.5}$ 集中排放区烟气特点 ………………………………… 225

7.2.2　$PM_{2.5}$ 集中区布袋除尘方法 ………………………………… 226

　　　7.2.3　活性炭吸附 ·· 226
　　7.3　过程控制耦合低成本净化工艺 ···································· 229
　　　7.3.1　过程综合控制技术 ·· 229
　　　7.3.2　分段脱硫脱硝工艺 ·· 230
　　　7.3.3　并联式活性炭脱硫脱硝工艺 ······························ 232
　　7.4　本章小结 ·· 233
　　参考文献 ·· 233
作者简介 ·· 235

第1章 钢铁绿色制造及烧结清洁生产现状

钢铁是现代社会生活中最重要、应用最多且价格低廉的金属材料,也是最易于回收和再生的资源。钢铁享有"工业粮食"的美誉,对国防、交通、建筑、机械制造、汽车等工业起着重要的支撑作用,为人类社会的发展做出了巨大贡献,在今后相当长的时期内仍然是其他材料无法替代的、最重要的工业材料。

1.1 钢铁工业发展现状及趋势

世界钢铁工业经历了两次高速增长期(图 1.1)。1900 年世界粗钢产量为 2850 万 t,20 世纪 50~70 年代,粗钢产量由 2 亿 t 左右迅速增至 7 亿 t,经历第一次高速增长期,这一时期的高速增长源于美国、欧洲、日本等国家和地区第二次世界大战后的恢复和重建。进入 21 世纪,世界粗钢产量进入了第二次高速增长期,增长的主要原因是发展中国家(主要是中国)及新兴工业国家的工业化和大规模基础设施建设[1-3]。2004 年世界粗钢产量首次突破 10 亿 t,受国际金融危机影响,2008 年、2009 年连续两年下降,而随着世界经济的逐步复苏,2010 年后稳步回升,2017 年世界粗钢产量达到 16.912 亿 t,我国粗钢产量达到 8.317 亿 t,约占世界粗钢产量的 49.2%。

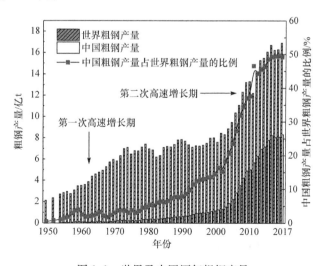

图 1.1 世界及中国历年粗钢产量

钢铁工业两次高速增长期的技术进步是不同的：第一次高速增长期的主体是发达国家,技术进步主要来自发达国家技术创新;第二次高速增长期的主体是发展中国家和新兴工业国家,技术进步主要依靠从发达国家引进技术。20世纪80年代初我国钢铁工业以宝钢系统引进日本钢铁设备与技术为切入点,开始对世界先进钢铁技术系统进行引进、消化与吸收;80年代末开始对钢铁行业"六大共性技术"实施行业攻关,致力于对当代钢铁先进技术的集成应用;90年代主要通过提高连铸比,提升钢铁生产工艺与效率水平;21世纪以来,工艺技术和装备水平持续提高,陆续建设了一批生产工艺先进的钢铁厂。但是,就当前的整体水平来看,我国的钢铁企业与世界最先进的钢铁企业相比仍有差距,需要在技术工艺、产品质量、环保标准、企业效益等方面进一步提升,通过前沿创新实现钢铁大国向钢铁强国转变[4-7]。

随着钢铁产量的不断提高,传统生产模式带来的资源、能源和环境的制约越来越严重。当前,钢铁工业面临的主要矛盾已经转化为产业结构与市场竞争需求不适应、绿色发展水平与生态环境需求不适应的矛盾。为解决新时期面临的主要矛盾,钢铁企业未来的发展模式将通过绿色制造向生态化转型,应由单一功能向多功能转变。殷瑞钰院士提出了新时期钢铁企业的三大功能[4]:①冶金材料生产功能,构建新一代生产流程,确立新一代钢厂模式,开发新一代钢铁材料;②能源转换功能,生产清洁能源,如低硫煤气、富氢煤气、富CO煤气,用于发电或作为化工原料,甚至探索转化为氢气,为社会提供能源;③处理大宗社会废弃物,处理社会废钢、废塑料、废轮胎和焚烧垃圾,为城区集中处理废水等。基于此,要实现钢铁制造业转型升级,从钢铁大国向钢铁强国迈进,钢铁制造工艺和流程创新、钢铁先进智能制造、钢铁绿色制造是三大基本要素。

(1) 钢铁制造工艺和流程创新。

钢铁工业是典型的流程工业,包括原料—烧结—炼铁—炼钢—连铸—热轧—冷轧—热处理等众多环节,流程中的每个环节都会对钢铁制造产生影响,全流程的综合作用,决定钢铁产品的质量和制造水平。因此,钢铁工业前沿性、战略性、颠覆性的创新,取决于全流程、一体化的创新。

炼铁工艺应以低碳冶炼为目标,能源结构由化石能源向富氢燃料转变,开发气基直接还原、熔融还原等非高炉炼铁技术,减少CO_2的排放;炼钢应发展电炉炼钢工艺,开发适应铁水、废钢、直接还原铁的炼钢技术,实现废钢资源的循环利用;轧钢工艺应发挥近终形、短流程的优势,优化薄板坯连铸连轧流程、薄带连铸流程等,开发流程减量化的生产工艺。总体来说,钢铁制造应走绿色化道路,开发减量化、高性能、长寿命、易循环的绿色钢铁材料[8]。

(2) 钢铁先进智能制造。

智能化是未来钢铁工业技术发展的方向之一。为大幅提升生产效率,全球钢铁企业都在致力于钢铁智能制造,将大数据、人工智能等技术应用于钢铁生产。韩国浦项钢铁公司光阳厂厚板分厂是智能工厂的典范,其智能化水平已经走在世界前列。光阳厂厚板分厂将物联网、大数据、人工智能等技术手段应用于钢铁生产,涵盖操作管理、质量管理、人工智能、虚拟工厂和安全管理五个方面,建立了高附加值产品量产体系,生产效率居世界领先水平。同时开发了降本增效、质量控制、信息融合等技术,扩大高附加值产品比例,灵活应对生产环境的变化[9],其成功经验值得我国钢铁企业学习和借鉴。

钢铁生产流程和设备十分复杂,存在强烈的复杂性、非线性、时变性和不确定性等,一般很难用精确的数学模型描述,而人工智能技术恰恰在这方面具有优势[5,10]。殷瑞钰院士提出了智能化钢厂建设的概念,构建起植根于流程运行要素及其优化的运行网络、运行程序的物理模型,通过以制造流程物理系统结构优化和数字化信息系统相互融合来实现钢厂智能化[5]。

(3) 钢铁绿色制造。

钢铁工业作为污染和能耗大户,其排放的 SO_2、NO_x、烟粉尘等污染物占全国工业的 7%～14%,是大气的主要污染源之一。因此,钢铁工业成为我国环境治理的重点领域。

我国为推进钢铁产业的可持续发展制定了阶段性目标:《钢铁工业调整升级规划(2016—2020 年)》明确到 2020 年,我国钢铁产业能源消耗总量比 2016 年下降10%以上。我国向国际社会承诺,"到 2030 年单位国内生产总值二氧化碳排放比2005 年下降 60%～65%"。钢铁产业作为重点碳排放行业,是履行国家应对气候变化目标责任的重要组成部分。

我国钢铁工业的绿色化必须从结构调整入手,并从三个层次上实施绿色化重点技术,积极推动我国钢铁工业的清洁生产和绿色化进程[4-5]:①普及、推广相对成熟的节能减排技术,如干熄焦、厚料层烧结、高炉煤气和炉顶余压发电、转炉煤气回收、转炉溅渣护炉、钢渣的资源化再利用、蓄热式清洁燃烧、铸坯热装热送、高效连铸和近终形连铸等;②投资开发一批有效的绿色化技术,如烧结烟气脱硫脱硝综合治理技术、焦炉煤气净化技术、高炉喷吹废塑料或焦炉处理废塑料等;③探索研究一批未来的绿色化技术,如熔融还原炼铁技术及新能源开发、薄带连铸技术、新型焦炉技术,以及处理废旧轮胎、垃圾焚烧炉等与社会友好的废弃物处理技术。

钢铁工业的绿色发展,必须依托环保技术的更新,按照循环经济的基本原则,以清洁生产为基础,紧抓资源高效利用和节能减排,全面实现低成本高质量钢铁产品制造、能源高效转换与回收利用、大宗废弃物处理-消纳与资源化这三个功能,并与其他行业和周边社会实现生态化链接,从而构建绿色发展模式,大力发展生态效益、经济效益、社会效益相统一的绿色、循环、低碳钢铁产业。

1.2 烧结污染物排放与清洁生产现状

1.2.1 烧结能耗和污染物排放

我国炼铁系统以烧结球团—高炉流程为主,烧结是钢铁生产的第一道工序,其产品烧结矿是高炉冶炼的主要炉料,约占高炉含铁炉料的75%。我国历年烧结矿年产量如图1.2所示,从2013年起烧结矿年产量超过10亿t。

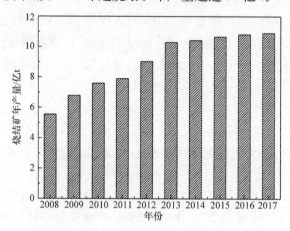

图1.2　我国历年烧结矿年产量

目前,大部分细粒铁矿石原料都需经过烧结、球团工艺造块处理后,才能入炉进行冶炼。烧结是将细粒物料进行高温加热,在不完全熔化的条件下烧结成块,所得产品称为烧结矿,是一种由多种矿物组织构成的多孔集合体,孔隙率为40%~50%。高碱度烧结矿配加部分球团矿或块矿是我国高炉主要采用的炉料结构。高碱度烧结矿具有粒度均匀、粉末较少、还原性与高温软熔性能较好、化学成分稳定、造渣性能良好等优点,有利于降低高炉工序能耗和改善生产指标。烧结矿的上述特点,决定了其在高炉炉料结构中占主导地位。

但烧结也是典型的高能耗、高污染过程,其过程温度高达1300℃,导致能源消耗大,工序能耗占钢铁生产总能耗的10%~15%,是仅次于炼铁的钢铁生产第二耗能过程。烧结能耗主要由固体燃料消耗、电力消耗、点火能耗三部分构成,各自的比例为75%~80%、5%~10%、13%~20%。从烧结矿的加工费用来看,燃料费用占40%以上。

21世纪以来,我国烧结能耗下降明显(图1.3),2017年新疆八一钢铁有限公司烧结工序能耗降低至38.0kgce/t(千克标准煤/吨烧结矿),唐山钢铁集团有限责任公司(简称"唐钢")也降至44.4kgce/t,达到了国际先进水平。另外,河钢集团承钢公司(简称"承钢")、新余钢铁集团有限公司(简称"新余钢铁")、河北敬业集团有限公司(简称"河北敬业")、江苏沙钢集团有限公司(简称"沙钢")、广西柳州钢铁集团有限公司(简称"柳钢")、宣化钢铁集团有限责任公司(简称"宣钢")、邯郸钢铁股份有限公司(简称"邯钢")、济钢集团有限公司(简称"济钢")、攀钢集团有限公司(简称"攀钢")、方大特钢科技股份有限公司(简称"方大特钢")、萍乡钢铁有限责任公司(简称"萍钢")等,工序能耗也在 48kgce/t 以下,在国内达到了较为先进的水平。我国少数企业的烧结工序能耗已达到或接近世界先进水平,但大部分烧结厂的能耗还很高。

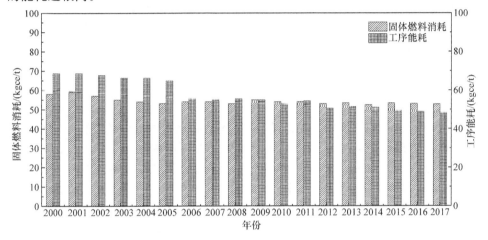

图 1.3　我国历年烧结工序能耗和固体燃料消耗

我国烧结行业的整体能耗水平和日本、德国等先进国家还有较大的差距。日本烧结的固体燃料消耗指标处于世界领先水平,其固体燃料消耗平均为 45kgce/t[11],福山制铁所烧结厂在实施许多节能措施后,烧结总能耗降低到 42kgce/t,达到国际领先水平,并计划将能耗继续降低到 32kgce/t。欧洲有些烧结厂的固体燃料消耗也降低到了类似的程度。

除能耗高外,由于烧结是气-固对流传热的高温成矿过程,所以产生大量的烟气,占钢铁工业总废气量的 40%,且烟气中含有多种危害性大的污染物。因此,烧结产物成为钢铁工业最为严重的大气污染源。

烧结过程排放的烟气含有粉尘、CO_x、SO_x、NO_x、二噁英(PCDD/PCDFs)和呋喃等高致癌物质、酸性气体(HF、HCl 等)、重金属(Hg、Pb、Cr、Cu、Cd 等)和碱金属(K、Na 等)等多种污染物[12]。由表 1.1 可知,烧结烟气中 SO_x、NO_x、酸性气体、二噁英、$PM_{2.5}$ 的排放量分别占钢铁工业总排放量的 70%、48%、48%、48%、40%,均居钢铁工业第一位,其治理任务重、难度大。

表 1.1　烧结污染物排放量占钢铁工业总排放量的比例

项目	烟气量	烟气污染物						
		CO_x	SO_x	NO_x	酸性气体	重金属	二噁英	$PM_{2.5}$
占比/%	40	10	70	48	48	36	48	40
位次	第一	第二	第一	第一	第一	第一	第一	第一

烧结烟气中含尘量一般为 $1\sim5g/Nm^3$，CO_x 含量为 $120\sim160g/Nm^3$，SO_2 含量一般为 $400\sim1500mg/Nm^3$，有的高达 $3000mg/Nm^3$ 以上，NO_x 含量为 $250\sim400mg/Nm^3$，二噁英含量为 $0.8\sim2.0ng\text{-}TEQ/m^3$，HCl 排放浓度多为 $20\sim60mg/Nm^3$，有的高达 $130mg/Nm^3$ 以上，重金属最高可达 $0.6mg/Nm^3$。根据当前年产 10 亿 t 以上烧结矿的生产规模，每吨烧结矿产生 $1300\sim1600Nm^3$ 废气，CO_x、SO_x、NO_x、HCl、二噁英的排放强度分别为 200kg/t(吨烧结矿)、1.5kg/t、0.45kg/t、75g/t、$1.5\mu g\text{-}TEQ/t$ 计算，我国烧结行业每年产生 CO_x、SO_x、NO_x、HCl、二噁英等污染物分别达 2 亿 t、150 万 t、45 万 t、7.5 万 t、1.5kg。

烧结烟气中的污染物对生态环境和人体机能都有相当大的危害。CO_2 是温室气体，能使环境变暖，且高浓度 CO_2 会刺激人的呼吸中枢；SO_x、NO_x 是形成"酸雨"的主要原因，且 NO_x 参与产生的光化学烟雾是一种有毒性的二次污染物，对人体有很大的刺激性和毒害作用；酸性气体 HCl 和 HF 会对人体皮肤、眼睛、呼吸道等产生强烈的刺激；二噁英是迄今为止人类发现过的最具致癌潜力的物质，其剂量低、难降解、易于生物富集，即使在浓度很低的环境中人体也会发生诸多病变；重金属易通过降尘污染土壤，并通过食物链进入人体引发各种机能障碍；烧结产生粉尘，尤其是 PM_{10}、$PM_{2.5}$，通常富集各种重金属元素和多环芳烃类、二噁英类等有机污染物，是大气中化学组成最复杂、危害最大的污染物，可引起大气能见度降低，是诱发雾霾、烟雾事件和臭氧层破坏等的重要因素，且通过呼吸系统进入人体后，可以进入鼻腔、肺泡，其对人体健康威胁巨大[13-21]。因此，有必要降低烧结烟气污染物的排放，减少其对环境的破坏。

今后相当长时期内，能源、环保仍是钢铁工业与社会和谐发展面临的最紧迫、最严峻的问题。《钢铁工业调整升级规划(2016—2020 年)》提出，钢铁工业要通过实施绿色升级改造、发展循环经济，实现与社会的共融发展。烧结作为钢铁工业污染最为严重的工艺环节，其清洁生产是钢铁绿色制造的关键。因此，烧结制备优质炉料及其清洁生产对我国钢铁工业的持续健康发展具有重大意义。

1.2.2　烧结清洁生产与污染物排放标准

1. 烧结清洁生产标准

针对烧结行业清洁生产，2008 年环境保护部颁布《清洁生产标准　钢铁行业

（烧结）》（HJ/T 426—2008）环境保护标准。烧结清洁生产，是指不断采取改进设计、使用清洁的能源和原料、采用先进的工艺技术与设备、改善管理、综合利用等措施，从源头削减污染，提高资源利用效率，减少或者避免烧结过程中污染物的产生和排放，以减轻或者消除对人类健康和环境的危害。2017 年我国发布了《钢铁行业（烧结球团）清洁生产评价指标体系（征求意见稿）》[22]，提出了烧结清洁生产的具体要求（表 1.2）。该指标体系综合考虑生产工艺及装备、资源与能源消耗、产品特征、污染物排放控制和资源综合利用等因素，将清洁生产水平分为Ⅰ、Ⅱ、Ⅲ三级，分别代表国际清洁生产领先水平、国内清洁生产先进水平、国内清洁生产一般水平。

表 1.2　钢铁行业烧结清洁生产评价指标体系[22]

一级指标			二级指标		
指标项	序号	指标项	Ⅰ级基准值（1.0）	Ⅱ级基准值（0.8）	Ⅲ级基准值（0.6）
生产工艺及装备	1	装备配置	300m² 及以上烧结机，配置率≥60%	200m² 及以上烧结机，配置率≥60%	180m² 及以上烧结机，配置率≥60%
	2	厚料层技术/mm	≥800	≥700	≥600
	3	低温烧结工艺	采用该技术		—
	4	余热回收利用装备（回收量以蒸汽计）	建有烧结余热回收利用装置，余热回收量≥10kgce/t	建有烧结余热回收利用装置，余热回收量≥8kgce/t	建有烧结余热回收利用装置，余热回收量≥4kgce/t
	5	降低漏风率技术	采用该技术		
	6	烟气综合净化技术	采用烧结机头脱硫、脱硝、脱二噁英及重金属的烟气综合净化技术	采用烧结机头脱硫、脱硝烟气综合净化技术	采用烧结机头脱硫烟气净化技术
	7	原料场污染控制技术	原料场实现全封闭、大型机械化技术	原料场实现防尘网、大型机械化技术	
	8	各系统除尘设施	机头、机尾、整粒、筛分等主要工序配备有齐全的除尘装置除尘设备同步运行率均达 100%		
资源与能源消耗	1	工序能耗/(kgce/t)	45	50	58
	2	电力消耗/(kW·h/t)（回收电量不抵扣）	40		57
	3	固体燃料消耗/(kgce/t)	41	43	55
	4	生产取水量/(m³/t)	0.2	0.3	0.6

一级指标		二级指标			
指标项	序号	指标项	Ⅰ级基准值 (1.0)	Ⅱ级基准值 (0.8)	Ⅲ级基准值 (0.6)
产品特征	1	烧结矿含铁率/%	≥58	≥56	≥54
	2	烧结内循环返矿率/%	≤17	≤20	≤27
	3	转鼓指数/%	≥83	≥78	≥74
	4	产品合格率/%	100	≥99.5	≥95.0
污染物排放控制	1	颗粒物排放量/(kg/t)	≤0.16	≤0.20	≤0.3
	2	SO_2 排放量/(kg/t)	≤0.4	≤0.6	≤0.8
	3	NO_x(以 NO_2 计)排放量/(kg/t)	≤0.5	≤0.8	≤1.0
	4	原料选取	控制易产生二噁英物质的原料,包括采用低氯无烟煤、选用铜含量低的铁矿石原料、不再喷 $CaCl_2$ 溶液		—
资源综合利用	1	脱硫副产物利用率/%	≥90	≥70	—
	2	工业用水重复利用率/%	≥95	≥90	≥80
	3	粉尘综合利用率/%	100	≥99.5	≥99

(1) 生产工艺及装备。进入 21 世纪后,我国烧结工业进入空前高速发展阶段。在此期间,烧结的主要工艺装备朝着大型化、高效化、绿色化方向发展,太原钢铁(集团)有限公司(简称"太钢")、宝钢等已建成目前世界上单台面积最大的 660m² 烧结机。除此之外,新型节能点火保温炉、鼓风环式冷却机、椭圆等厚振动筛等都得到了普遍应用;国内已开发出新型除尘设备、多种余热回收装置、烟气脱硫设施和钢铁厂粉尘泥渣综合处理装备,工艺技术和装备水平得到较大的提升。

(2) 能源消耗。21 世纪以来,我国大量研发和采用烧结新工艺、新技术、新设备,广泛采用新型点火、偏析布料、超高料层烧结技术,因此烧结能耗持续降低,但与清洁生产先进水平还有较大的差距;2017 年全国重点钢铁企业烧结工序能耗约为 48kgce/t,而烧结固体燃料消耗约为 53kg/t,均处于国内清洁生产一般水平,距离国际清洁生产领先水平分别有 3kg/t、12kg/t 的差距。

(3) 余热利用。烧结机主烟道烟气余热和冷却机废气余热占烧结总热量的 50%左右,冷却机废气余热主要用于热风烧结、热风点火、热风保温、蒸汽锅炉及发电等,目前环冷机余热发电技术和主体设备已实现国产化,应用趋于成熟。而烧结机主烟道烟气余热的回收利用方面国内几乎还是空白,与发达国家差距较大,国内仅宝钢、沙钢、福建省三钢(集团)有限责任公司(简称"三钢")等企业对烧结烟气余热循环利用工艺进行过工业实践,预计"十三五"期间烧结废气余热循环利用技术将得到进一步发展。

(4) 烟气治理。自 2015 年全面执行新的环保标准以来,SO_2、烟尘等得到了减排,当前我国烧结基本全部配备脱硫设施,大部分企业实现了 SO_2 的达标排放。但也有不少企业由于工艺技术尚未完全掌握,脱硫效率偏低。此外,仅少部分烧结厂配备了脱硝设施,而对于二噁英和超细颗粒物,由于缺乏经济有效的脱除工艺,目前还是以理论研究为主,还未大范围推广应用。因此,我国烟气污染物的排放控制也处于国内清洁生产一般水平[22]。

近年来,我国钢铁工业节能减排指标大幅改善,但由于行业总体规模大,能源消耗总量和污染物排放总量仍然居高不下,整体仍处于国内清洁生产一般水平,少部分企业进入国内清洁生产领先水平,也有部分技术落后的企业达不到国内清洁生产一般水平。

2. 烧结烟气污染物排放标准

对于烧结烟气污染物排放标准,近年来随着环保要求的提高,排放标准日趋严格。2012 年我国发布并实施了《钢铁烧结、球团工业大气污染物排放标准》(GB 28662—2012),2015 年 1 月 1 日开始全面执行,该标准规定了各类污染物最高允许排放浓度,如表 1.3 所示。该标准具体规定:颗粒物一般地区排放限值为 $50mg/m^3$、特别排放限值为 $40mg/m^3$;二氧化硫一般地区排放限值为 $200mg/m^3$、特别排放限值为 $180mg/m^3$;氮氧化物一般地区排放限值和特别排放限值均为 $300mg/m^3$。自 2012 年以来,该标准的实施促进了我国钢铁企业加快淘汰落后产业的步伐,提高了行业的整体技术和装备水平,钢铁企业积极调整产业结构,实现污染物减量排放,使我国钢铁工业逐步走上健康、可持续发展的道路,意义重大。

《中华人民共和国国民经济和社会发展第十三个五年规划纲要》(简称《"十三五"规划》)提出单位国内生产总值能源消耗降低 15%、主要污染物排放总量减少 10%～15% 的要求。为适应新形势,《钢铁工业调整升级规划(2016—2020 年)》提出能源消耗总量和污染物排放总量分别下降 10% 以上和 15% 以上的总体目标。考虑到减排目标的需求以及现行标准相对宽松的现状,2017 年 6 月环境保护部发布了《钢铁烧结、球团工业大气污染物排放标准》的修订公告[23],进一步严格污染物的排放限值,将颗粒物一般地区排放限值调整为 $20mg/m^3$、二氧化硫一般地区排放限值调整为 $50mg/m^3$、氮氧化物一般地区排放限值调整为 $100mg/m^3$(表 1.3)。

表 1.3　烧结烟气污染物排放标准比较

污染物	GB 28662—2012（2015 年全面执行）	2017 年修改单标准（征求意见稿）	2018 年超低排放标准（征求意见稿）	澳大利亚（2010 年）	中国排放现状
颗粒物/(mg/m³)	50	20	10	10	～50
二氧化硫/(mg/m³)	200	50	35	200	＜200
氮氧化物/(mg/m³)	300	100	50	100	200～400
二噁英类/(ng-TEQ/m³)	0.5	0.5	0.1	0.1	0.5～1.2

随着环境治理的深入,钢铁烧结行业实施超低排放标准列入了日程(表 1.3),标准拟规定颗粒物一般地区排放限值为 $10mg/m^3$、二氧化硫一般地区排放限值为 $35mg/m^3$、氮氧化物一般地区排放限值为 $50mg/m^3$,是世界上要求最为严格的标准。2018 年 5 月河北省率先发布了《钢铁工业大气污染物超低排放标准(征求意见稿)》[24],拟在 2020 年 1 月 1 日起实施超低排放标准。同月,生态环境部发布了《钢铁企业超低排放改造工作方案(征求意见稿)》[25],提出具备条件的钢铁企业要实施超低排放改造,力争在 2020 年底前完成钢铁产能改造 4.8 亿 t,2022 年底前完成 5.8 亿 t,2025 年底前完成改造 9 亿 t 左右。

目前,烟气中大部分污染物的浓度都超出了排放标准(表 1.3),烧结行业将面临前所未有的环保压力,钢铁企业需新建或改造环保设备,加大环保投资。因此,对于成熟可靠的节能减排技术和装备,要在行业内全面普及,节能环保装备落后的企业要尽快完成改造;对于节能环保难点技术要开展示范专项活动,加快推广应用;对于环境影响敏感区、环境承载力薄弱的钢铁产能集中区,要推进先进清洁生产技术改造,进一步提升节能减排水平。

1.3　烧结烟气污染物控制现状

1.3.1　CO$_x$ 控制技术

烧结过程 CO$_x$ 主要来自固体燃料的燃烧。当温度达到着火点时,烧结固体燃料开始燃烧,不完全燃烧生成 CO,完全燃烧生成 CO_2。一般烧结料层中空气过剩系数较高,使得烧结废气中以 CO_2 为主,只含有少量 CO[26-27]。

烧结使用的固体燃料主要有焦粉和无烟煤,均含可燃固体和可燃挥发分,以碳为主,此外还能回收利用钢铁企业粉尘泥渣中的少量可燃物。CO$_x$ 的排放量是与碳的消耗成正比的,因此,要减少烧结 CO_2 的排放量,首要的是提高能量利用效率和转化效率,降低烧结固体燃料消耗。此外,要在末端进行 CO_2 的收集和储存。

1. 低碳烧结技术

提高能源效率,既可降低能源费用,又可有效降低污染物和CO_2排放量,是实现CO_2减排最为现实的途径。烧结过程少消耗1kg的碳,理论上可少排放3.67kg的CO_2。日本在降低烧结过程固体燃料消耗方面取得了显著成绩,处于世界领先水平。日本川崎钢铁公司千叶烧结厂为降低固体燃料消耗,通过烧结废气分析计算出碳平衡,并结合炽热带及燃烧熔融带面积比,判断能量是否过剩,稳定烧结料中焦粉的配比,达到了降低固体燃料消耗的目的[28-29]。

我国在烧结减量化用能方面也取得了较大的成就,特别是在降低固体燃料消耗方面[30]。国内降低烧结固体燃料消耗的主要措施有[31]:通过优化配矿,改善烧结成矿过程,降低固体燃料消耗;对于精矿烧结,进行小球厚料层烧结,强化混合料制粒,提高料层透气性,可减少燃料消耗15~20kg/t[32];预热混合料,可降低固体燃料消耗,热平衡表明,当混合料被预热到70℃时,烧结料层可提高100mm,固体燃料消耗降低6kg/t;在烧结原料中配加含能废料,当添加5%左右的钢渣,或配加高炉除尘灰等残碳量高的原料时,可降低燃料消耗约3kg/t;使用活性度高的生石灰,其活性度每提高10mL,可降低燃料消耗1.5kg/t,或配加白云石灰,可减少相应碳酸盐的分解,节约燃料消耗[33];烧结固体燃料最佳粒度范围是0.5~3.0mm,减少0~0.5mm粒级燃料,可降低15%燃料消耗[34];实施低温烧结工艺,将烧结温度从1300℃降低到1150~1250℃,可降低固体燃料消耗3%~5%[35];降低烧结矿中FeO含量以及提高烧结矿成品率,烧结矿中FeO含量由8.2%降低至8.0%,可降低烧结固体燃料消耗近1kg/t,同时减少烧结系统的漏风率,亦可降低固体燃料消耗[36]。

2. 烟气中CO_2的收集和储存[37-40]

烧结能源结构以化石燃料为主,要进一步降低CO_2排放量,就必须将烧结烟气中的CO_2进行分离和捕集,并加以封存和利用。

目前分离CO_2的方法主要有吸收分离法、吸附分离法、膜分离法和低温分离法等。吸收分离法是利用吸收剂溶液对混合气体进行洗涤来分离CO_2的方法,按照吸收剂的不同,可分为化学吸收和物理吸收;吸附分离法是基于气体与吸附剂表面上活性点之间的分子间引力实现的,CO_2的吸附剂一般为沸石、活性炭、分子筛等特殊的固体材料,可分为变压吸附和变温吸附;膜分离法是利用膜两侧气体分压的差别,使某种成分优先通过的分离技术,可分为气体分离膜法和气体吸收膜法两类;低温分离法是利用CO_2在一定温度和压力下可以液化的特性,对烟气进行多级压缩和冷却使CO_2液化而分离,但能耗非常高。

CO_2的封存和利用包括地质封存与矿石封存、化学利用、生物固化和氨吸收

烟气中的 CO_2 生产化肥碳酸氢铵。地质封存是将 CO_2 压缩至密集状态,然后泵入天然地质"库",比较合适的有海洋储存、地下蓄水层和废弃的油气井等;矿石封存是将 CO_2 与天然形成的物质发生反应,转化成对环境无害的固态矿物;化学利用是以 CO_2 为原料生产使用量大和能永久储存 CO_2 的化工产品,主要有催化加氢、高分子合成、有机合成等方法,但是此方法成本过高;生物固化是利用水藻类浮游生物能够大量吸收 CO_2 转化为体内组织的特点,无须对 CO_2 进行预分离就可利用;氨吸收烟气中的 CO_2 生产化肥碳酸氢铵是通过向烟气中喷入氨来吸收 CO_2,得到的碳酸氢铵既可作为减排过程中 CO_2 的载体,同时也可作为肥料使用。

从烧结烟气中分离浓度较低的 CO_2 气体难度很大,目前可采用的方法很少,化学吸收法是一种相对较好的 CO_2 收集方法。化学吸收法脱除 CO_2 的实质是利用醇胺溶液、强碱等碱性吸收剂溶液与烧结烟气中的 CO_2 接触形成不稳定的盐类,而盐类在一定的条件下会逆向分解释放出 CO_2 而再生,从而使 CO_2 从烟气中分离脱除。化学吸收法是目前工业中应用最多的脱除 CO_2 的方法,在合成氨、尿素等生产中得到广泛应用,但其在烧结烟气 CO_2 分离脱除方面鲜有工业应用,且存在吸收剂吸收效率不高、蒸发损失严重、再生时能量消耗巨大等有待解决的难题,这都将造成投资和运行成本偏高。

CO_2 捕集、封存及储存利用,无论从设计、运行和观念上都是比较容易接受的,是最有希望大量减少 CO_2 排放量的方法之一。CO_2 的化学吸收分离和存储技术已经成为处理烧结烟气可行的选择,但必须在经济方面提高其竞争力。

1.3.2　SO_2 控制技术

钢铁工业 SO_2 的排放量形势日益严峻,仅次于火电行业和建材业。烧结产物是钢铁工业产生 SO_2 的主要污染源。烧结烟气中 SO_2 主要是铁矿石和燃料中有机硫、FeS_2 或 FeS 与氧反应产生的,还有部分由硫酸盐的高温分解产生。烧结过程中 $85\%\sim95\%$ 的有机硫或硫化物、$80\%\sim85\%$ 的硫酸盐可转换为 SO_2,硫从固相转移到气相的比例可达 $80\%\sim85\%$[41-44]。

从烟气中脱除 SO_2 是减少其排放量、防止污染的有效而直接的方法,而且随着脱硫技术的成熟,各种实用的烟气脱硫工艺正被国内外钢铁企业所采用。目前有湿法、半干法、干法等多种脱硫方法。湿法脱硫是利用湿态吸收剂吸收烟气中的 SO_2,脱硫产物为湿态。半干法脱硫是向反应器内喷入吸收剂浆液或者同时喷入吸收剂与水雾,利用烟气显热蒸发吸收产物中的水分,最终产物为粉状。干法脱硫是加入干态吸收剂,脱硫最终产物为干态。湿法主要有石灰-石膏法、硫铵法、氧化镁法、双碱法、离子液法等;半干法主要有循环流化床(circulating fluid bed,CFB)法、旋转喷雾干燥(spray dryer absorber,SDA)法;干法主要有活性炭吸附法、密相干塔法、气-固循环吸收(gas-solid circulating absorption,GSCA)双循环流化床法、新型一体化脱硫(new integrated desulfurization,NID)烟道循环法等。

近年来,烟气脱硫在我国也得到较快发展,绝大部分烧结厂都装备了各种脱硫装置,已建成 480 余套烧结烟气脱硫装置,主要采用石灰-石膏法、CFB 法、氢氧化镁法、氨-硫铵法、密相干塔法、再生活性焦炭吸收法等,其中约有 80% 是湿法工艺,而随烧结机规模逐渐大型化,CFB 法和 SDA 法等半干法脱硫工艺应用的比例逐渐升高。包头钢铁集团有限责任公司(简称"包钢")采用 ENS 半干法,柳钢采用氨-硫铵法,三钢、济钢采用 CFB 法,石家庄钢铁公司(简称"石钢")、昆明钢铁控股有限公司(简称"昆钢")及红河分厂采用密相干塔法,宝钢不锈钢分公司和梅钢公司采用改进的气喷旋冲石灰石/石膏法等。国外技术诸如 MEROS、GSCA、SDA、NID 等方法也被部分厂家采用。以下为我国主要烧结烟气脱硫技术的应用情况。

(1) 石灰-石膏法[45]。该技术成熟且应用最广,脱硫效率可达 90% 以上,在运行过程中主要存在设备腐蚀、结垢和烟囱雨现象等问题。控制吸附塔内的 pH 是该脱硫技术的关键,因为 pH 会直接影响该技术的脱硫效率、设备寿命、运行成本、副产品质量等。烧结机运行过程的波动性,使得烧结烟气量、烟气中 SO_2 浓度和烟气温度不断发生变化,控制难度加大;同时,该技术副产品脱水较难,杂质含量高(有重金属、二噁英等),难以资源化利用。

(2) LJS 循环流化床法[46]。该技术成熟,其脱硫效率可稳定在 95% 以上,在运行过程中,通过控制反应区温度,以解决糊袋的问题,但同样存在副产品再利用的问题。

(3) 氨-硫铵法[47]。该技术脱硫效率可达 90% 以上,副产品为硫酸铵。该技术使用的脱硫剂是氨水,对设备腐蚀严重,且氨在常温下易逃逸,产生气溶胶现象,对环境产生二次污染。由于副产品中含有重金属和二噁英等有害物质,其作为化肥使用,易对土壤造成污染。

(4) 有机胺法[48]。该技术的工艺原理是可行的,其副产物为硫酸,通过再沸器技术与脱硫工艺相结合,具有节能效果。该技术整体系统工艺复杂、占地面积大,且投资、运行成本高,设备腐蚀严重,有二次污染(废水)产生,对烟气含尘量有一定要求,其含量需小于 $50mg/m^3$。

(5) 密相干塔法[49]。该技术在我国有多个应用案例,但由于其运行温度低,脱硫效率低,所以其副产物(砂浆)利用价值不高;同时,吸附塔内含水量高,容易出现糊袋、挂壁、腐蚀等现象。

(6) NID 法[50]。该技术取消了制浆系统,实行 CaO 的消化及循环增湿一体化设计。该技术适合中小烧结机使用,反应温度一般控制在 100℃ 左右,脱硫效率为 80% 左右。

(7) 氧化镁法[51]。该技术脱硫效率高,不易结垢,但有废水产生;脱硫过程的pH 控制在 6.0～6.5,易腐蚀烟囱,并产生烟囱雨;同时,由于硫酸镁回收利用价值不高,所以存在脱硫副产物再利用的问题。

(8) 离子液法[52]。该技术已在莱芜钢铁集团有限公司(简称"莱钢")升级改造后使用。该技术在运行过程中,容易出现腐蚀严重的情况,且脱硫效率不高,仅为 $30\% \sim 60\%$。

1.3.3　NO_x 控制技术

氮氧化物(NO_x)是形成酸雨、光化学烟雾、灰霾天气以及破坏臭氧层的主要物质,其排放对生态环境和人类健康构成了极大的威胁。《"十三五"规划》要求除了继续加强原有的四项常规污染物的总量控制以外,还将工业过程的总氮控制作为硬性指标。因此,加快烟气脱硝技术的研发已经成为我国环境保护的重要内容。

NO_x 的产生主要有三种方式:第一种是热力型 NO_x,由空气中的氮气在高温下氧化生成;第二种是燃料型 NO_x,由燃料中的氮化合物在燃烧过程中热分解而又接着氧化生成;第三种是快速型 NO_x,由燃烧时空气中的氮和燃料中的碳氢离子团(如 CH)等反应生成。烧结过程主要为燃料型 NO_x,而热力型 NO_x 和快速型 NO_x 的生成量很少,生成的 NO_x 以 NO 为主,只有微量的 NO_2 存在[53-57]。现有 NO_x 的治理技术主要有低 NO_x 燃烧技术、烧结过程 NO_x 控制技术和烟气脱硝技术三种[58]。

1. 低 NO_x 燃烧技术

用改变燃烧条件的方法来降低 NO_x 的排放,统称为低 NO_x 燃烧技术。低 NO_x 燃烧技术主要是通过降低燃烧温度、减少空气过剩系数、缩短烟气在高温区的停留时间以及选择低氮燃料来达到控制 NO_x 的目的。目前主要有低氧燃烧技术、空气分级燃烧、燃料分级燃烧、催化助燃燃烧、烟气再循环法、低 NO_x 燃烧器和炉内还原法。这些方法大部分应用在燃煤领域,尚未在烧结领域应用[59-62]。

2. 烧结过程 NO_x 控制技术

过程控制就是通过控制操作条件来减少 NO_x 的排放。Tashiro 等[63]通过控制烧结矿碱度减少了 NO_x 的排放;Hosoya 等[64]通过利用微波加热来处理顶部烧结矿;Fukutome 等[65]通过控制石灰石小于 2.5mm 的粒级含量等方法,在一定程度上降低了 NO_x 的排放;Mo 等[66-67]通过在烧结混合料中添加蔗糖、砂糖或糖蜜来降低 NO_x 的排放;Chen 等[68]通过向烧结循环烟气中添加含 H_2、CO、NH_3、HCN 的热解气减少了 NO_x 的排放;毕学工等[69]通过向烧结混合料中添加氨类添加剂等方法,在一定程度上降低了 NO_x 的排放。

3. 烟气脱硝技术[70-72]

末端治理技术主要为烟气脱硝技术,烟气脱硝分为干法和湿法两大类。干法有气相还原法、分子筛或活性炭吸附法等;湿法有采用各种液体(水、酸和碱液等)的氧化吸附法。湿法脱硝系统复杂、用水量大、脱硝效率低,并存在水的二次污染等问题,且投资较高。干法烟气脱硝技术相对比较成熟,脱硝率较高,可达到80%~90%,干法烟气脱硝技术主要以选择性催化还原(selective catalytic reduction, SCR)脱硝技术、选择性非催化还原(selective non-catalytic reduction,SNCR)脱硝技术和SNCR-SCR联合技术等为代表。烟气脱硝技术最先在火力发电行业得到广泛的应用,随后在日本、美国及欧洲等发达国家和地区的烧结厂得到推广。目前,臭氧法氧化和SCR脱硝技术已在我国实现工业应用(表1.4)。

表 1.4　我国典型的烧结烟气脱硝工程

钢铁企业	烧结机面积/m²	脱硝技术路线	投运时间
宝钢	600	SCR	2016 年
邯钢	400	SCR	2017 年
西王特钢	360	臭氧法氧化	2017 年

1) 臭氧法氧化脱硝技术

臭氧法氧化脱硝最早由英国同业布林氏氧气公司开发,其技术英文简写为LoTO$_x$,而后与美国贝尔哥(BELCO)公司开发的洗涤系统相结合构成了一套一体化脱硫脱硝工艺,并在国外石油化工领域广泛应用。该技术利用臭氧的强氧化性将烟气中难溶于水的 NO 氧化为易溶于水的 NO_2、N_2O_5 等更高价态酸性化合物,再在洗涤塔中用碱液进行吸收,进而达到脱除的目的。

近些年来,随着国家对 NO_x 排放要求日趋严格,我国石化、焦化、钢铁等行业也相继出现了此类工艺。臭氧脱硫脱硝一体化工艺简单、适用性强,相比传统尾气处理工艺占地大、投资高、工艺复杂等具有明显优势。但臭氧极易分解难以保存,无论是光化学法、电化学法还是电晕放电法,其制备成本皆较高,因而限制了其应用范围。此外,臭氧的强氧化性对烟气中的汞、VOCs 等多种污染物具有协同脱除效果,随着科技的发展,臭氧制备有了进一步的发展。

2) 选择性催化还原脱硝技术[73-75]

1975 年,日本 Shimoneski 电厂建设了全球第一套 SCR 示范工程,推动了SCR 技术后续在全球范围内的应用。目前,日本大约有 170 套 SCR 装置,接近100GW 容量的电厂安装了这种设备,在美国及欧洲国家和地区也有 120 多台大型装置的成功应用经验,其 NO_x 的脱除率可达到 90%。

SCR 脱硝技术是在催化剂作用下,在温度为 280~420℃的烟气中喷入氨,将

NO 和 NO_2 还原成 N_2 和 H_2O。SCR 脱硝技术中使用的催化剂一般是以 TiO_2 为载体的 V_2O_5/WO_3 或 MoO_3 等金属氧化物,它们的生产成本一般较高,制备也比较难,且在使用过程中反应温度过高,易导致其失去活性。脱硝设备运行 5 年左右,会面临催化剂中毒、失效、再生等问题。

　　3)选择性非催化还原脱硝技术[76-80]

　　美国是世界上选择性非催化还原脱硝技术应用实例最多的国家。该技术是把含有 NH_x 基的还原剂喷入炉膛温度为 850～1100℃的区域后,迅速热分解成 NH_3 和其他副产物,随后 NH_3 与烟气中的 NO_x 进行非催化还原反应而生成 N_2。

　　选择性非催化还原脱硝技术对于反应温度条件非常敏感,炉膛上喷入点的选择是决定 NO_x 还原效率高低的关键。当反应温度低于温度窗口时,若停留时间不够,则 NO_x 还原反应进行不充分,还原率降低,同时未参与反应的 NH_3 也会造成 NH_3 的逃逸,遇到 SO_2 会产生 NH_4HSO_4 和 $(NH_4)_2SO_4$,易造成堵塞和腐蚀等现象。而当反应温度高于温度窗口时,NH_3 的氧化反应开始起主导作用。因此,选取合适的温度条件同时兼顾减少还原剂的泄漏成为 SNCR 技术成功应用的关键。

　　烧结烟气由于烟气量大、温度低,烟气中 NO_x 浓度不高,从目前国内外研究及应用的现状来看,已实现工业应用的臭氧氧化、SCR 和 SNCR 等脱硝技术普遍存在运行成本高或设备投资大、能耗高等缺点,有的还存在二次污染。针对此现状,近期国内外开发了一系列其他烟气脱硝技术,如生化脱硝法、微波法、液膜法、膜及电化学技术、电子束照射法等,但尚未进入工业应用阶段。

　　现有的脱硝技术存在效率低、成本高等不足,因此需要开发 NO_x 脱除的新技术以适应我国当前环保发展的要求。

1.3.4　颗粒物控制技术

　　烟气中的粉尘主要来自燃料燃烧所产生的灰分以及烧结料层干燥预热过程中细粒矿粉的脱落,粉尘中主要含有金属、金属氧化物或不完全燃烧物质等,一般浓度达 1～5g/Nm^3,平均粒径为 13～35μm;根据粉尘粒度可分为粗粒粉尘和超细颗粒物(PM_{10}、$PM_{2.5}$),粗粒粉尘主要由干燥带、预热带制粒小球的破裂,以及燃烧带焦粉燃烧所产生。只有当干燥带接近于烧结料底层时,大量粉尘才会随废气排放。PM_{10}、$PM_{2.5}$ 主要产生于燃料燃烧的高温过程,由元素挥发-凝结等途径形成,因而细颗粒物中含有大量的重金属和碱金属等多种污染物,并含有二噁英和呋喃等高致癌物质[81-84]。

　　烟气中的重金属和有毒物质由烧结原料中的 Pb、Zn、Cu、Ni、Cd、As、Hg 等元素在烧结高温过程中被部分脱除到烧结烟气,其中除 Hg 外,大部分重金属在冷凝过程中均相成核形成细颗粒,或异相凝结在其他颗粒物上,尤其吸附在比表面积大、吸附作用强的 $PM_{2.5}$ 上。而二噁英在烧结料层中主要由"从头合成"的路径生成,当温度为 $250 \sim 450 ℃$ 时,大分子碳(残碳)与原料中的有机或无机氯经金属(铜、铁等)离子催化反应而生成二噁英。二噁英易于负载在超细颗粒物上,Anderson 等对外排烟气中的颗粒物分析时发现,颗粒物中负载有一定比例的多环芳烃、二噁英。Shih 等对台车篦条处二噁英的气/粒二相分布特性进行分析时发现,进入颗粒相的二噁英占总量的 90% 左右[85-87]。

颗粒物和重金属、二噁英等存在相互作用,关系密切,三者的治理均有赖于颗粒物尤其是 $PM_{2.5}$ 的高效脱除。目前国内外烧结烟气颗粒物减排技术主要分为过程控制和末端烟气治理两类。

针对颗粒物过程控制技术,日本学者 Nakano、澳大利亚学者 Debrincat 等开展了烧结过程减少颗粒物排放的研究,但主要是针对粒径大的颗粒物,通过提高混合料水分、降低焦粉配比以及添加黏结剂减少颗粒粉尘的排放[88-89]。

针对末端烟气治理,国内外主要采用机械式除尘器(重力沉降室、旋风除尘器等)、静电除尘器等设备进行除尘[90]。机械式除尘器通常利用粉尘颗粒的重力沉降、离心力等作用实现粉尘从烟气中分离,因其除尘效率低,近年来已很少用于烧结。静电除尘器利用高压电场使烟气发生电离,气流中的颗粒物荷电后在电场力的作用下迁移到除尘极板而被脱除。因其具有烟气处理量大、适用温度范围广、运行成本低等特点,广泛用于烧结烟气除尘,当前我国 90% 以上的烧结机采用静电除尘的方法[91]。一般来说,静电除尘器在正常运行工况下,对烧结烟气颗粒物的脱除效率很高,总颗粒物的脱除率可达 95% 以上。

但静电除尘对 $PM_{2.5}$ 的脱除效率较低,仅为 $70\% \sim 85\%$,对 $0.1 \sim 1\mu m$ 的颗粒物除尘效率更低。主要原因在于细微颗粒处于电场荷电与扩散荷电混合控制区,荷电效果较差,难以被静电除尘器除去,存在明显的穿透窗口。此外,粉尘的比电阻也是影响静电除尘效率的主要因素,粉尘颗粒比电阻为 $10^4 \sim 10^{11} \Omega \cdot cm$ 时的除尘效率高[92],而烧结烟气 $PM_{2.5}$ 表面富集了碱金属氯化物,其比电阻通常高达 $10^{12} \sim 10^{13} \Omega \cdot cm$,致使其在电场中驱进速度慢,并易产生反电晕降低电晕电流,静电除尘器对其脱除效率明显下降[93-94]。国内外学者对静电除尘后烟气中的超细颗粒物化学组成进行分析,也发现其主要由比电阻高的 K、Cl 组成[95-96]。

针对 $PM_{2.5}$ 的强化脱除,在常规静电除尘的基础上开发了包括湿式电除尘、移动电极电除尘、高频电源和脉冲电源电除尘、静电与过滤除尘相结合的复合电除尘技术等,在一定程度上提高了 $PM_{2.5}$ 的脱除效率,但由于未从根本上解决碱金属氯化物导致的荷电难问题,仍难以脱除至 $10mg/m^3$ 的超低排放限值,且存在需增加设备、占地面积和投资成本不足等问题,在烧结领域应用并不多[97-99]。

通过物理或化学的方法将烟气中的 $PM_{2.5}$ 预先团聚长大,将其团聚成可被常规除尘器高效脱除的颗粒大小,是 $PM_{2.5}$ 高效脱除的途径之一[100-102]。根据作用原理不同,将团聚技术分为电团聚、声团聚、磁团聚、热团聚、湍流边界层团聚、光团聚、增湿团聚和化学团聚等类别[103-104]。综合各类团聚技术的优缺点可知，比较有工业推广前景的团聚技术为化学团聚、电团聚技术，但目前在烧结领域还没有应用的报道。

烟气调质是强化 $PM_{2.5}$ 脱除的另一途径，特点在于向烟气中喷入调质剂以降低颗粒物比电阻，减弱高比电阻颗粒物在电场中产生反电晕的现象，从而提高 $PM_{2.5}$ 的捕集效率。烟气调质的优点是不需要改动电除尘器本体结构、改造过程不停炉、花费较少、改造时间短[105-107]，目前有 SO_3 调质、NH_3 调质、SO_3+NH_3 复合调质、水基调质和导电粒子调质等技术。其中，SO_3 调质技术最为成熟，其原理是 SO_3 冷凝在颗粒物表面，起到改变粉尘比电阻的作用，美国 WELLCO 公司、德国 PENTOL 公司等都研究出成套的 SO_3 烟气调质系统。该技术的缺陷是 $SO_3(NH_3)$ 运行管理复杂，且存在设备腐蚀、易造成二次污染的风险。

除了电除尘外，还有过滤式除尘器(布袋、颗粒等)。布袋除尘是利用粉尘颗粒的惯性碰撞、扩散沉降等作用脱除颗粒物，除尘过程不受颗粒化学组成特性的影响，对 $PM_{2.5}$ 的脱除效率也达到 90% 以上，但其难以适应含湿量大、温度波动大的烧结烟气，在烧结领域工程应用的案例较少；活性炭颗粒层净化技术具备深度脱除 $PM_{2.5}$ 的能力，但投资大、运行成本高[108]。

1.3.5　多污染物控制技术

我国绝大部分烧结厂都已安装除尘、脱硫设施，但因烧结工序排放量较大，仍有一定提升空间。大部分烧结厂未采用脱硝措施，具有较大减排潜力。而对于治理难度更大的二噁英、重金属、超细颗粒等，其控制技术的研究则刚刚起步。针对烧结烟气污染物控制技术，国内早期实施的是单一污染物控制的策略，以阶段性重点污染物控制为主要特征，建立了总量控制和浓度控制相结合的大气污染物管理制度，并开发了一系列较为成熟的单独除尘、脱硫和脱硝技术，但多种污染物协同处理工艺还比较少。要达到《钢铁烧结、球团工业大气污染物排放标准》修订公告排放标准甚至超低排放标准，主要有两条技术路线：一是采用除尘、脱硫、脱硝的串联组合工艺；二是采用综合治理工艺。

1. 串联组合工艺

串联组合工艺主要包括"电除尘＋湿法脱硫＋氧化脱硝工艺"、"电除尘＋半干法脱硫除尘＋中温 SCR 净化工艺"，适合已有除尘、脱硫工艺的烧结厂，将可行的脱硝工艺加装到已有设备。随着烧结机逐渐向大型化发展，半干法脱硫逐渐成为主流工艺，因此"电除尘＋半干法脱硫除尘＋中温 SCR 净化工艺"是组合工艺发展的方向。该工艺有先脱硫再脱硝和先脱硝再脱硫两种类型。例如，采用先脱硫后脱硝工艺(图 1.4)，脱硫后的烧结烟气温度低，需加热到 280～400℃才能满足 SCR

的温度范围,需要消耗高炉煤气等燃气,即使采用烟气换热器或管束式烟气换热器进行热量回收利用,需投入较为庞大的换热系统。而采用先脱硝后脱硫工艺(图 1.5),SCR 装置在有氧情况下,SO_3 的生成量会大幅增加,极易和 NH_3 产生 NH_4HSO_4(即 ABS 现象),当 SCR 装置布置在除尘后脱硫前端时,易导致设备腐蚀。

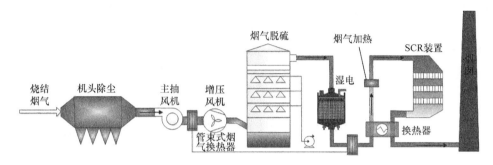

图 1.4　先脱硫后脱硝的组合工艺

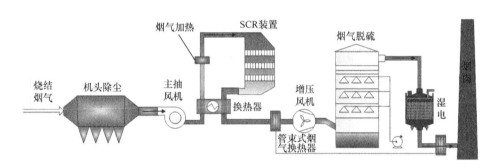

图 1.5　先脱硝后脱硫的组合工艺

随着环保要求的日益严格,污染物控制种类增加,采用串联组合的方法使得烧结烟气净化设备不断增多,进而导致烧结烟气净化设备投资和运行成本增加,而且整个末端污染物治理系统庞大且复杂,副产物二次污染物问题突出。

2. 综合治理工艺

从发展趋势来看,开发高效、经济的多种污染物协同控制技术已成为烟气净化发展方向。发达国家开发了 NID、MEROS、EFA、活性炭吸附法等多种治理技术,活性炭吸附法因具有综合脱除功能、SO_2 资源化利用、无二次污染等优势,适合处理组成波动大、污染物种类多的烧结烟气,因而相对而言,活性炭吸附法被广泛认为是更具前景的烧结烟气污染物综合治理技术。

活性炭净化是一种可资源化的干法烟气净化技术,于 20 世纪 50 年代在德国开始研发,60年代日本也开展了大量的相关研究。活性炭净化技术源于燃煤电厂烟气污染物治理,后来应用到烧结领域,国外具有代表性的有德国WKV和日本住友、日本 J-Power(MET-Mitsui-BF)工艺、奥地利英特佳的逆流技术[108]。典型的活性炭烟气净化工艺主要由脱除有害物质的吸附塔和活性炭再生的解析塔构成(图1.6)。经电除尘器预除尘后的烧结烟气,在抽风机的作用下进入双级串联的吸附塔,烟气自下而上与逆向的活性炭接触,首先在第一级塔中脱除 SO₂ 和二噁英,然后在第二级塔中在 NH₃ 作用下脱除 NO$_x$;吸收了污染物的活性炭通过传送装置进入解析塔,通过加热将吸附的 SO₂ 重新释放出来,活性炭再生后返回到吸附塔进行循环利用。

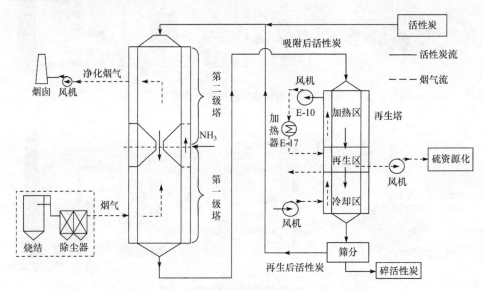

图1.6　典型活性炭吸附法净化烧结烟气工艺流程图

　　我国活性炭吸附法净化烧结烟气的应用始于2010年,当时太钢从日本引进国内首套活性炭烟气处理装置,通过多年消化、吸收,目前工艺运行稳定,具有较好的脱硫效果和一定的脱硝作用[109-110]。近年来,国内中冶长天国际工程有限责任公司、上海克硫环保科技股份有限公司等在借鉴国外技术的基础上也推出了活性炭烟气治理技术,形成了上海克硫的双级床错流技术、中冶长天前中后三室错流技术、南京泽众 CCMB 逆流技术三种典型的工艺[111-113]。活性炭工艺在宝钢湛江钢铁、联峰钢铁、日照钢铁等烧结机上实现了工程化,实践表明,其较传统脱硫、脱硝组合工艺(石灰石-石膏法/循环流化床+SCR)具有较好的性价比优势。目前,昆钢、梅钢、安阳钢铁集团有限责任公司(简称"安钢")、山东钢铁集团有限公司(简称"山钢")日照基地等多台烧结球团脱硝设备处于建设阶段,活性炭脱硝技术日益受到钢铁企业的重视。

但活性炭净化工艺也存在一些不足,主要体现在以下方面。

(1) 通过调整活性炭的循环量及补给量,可以有效提高脱硫效率,但其脱硝效率相对较低,尤其采用单级吸附塔,脱硝效率只有 50% 左右。若提高脱硝效率,则需采用双级或多级吸附塔,这使得原本造价昂贵的设备投资进一步提高。

(2) 活性炭的吸附塔内温度控制难,低温时吸附塔内主要发生物理吸附,脱硫、脱硝效率较低;若温度过高,则活性炭易被氧化,活性炭损耗增大,系统运行费用增大,且存在着火隐患。因此,吸附塔最佳温度为 130~150℃,其范围较窄,控制难度大。

(3) 吸附 SO_2 的活性炭一般在 380~450℃进行解吸,对活性炭加热的能耗较大,同时解吸时需充入 N_2 进行保护,导致辅助系统较为复杂。同时解吸的氨气随烟气排放,造成氨逃逸率高,一般高于目前电力行业 SCR 系统氨逃逸不大于 $2.5mg/Nm^3$ 的要求。此外,活性炭吸附的二噁英不能完全降解,其后续处理存在二次污染的隐患。

1.4　污染物过程控制的意义及思路

1.4.1　过程控制对整体减排的意义

目前,烧结烟气污染物减排主要是采用烟气净化技术,即在烟气排放端增设烟气净化装置,通过脱除烟气中的有害物质以达到废气排放标准的技术,但对于实施超低排放标准,单纯采用末端治理还存在诸多不足。

(1) 达标排放难度大。烧结烟气中含尘量按 $1~5g/Nm^3$、SO_2 含量 $400~1500mg/Nm^3$、NO_x 含量 $250~400mg/Nm^3$、二噁英 $0.8~2.0ng\text{-}TEQ/m^3$ 计算,若要达到《钢铁烧结、球团工业大气污染物排放标准》修改单的要求,或者达到超低排放标准的要求,各污染物都需达到很高的减排要求(表 1.5)。尤其要达到超低排放标准的要求,除尘、脱硫效率分别要达到 99%、90% 以上,NO_x、二噁英也要达到接近或超过 90% 的脱除率,而仅靠末端净化难以同时使多种污染物达到如此高的脱除效率。加上烧结烟气流量、温度、成分等波动性大的特点,更增加了烧结烟气长期稳定达到深度净化水平的难度。

表 1.5　污染物达标排放所需达到的脱除率

污染物	粉尘	二氧化硫	氮氧化物	二噁英类
满足排放标准修改单要求	98%~99.6%	87.5%~96.7%	60%~75%	37.5%~75%
满足超低排放要求	99%~99.8%	91.3%~97.7%	80%~87.5%	87.5%~95%
目前脱除程度	98%~99% (难脱至 $10mg/m^3$)	85%~99%	SCR:70%~80% 活性炭:40%~65%	约 70%

（2）净化工艺流程长、投资大。我国目前处理污染物的种类还比较单一，大多是单一的除尘、脱硫、脱硝等，若要处理烟气中所有的污染物，将现有工艺简单叠加，则会造成工艺流程冗长、处理技术复杂、设备占地面积大等诸多问题。国内外虽然陆续开发了多种烟气污染物综合处理工艺，但同样存在运行不稳定、投资大、运行成本高等问题。任何一种综合处理工艺，都难以同步高效脱除烧结烟气中所有类型的污染物，最终还是要依靠两个或多个净化工艺的组合，而且投资成本也相应大幅增加。目前烧结烟气环保设施投资已达烧结机总投资的 40%～60%，吨烧结矿环保运行成本已接近烧结矿生产成本的 20%。当前脱硫脱硝按单位烧结机面积 50 万元/m^2 计算环保设施投入，全国烧结厂环保设备投资 580 亿元，而按超低排放标准兴建净化设施，将释放近千亿元的投资市场；运行过程消耗大量的脱硫剂、催化剂、NH_3 还原剂、活性炭等原材料，按吨烧结矿环保运行费用 14～16 元计算，年环保设备运行成本将超过 140 亿元。

（3）副产物难处理。无论是除尘、脱硫还是脱硝，采用何种末端治理工艺都不可避免会在净化过程产出副产物，其无害化处理也是当前环保领域的一大考验。湿法和半干法脱硫过程都会产生大量的脱硫灰副产物，我国烧结烟气脱硫每年产生的脱硫灰超过了 300 万 t，若不加以利用而直接进行堆存、填埋处理，则会对环境造成二次污染[114]。但脱硫副产物的成分非常复杂，且性能极不稳定，导致目前尚无公认的最佳应用途径，其资源化利用研究仍是国际前沿的热点课题，也是现阶段困扰钢铁行业烧结烟气脱硫工作进展的关键问题之一[115]。SCR 脱硝技术主要采用钒基催化剂，但在长期的使用过程中，钒基催化剂由于衰老、中毒等而失去活性，需要不断更换。由于钒具有生物毒性、易流失、毒害环境等缺点，更换的废钒触媒属于《国家危险废物名录》中的废物，其废物类别为 HW49。单套 SCR 装置废催化剂折算年消耗催化剂为 10～15t/a。对于废弃的催化剂，目前基本采用填埋的处理方式，占用土地且存在长期隐患。而活性炭吸附法的副产物包括解析塔筛分出来的活性炭粉、含氨废水和制酸尾气。单套活性炭装置炭粉产生量为 0.5 万～1.0 万 t/a，其中吸附有重金属和二噁英等物质。含氨废水产生量为 1.0 万～1.5 万 t/a，需经处理再排放。制酸尾气目前多是经除雾器后通过烟囱排放[116]。

因烧结烟气成分及生产工艺复杂，当前污染物控制技术的储备无法满足排放标准的变化，实施超低排放尚缺乏行之有效的减排技术。目前钢铁工业污染物治理工艺大都集中于单个污染物的治理，即使正在开发的污染物综合治理技术，无论采用单体技术的组合工艺，还是活性炭综合净化技术，都存在投资成本大、运行费用高、脱除效率不理想等问题，尚缺乏经济、高效的综合控制方法。

因此，面对当前严峻的环保形势，烧结烟气污染物控制应从单一污染物治理向多污染物协同治理过渡，尤其应重视污染物源头、过程控制技术的研发和应用。过程控制技术的开发，是降低污染物控制难度、减少烟气和污染物处理量、降低环保投资和运行成本、减少副产物产生以避免二次污染的关键。因此,从工艺本身出发,综合原燃料的清洁利用、过程的低消耗和节能、热烟气显热利用以及工艺设计优化组合等过程控制技术,减少烟气的排放量和污染物的生成量,进而结合低污染、低成本的末端治理技术,才能从全流程实现污染物综合减排,达到超低排放的高标准要求,降低烧结生产对环境的危害。

1.4.2　过程控制技术思路

过程控制技术思路如下:

针对烧结排放的 CO_x、NO_x、SO_2、$PM_{2.5}$、重(碱)金属等多种污染物,实施全流程、全过程控制技术思路(图 1.7),遵循优先清洁生产以减少烟气和污染物排放的原则,开发低氮低硫清洁燃料利用、抑制烧结过程污染物的生成、热烟气循环利用、污染物集中排放等多途径的过程控制技术,通过烟气减量排放和污染物减量生成,减轻末端治理的任务,通过污染物集中排放,提高后续末端治理的效率,并耦合多污染物综合治理技术,实现烧结烟气污染物的显著减排和低成本治理,为烧结烟气污染物的超低排放提供技术支撑。

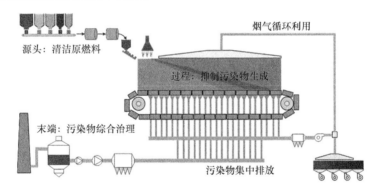

图 1.7　污染物全流程、全过程控制技术思路

针对烧结烟气多污染物的过程控制,开发生物质能烧结、低 NO_x 烧结、烟气循环烧结、$PM_{2.5}$ 过程控制等新工艺和新技术(图 1.8),包括以低硫低氮的清洁生物质燃料替代化石燃料,降低烧结过程 CO_x、SO_x、NO_x 的排放;低 NO_x 烧结新技术,抑制燃烧过程燃料氮向 NO_x 转化,减少烧结过程 NO_x 的生成;合理的烟气循环烧结新工艺,减少烧结烟气的外排量和处理量,同时在循环过程中实现 NO_x、二噁英等污染物的降解;$PM_{2.5}$ 过程控制技术,实现 $PM_{2.5}$ 的减排和集中排放。在此基础上,有机耦合多种过程控制技术,实现烧结烟气多污染物的全过程高效控制,为烧结烟气超低排放做出贡献。

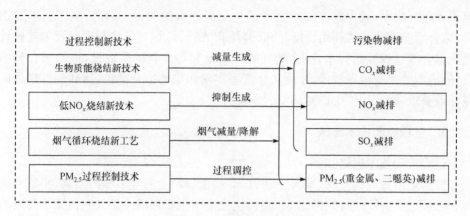

图 1.8 过程控制技术思路

参 考 文 献

[1] 张寿荣. 钢铁工业的发展趋势与我国钢铁工业 21 世纪应对挑战的策略. 宏观经济研究, 2007(2):10-15

[2] 王晓东. 世界钢铁产业及钢铁强国发展现状研究. 科技世界, 2014,32:358,371

[3] 埃德温·巴松. 世界钢铁工业的挑战和应对. 中国钢铁业,2016,6:6-7,9

[4] 殷瑞钰. 绿色制造与钢铁工业:钢铁工业的绿色化问题. 科技和产业,2003,3(9):25-32

[5] 殷瑞钰. 关于智能化钢厂的讨论:从物理系统一侧出发讨论钢厂智能化. 钢铁,2017,52(6): 1-12

[6] 赵沛. 钢铁行业技术创新和发展方向. 中国国情国力,2018(1):55-57

[7] 张京萍,刘理. 王国栋院士谈我国钢铁工业技术发展方向. 世界金属导报,2017-11-21(F01)

[8] 王国栋. 钢铁全流程和一体化工艺技术创新方向的探讨. 钢铁研究学报,2018,30(1):1-7

[9] 赵磊. 2017 年世界钢铁工业十大产业要闻. 世界金属导报,2018-1-2(A06)

[10] 王春梅,周东东,徐科,等. 综述钢铁行业智能制造的相关技术. 中国冶金,2018,28(7):1-7

[11] Dawson P R. Recent developments in iron ore sintering. Ironmaking and Steelmaking,1993, 20(2):135-143

[12] 郭旸旸,徐文青. 钢铁烧结烟气多污染物协同治理新技术. 科技日报,2015-11-19(012)

[13] Masanori N,Jun O. Influence of operational conditions on dust emission from sintering bed. ISIJ International,2007,47(2):240-244

[14] 董文进. 烧结烟气脱硝技术进展与应用现状. 中国资源综合利用,2017(11):74-77

[15] 杨飏. 环境保护专论选. 北京:冶金工业出版社,1999

[16] 高太忠,戚鹏,张杨. 酸雨对土壤营养元素迁移转化的影响. 生态环境,2004,13(1):23-26

[17] 牛建刚,牛获涛,周浩爽. 酸雨的危害及其防治综述. 灾害学,2008,23(4):110-116

[18] 段国霞. 西安市南郊 $PM_{2.5}$ 和 PM_{10} 中重金属分布特征与化学形态分析. 西安:西安建筑科技大学,2012

[19] 王英锋,张珊珊,李杏茹,等.北京大气颗粒物中多环芳烃浓度随季节变化及来源分析.环境化学,2010,29(3):369-375

[20] 赵顺征,易红宏,唐晓龙.空气细颗粒物污染的来源、危害及控制.科技导报,2014,32(33):61-66

[21] Yu Y,Schleicher N,Norra S. Dynamics and origin of $PM_{2.5}$ during a three-year sampling period in Beijing,China. Journal of Environmental Monitoring,2011,13(2):334-346

[22] 国家发展和改革委员会.《钢铁行业(烧结球团)清洁生产评价指标体系(征求意见稿)》.2017-9-18

[23] 环境保护部.关于征求《钢铁烧结、球团工业大气污染物排放标准》等 20 项国家污染物排放标准修改单(征求意见稿)意见的函.2017-6-13

[24] 河北省环境保护厅.《钢铁工业大气污染物超低排放标准(征求意见稿)》.2018-4-25

[25] 生态环境部.关于征求《钢铁企业超低排放改造工作方案(征求意见稿)》.2018-5-7

[26] 边美柱,何晓义,侯贵生.固体燃料在烧结料中的燃烧分析及降耗措施.包钢科技,2002,28(3):19-22

[27] 秦玉杰,范兰涛.烧结节能新技术的研究及应用.河南冶金,2018(1):30-34

[28] Yasudam M,盛贤斌.川崎钢铁公司千叶厂 4# 带式烧结机的最低能耗操作.国外钢铁科技,1992(1):30-38

[29] 王维兴.烧结工序节能技术.中国钢铁业,2013(7):29-30

[30] 张军红,徐南平,谢安国.烧结过程降低固体燃耗途径的探讨.冶金能源,2004,21(1):25-27

[31] 张德千.降低莱钢 400m² 烧结机固体燃耗的实践.工程技术研究,2016(1):6-8

[32] 邱海雨.梅钢降低 3 号烧结机固体燃耗的生产实践.中小企业管理与科技,2008(30):251

[33] 叶恩东.活性石灰在攀钢钒钛磁铁矿烧结中的应用.四川冶金,2006,28(1):8-9

[34] 夏铁玉,谢永清,张铭洲.烧结燃料预筛分系统改造生产实践.鞍钢技术,2013(4):40-42

[35] 马西武,万文余.新钢降低烧结矿氧化铁含量的生产实践.江西冶金,2005,25(1):32-35

[36] 刘兰英.烧结厂降低固体燃耗的措施和实践.包钢科技,1999(3):97-100

[37] 李现勇.CO_2 减排及封存利用技术概况及发展.电力设备,2008,9(5):7-11

[38] Christian A,Kristian L,Eric L. Carbon capture and storage from fossil fuels and biomass-costs and potential role in stabilizing the atmosphere. Climatic Change,2007,74(1):47-79

[39] Damen K. A comparison of electricity and hydrogen production system with CO_2 capture and storage. Progress in Energy and Combustion Science,2006(32):215-246

[40] Azar C,Rodhe H. Targets for stabilization of atmospheric CO_2. Science,1997,276:1818-1819

[41] 陈凯华.铁矿石烧结过程中二氧化硫的生成机理及控制.烧结球团,2007,32(4):13-17

[42] Garcia-Carcedo F,Ayaa N. Possible actions for the minimization of the environmental impact of the iron ore sintering fumes. Revista de Metalurgia,2004,40(4):243-246

[43] Patrick J W. Sulfur release from pyrites in relation to coal pyrolysis. Fuel,1993,72(3):281-285

[44] 孙清威,齐庆杰,郝宇.煤燃烧过程中硫分析出的动力学研究.洁净煤技术,2006(4):49-51

[45] 刘雄飞,李勇,高建华. 烧结烟气石灰-石膏法脱硫工艺探析. 河北冶金,2012(6):67-70

[46] 李江涛. LJS 循环流化床干法烟气脱硫工艺在新钢烧结厂的应用. 中国科技博览,2013
(16):211

[47] 燕中凯,岳涛,井鹏. 氨/硫铵法烟气脱硫技术特点及市场前景分析. 中国环保产业,
2012(5):4-8

[48] 王智友,陈雯,耿家锐. 有机胺烟气脱硫现状. 云南冶金,2009,38(1):39-42

[49] 常冠钦,韩佳艺,谢南. 密相干塔与循环流化床工艺比较. 2011 年全国烧结烟气脱硫技术交
流会,太原,2011:13-16

[50] 刘汉杰. 武钢烧结烟气 NID 脱硫工艺应用概述. 工业安全与环保,2011(7):24-26

[51] 朱彤,刘延令,王俩. 湿式镁法脱硫技术治理烧结机烟气的优势. 第五届全国大气污染治理
创新大会,深圳,2010:3399-3401

[52] 王睿,裴家炜. 离子液循环吸附烟气脱硫技术及其应用前景. 烧结球团,2009,34(2):5-10

[53] 岑可法,姚强,骆仲泱. 高等燃烧学. 杭州:浙江大学出版社,2002

[54] Chin L M,Cher S T,Lan H. Admixing hydrocarbons in raw mix to reduce NO$_x$ emission in
iron ore sintering process. ISIJ International,1997,37(4):350-357

[55] Eiki K,Takeshi S,Yasuo O. Suppression of nitrogen oxides formation from iron ore sinte-
ring process using iron-bearing coke. ISIJ the First International Congress of Science and
Technology of Ironmaking,Sendai,1994:665-670

[56] Koichi M,Shinichi I,Masakata S,et al. Primary application of the "in-bed-deNO$_x$" process
using Ca-Fe oxides in iron ore sintering machines. ISIJ International,2000,40(3):280-285

[57] Morioka K,Shirouchi S,Sugiyama T. 采用铁酸钙的烧结料层内脱 NO$_x$ 法. 第六届国际造
块会议,北京,1994:347-359

[58] 沈学静,王海舟. 固定源 NO$_x$ 的排放控制及 DeNO$_x$ 催化剂的应用. 钢铁,2000,9:68-72

[59] 吴碧君,刘晓勤. 燃烧过程 NO$_x$ 的控制技术与原理. 电力环境保护,2004,20(2):29-33

[60] Alejandro M,Eric G E,David W P. Nitricoxide destruction during coal and char oxidation
under pulverized-coalcombustion conditions. Combustion and Flame,2003,136(3):303-312

[61] Tsubouchi N,Ohshima Y,Xu C B. Enhancement of N$_2$ formation from the nitrogen in car-
bon and coal by Calcium. Energy and Fuels,2001,15(5):158-162

[62] de Soete G G. Combustion related heterogeneous reactions involving N$_2$O. 5th International
Workshop on Nitrous Oxide Emissions,Tsukuba,1992:36-41

[63] Tashiro K,Souma H,Hosoya Y. Sinter operation control:JP54131503. 1979-10-12

[64] Hosoya Y,Umetsu A,Nakai H. Manufacture of sintered ore:JP9118936. 1997-5-6

[65] Fukutome M,Hanamizu I,Kodama T. Sintering method for decreasing nitrogen oxide:
JP55014862. 1980-2-1

[66] Mo C L,Teo C S,Hamilton I. Adding hydrocarbons in row mix to reduce NO$_x$ emission iron
ore sintering process. ISIJ International,1997,37(4):350-357

[67] Mo C L,Teo C S,Hamilton I,et al. Reducing SO$_x$ and NO$_x$ emissions by adding selective re-

agents to iron ore sinter mix. 3rd International Conference on Combustion Technologies for a Clean Environment, Lisbon, 1995:33-34

[68] Chen Y G, Guo Z C. NO_x reduction in the sintering process. International Journal of Minerals, Metallurgy and Materials, 2009, 16(2), 143-147

[69] 毕学工, 廖继勇, 熊玮. 烧结过程中脱除 SO_2 和 NO_x 的试验研究. 武汉科技大学学报, 2008, 31(5):102-109

[70] 杨冬, 徐鸿. SCR 烟气脱硝技术及其在燃煤电厂的应用. 电力环境保护, 2007, 23(1):49-51

[71] Hayhurstan A N, Lawrence A D. The reduction of the nitrogen oxides NO and N_2O to molecular nitrogen in the presence of iron, its oxides, and carbon monoxide in a hot fluidized bed. Combustion and Flame, 1997, 110:351-365

[72] 钟秦. 燃煤烟气脱硫脱硝技术及工程实例. 北京:化学工业出版社, 2000

[73] 贾文珍, 祝方. 利用 NH_3 选择性催化还原(SCR)烟气脱硝技术研究进展. 能源环境保护, 2011(4):1-4

[74] 于欣, 刘德胜. 选择性催化还原烟气脱硝技术应用. 科技创新与应用, 2012(26):46

[75] 孙伟. 浅谈 435m² 烧结机烟气脱硫脱硝工程实例. 中国新技术新产品, 2018(4):110-111

[76] 原奇鑫, 孙保民. 选择性非催化还原烟气脱硝反应影响因素实验分析. 热力发电, 2017(4): 52-56

[77] 余旻. 选择性非催化还原脱硝技术的实验研究. 杭州:浙江大学, 2013

[78] 原奇鑫, 赵立正, 翟刚. NH_3 选择性非催化还原脱硝影响因素. 燃烧科学与技术, 2017(4): 378-382

[79] Bae S W, Roh S A, Kim S D. NO removal by reducing agents and additives in the selective non-catalytic reduction(SNCR) process. Chemosphere, 2006, 65(1):170-175

[80] Alzueta M U, Bilbao R, Millera A. Impact of new findings concerning urea thermal decomposition on the modeling of the urea-SNCR process. Energy & Fuels, 2000, 14(2):509-510

[81] Naoto T, Shunsuke K. Properties of dust particles sampled from windboxes of an iron ore sintering plant:Surface structures of unburned carbon. ISIJ International, 2006, 46(7):1020-1026

[82] Khosa J, Manuel J, Trudu A. Results from preliminary investigation of particulate emission during sintering of iron ore. Mineral Processing and Extractive Metallurgy, 2003, 112(1):25-32

[83] Dao X, Wang Z, Lv Y B. Chemical characteristics of water-soluble ions in particulate matter in three metropolitan areas in the north China Plain. Plos One, 2014, 9(12):113831-113833

[84] Oravisjärvi K, Timonen K L, Wiikinkoski T. Source contributions to $PM_{2.5}$ particles in the urban air of a town situated close to a steel works. Atmospheric Environment, 2003, 37(8): 1013-1022

[85] 陈祖睿. 铁矿石烧结过程中二噁英的减排控制研究. 杭州:浙江大学, 2014

[86] Heidelore F. Thermal formation of PCDD/PCDF asurvey. Environmental Engineering Sci-

ence,1998,15(1):49-58

[87] Philip J A. Reducing the emissions of dioxins from sinter plants//Carney R S. Workshop proceedings,Steel research and developmenton environmental issues,Bilbao:U. S. Department of the Interior Minerals Management Service,1999:10-11

[88] Nakano M,Okazaki J. Influence of operational conditions on dust emission from sintering bed. ISIJ International,2007,47(2):240-244

[89] Debrincat D,Eng L C. Factors influencing particulate emissions during iron ore sintering. ISIJ International,2007,47(5):652-658

[90] 郭遵琪. 工业烟气除尘行业发展探讨. 环境保护,2013,41(1):54-55

[91] 朱廷钰. 烧结烟气净化技术. 北京:化学工业出版社,2009

[92] 尹连庆,王晶. 粉尘比电阻对电除尘的影响及改进措施研究. 电力科技与环保,2009,25(5):34-37

[93] 徐小峰,郦建国,郭峰. 可吸入颗粒物脱除技术及应用前景. 中国硅酸盐学会环保学术年会,合肥,2009:55-60

[94] Remus R,Monsonet M A A,Roudier S,et al. Best available techniques (BAT) reference document for iron and steel production. Luxembourg:Publications Office of the European Union,2012

[95] Hleis D,Fernández-Olmo I,Ledoux F,et al. Chemical profile identification of fugitive and confined particle emissions from an integrated iron and steelmaking plant. Journal of Hazardous Materials,2013,250(2):246-255

[96] Zhao L,Sun W Q,Li X L,et al. Assessment of particulate emissions from a sinter plant in steelmaking works in China. Environmental Monitoring & Assessment,2017,189(8):368

[97] 陶玲,李社锋,朱文渊,等. 烧结烟气细颗粒物的控制技术及研究进展. 2013 年全国冶金能源环保生产技术会议,本溪,2013:90-103

[98] 朱国豪. GGYAJ 高频电源在烧结电除尘器中的应用. 机电技术,2016(3):22-24

[99] 赵海宝,沈志昂,王贤明,等. 移动电极式电除尘器在烧结机机头应用. 烧结球团,2015,40(6):40-44

[100] 尚伟,黄超,王菲. 超细颗粒物 $PM_{2.5}$ 控制技术综述. 环境科技,2008,21(2):75-78

[101] 戈阳祯,刘玺璞,章鹏飞. 可吸入颗粒物团聚技术综述. 第十五届中国电除尘学术会议,蚌埠,2013:44-50

[102] 魏凤,张军营,王春梅,等. 煤燃烧超细颗粒物团聚促进技术的研究进展. 煤炭转化,2003,26(3):27-31

[103] 张卫风,廖春玲. 我国超细颗粒物 $PM_{2.5}$ 团聚技术研究进展. 华东交通大学学报,2015,32(4):124-130

[104] 苗雨,邱伟军,林星杰. 超细颗粒物团聚技术研究现状及进展. 2016 年中国环境科学学会学术年会,海口,2016:2707-2712

[105] Shanthakumar S,Singh D N,Phadke R C. Flue gas conditioning for reducing suspended

particulate matter from thermal power stations. Progress in Energy and Combustion Science,2008,34(6):685-695

[106] 刘金荣.烟气调质在除尘方面的应用和新发展.华东电力,2007,35(4):96-98

[107] Trivedi S N,Phadke R C. Electrostatic Precipitation. Berlin:Springer,2009

[108] 高继贤,刘静,曾艳,等.活性焦(炭)干法烧结烟气净化技术在钢铁行业的应用与分析Ⅱ:工程应用.烧结球团,2012,37(2):65-69

[109] 李国喜,王红斌.太钢烧结烟气活性炭净化工艺的选择及应用.2013 年全国烧结烟气综合治理技术研讨会,大同,2013:35-41

[110] 杨波.活性炭在太钢 450 烧结烟气脱硫脱硝工程中的应用及展望.科学之友,2011,15:10-11

[111] 叶恒棣,魏进超,刘昌齐.活性炭法烧结烟气净化技术研究及应用.第十届中国钢铁年会暨第六届宝钢学术年会,上海,2015:1-6

[112] 张国志.活性炭烧结机烟气有害成分协同处理技术.环境工程,2014,32(2):107-109

[113] 陈活虎.烧结机烟气脱硝脱二噁英技术及应用.世界金属导报,2016-1-5(B10)

[114] 宋景尧,史培阳,姜茂发.原料粒度对烧结烟气脱硫灰制备硫酸钙晶须的影响作用.粉煤灰综合利用,2017(5):27-29

[115] 龙红明,王毅璠,吕宁宁.烧结烟气钙基脱硫副产物资源化利用研究进展.工程研究-跨学科视野中的工程,2017(1):78-84

[116] 周茂军.大型烧结机烟气净化工艺方案比较与分析.世界钢铁,2014(2):9-14

第 2 章 烧结烟气污染物排放特征

为了解烧结过程烟气污染物的排放规律,本章针对工业生产烧结机,检测且分析烧结过程各个风箱负压、烟气温度、气流速度和流量变化,以及烧结机不同位置风箱和大烟道中烟气污染物的排放规律及浓度变化范围,并根据烧结风箱烟气排放特性,对烧结烟气特征进行综合、分类,将烧结机沿长度方向分成五个具有典型特征的区域,为烟气污染物的高效减排提供基础。

2.1 烧结过程烟气排放规律

本节以 360m² 烧结机为研究对象。烧结机共 24 个风箱,风箱烟气进入两个大烟道,其中 1 号、2 号、12~19 号风箱烟气进入 1# 脱硫烟道,3~11 号、23 号、24号风箱烟气进入 2# 非脱硫烟道,9~11 号风箱、20~22 号风箱为了保证两大烟道中的气流平衡以及烟气温度处于适宜范围,而分流至 1# 烟道和 2# 烟道。烧结机的大烟道和风箱的平面布局如图 2.1 所示。为检测风箱中烧结烟气的特性,在风箱与大烟道之间开孔抽样检测,具体检测位置:在 1~9 号、11~19 号、22~24 号风箱设置一个检测孔,脱硫烟道 10 号风箱、非脱硫烟道 21 号风箱各设两个检测孔。

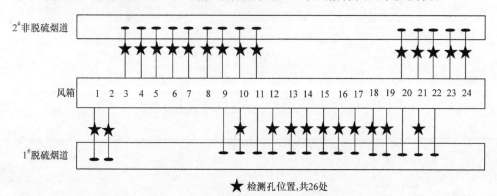

★ 检测孔位置,共26处

图 2.1　风箱烟气特性检测位置布局图

2.1.1　烟气温度、流量及负压变化规律

风箱烟气温度、气体流量和风箱负压随烧结过程的变化规律如图 2.2 所示。1号、2 号风箱对应的位置为点火段,3 号风箱对应的位置为保温段,风箱中的气体流

量较低;点火、保温结束后,烧结开始进行,4 号、5 号风箱的负压增大,风箱中气体流量有所升高,6~15 号风箱对应的位置为烧结稳定进行的阶段,其风箱负压较为稳定,维持在 18kPa 左右,而风箱气体流量呈逐渐减小的趋势,其流量为(40~50)×10^3m³/h;到达 16 号风箱时,风箱负压开始逐渐减小,而风箱气体流量逐渐增大,在 22 号风箱(烧结终点)时,风箱中的气体流量显著增加,增至 $90×10^3$m³/h以上。

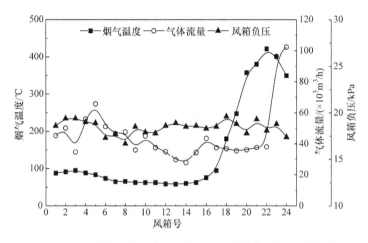

图 2.2　风箱中烟气温度、气体流量和风箱负压的变化规律

　　风箱烟气温度变化与烧结过程密切相关。在点火、保温阶段,烧结烟气温度升高,其烟气温度为 90~100℃;当点火保温结束后,烧结过程开始进行,高温热废气在下部低温湿料带的冷却作用下进入风箱,烟气温度有所降低;在烧结过程稳定进行阶段,烧结烟气温度基本维持在 60℃左右,从 16 号、17 号风箱开始,烧结湿料带消失,此时烟气温度上升,在 18 号风箱之后,烧结烟气快速升温,并在 22 号风箱烟气温度达到最高,其峰值可达 400℃以上,随后由于燃料已完成燃烧,烟气温度开始下降,直至 24 号风箱对应卸料阶段。

2.1.2　气体污染物排放规律

　　风箱中烟气成分随烧结过程进行的变化规律[1]如图 2.3 所示。由图可知,风箱烟气中 O_2、CO_x、NO_x 的排放规律具有一定的相关性,当风箱烟气中 O_2 浓度降低时,燃料燃烧反应加剧,风箱烟气中 CO_x 和 NO_x 浓度则升高。将风箱烟气成分的变化分为 3 个阶段:点火及保温阶段(1~3 号风箱)、保温结束至烟气温度开始上升阶段(4~16 号风箱)、烟气升温至烧结结束阶段(17~24 号风箱),变化规律具体如下。

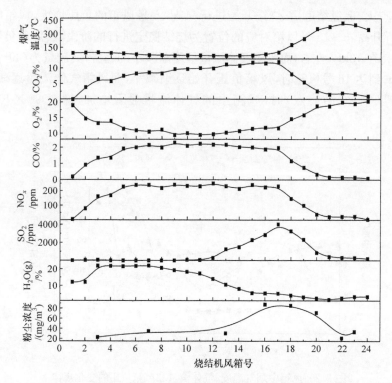

图 2.3　风箱中烟气温度与各烟气成分排放浓度的变化规律

（1）点火及保温阶段。点火燃料燃烧过程中消耗 O_2 而产生 CO_x，1 号风箱中烟气的 O_2 浓度迅速降低，而 CO_2、CO 浓度迅速升高，且由于点火刚开始，烧结表层干燥脱水而燃料尚未燃烧，1 号风箱几乎没有 NO_x 产生，而 $H_2O(g)$ 浓度较高；2号、3 号风箱位置，由于表层烧结料中焦粉在点火高温作用下，开始与 O_2 发生燃烧反应，继续生成 CO_2、SO_x 和 NO_x，烟气中 O_2 浓度继续降低，而 CO_2 和 NO_x 浓度继续升高，且随着燃料燃烧放热，料层温度升高，料层自由水受热蒸发和结晶水脱除，使得风箱中 $H_2O(g)$ 浓度进一步升高；而由于烧结机下部料层的吸附作用，烧结过程所产生的 SO_2 滞留于下部料层中未进入风箱。

（2）保温结束至烟气温度开始上升阶段。保温结束后，4 号风箱烧结负压明显增大，通过料层气体量增加，烧结燃料燃烧加剧，所消耗的 O_2 增加，且产生的 CO_x 和 NO_x 等污染物浓度升高，烧结烟气中 O_2 浓度在 9%～14%变化，CO_2、CO、NO_x 分别在 6%～12%、1.3%～2.3%、160～250ppm 变化；此时，料层温度继续升高，烧结料层中的水大量释放至烟气中；在 4～11 号风箱阶段，燃料燃烧产生的 SO_2 由于下部料层的吸附作用而未释放到风箱中，当烧结进行到 12 号风箱时，料层湿料带继续变薄，下部料层对 SO_2 的吸附作用达到饱和，此时，烧结过程所产生

的 SO_2 开始释放至烧结烟气中。

（3）烟气升温至烧结结束阶段。当烟气温度开始上升时，表明烧结料层过湿带消失，干燥预热带达到烧结料层最底部，烧结烟气中的 $H_2O(g)$ 含量明显降低；随着烧结过程的进行，料层燃烧带厚度减小，燃料燃烧消耗 O_2 减少；同时，烧结料层透气性明显改善，通过烧结料层气体量增加，烟气中 O_2 浓度开始迅速上升，而 CO_2、CO、NO_x 浓度逐渐降低，直至烧结结束时，烟气中的 O_2 浓度恢复至 21%，而 CO_2、CO、NO_x 浓度基本降至 0；由于烧结湿料带的消失，烧结过程产生的 SO_2 在 $13\sim20$ 号风箱集中释放而进入风箱中。

2.1.3　PM_{10}、$PM_{2.5}$ 及重金属排放规律

工业现场不同风箱中 PM_{10} 和 $PM_{2.5}$ 的排放规律[2-6]如图 2.4 所示。由图可知，13 号风箱的 PM_{10}、$PM_{2.5}$ 排放浓度分别为 $26.29mg/m^3$、$15.08mg/m^3$，与 1 号、3 号、7 号风箱的排放浓度差异不大，但较 16 号、18 号、20 号风箱中的排放浓度低得多。烟气升温段 16 号、18 号、20 号风箱中 PM_{10} 排放浓度分别高达 $85.49mg/m^3$、$81.25mg/m^3$、$72.98mg/m^3$，$PM_{2.5}$ 的排放浓度分别高达 $42.49mg/m^3$、$42.91mg/m^3$、$36.31mg/m^3$，均明显高于其他风箱中的排放浓度，表明 PM_{10}、$PM_{2.5}$ 呈现出集中在升温段排放至烧结烟气的特性。检测发现，Khosa 等[7]、Nakano 等[8]、Debrincat 等[9]通过烧结杯试验及烧结现场不同风箱处总颗粒物或粒径较大颗粒物（$>10\mu m$）也呈现出集中在烧结后期释放至烟气的特性，此特性与本书不同阶段 PM_{10}、$PM_{2.5}$ 的排放特性具有良好的一致性。

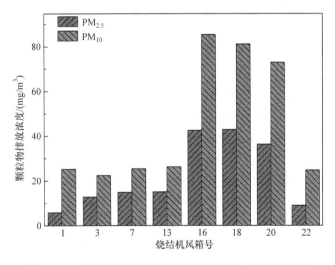

图 2.4　工业现场不同风箱中 PM_{10} 和 $PM_{2.5}$ 的排放规律

　　烧结过程不同风箱排放的颗粒物中 $PM_{2.5}$ 占 PM_{10} 的比例如图 2.5 所示。由图可见,1 号风箱对应的点火段及 22 号风箱对应的升温段后期排放的颗粒物中 $PM_{2.5}$ 占 PM_{10} 的比例较低,分别为 22.97%、36.20%,说明这两个阶段排放的颗粒物以较大粒径颗粒物为主;3 号、7 号、13 号风箱排放的 $PM_{2.5}$ 占 PM_{10} 的比例均高于其他阶段,分别为 53.40%、58.20%、57.36%,说明其排放的颗粒物以粒径较小的颗粒为主;16 号、18 号、20 号风箱对应的升温段烟气,其排放的颗粒物中 $PM_{2.5}$ 占 PM_{10} 的比例较 3 号、7 号、13 号风箱有所降低,分别为 49.70%、52.81%、49.75%。

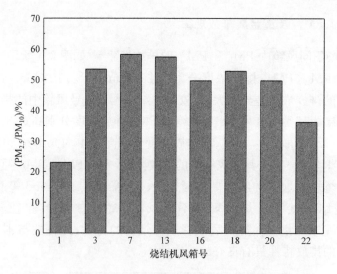

图 2.5　烧结不同位置风箱颗粒物中 $PM_{2.5}$ 占 PM_{10} 的比例

　　本节分析了工业现场不同风箱中排放 $PM_{2.5}$ 的化学组成及重金属含量,结果如表 2.1 所示。$PM_{2.5}$ 中主要成分为 Pb、Fe、Ca、K、Cl 等,其成分的变化规律如下:1 号、3 号、7 号风箱排放的 $PM_{2.5}$ 中 Fe、Ca 含量均较高,其中 Fe 含量分别为 33.9%、19.0%、15.8%,Ca 含量分别为 11.7%、8.7%、5.8%;1 号风箱排放的 $PM_{2.5}$ 中 K、Na、Pb 等微量组分含量均较低;3 号、7 号风箱中 K、Pb、Cl 含量较 1 号风箱有明显提高,其中 K 含量分别达到 12.3%、17.0%,Pb 含量分别为 10.8%、16.0%;13 号风箱排放的 $PM_{2.5}$ 中 Fe、Ca 含量较前面几个风箱有所降低,分别为 10.6%、3.3%,Pb 含量增加至 20.4%;16 号风箱对应的升温段烟气,其排放的 $PM_{2.5}$ 主要由 K、Pb、Cl 组成,其中 K 含量较其在前面几个风箱排放的 $PM_{2.5}$ 中的含量有明显提高,Pb 含量高达 18.8%;20 号风箱对应的升温段后期排放的 $PM_{2.5}$ 主要由 K、Cl 组成,含量均在 30% 以上。

表 2.1　工业现场烧结过程不同阶段 PM$_{2.5}$ 化学组成　　（单位：％）

元素	烧结阶段					
	1号风箱	3号风箱	7号风箱	13号风箱	16号风箱	20号风箱
Pb	3.6	10.8	16.0	20.4	18.8	3.8
Zn	0.2	0.2	1.2	0.9	0.6	0.3
O	27.7	19.7	11.3	8.6	4.5	8.2
Fe	33.9	19.0	15.8	10.6	6.0	8.3
Ca	11.7	8.7	5.8	3.3	1.9	2.7
Si	3.7	2.2	1.4	1.9	0.9	2.2
Mg	1.1	1.5	0.2	0.4	0.2	0.4
Al	2.6	1.8	1.1	1.5	0.7	1.9
K	3.4	12.3	17.0	17.2	27.6	31.4
Na	0.5	1.6	2.1	2.6	1.6	1.8
Cl	8.4	18.7	25.8	27.7	37.0	35.3
S	1.4	2.4	1.0	2.3	1.0	1.7

2.2　烧结烟气污染物整体排放特征

2.2.1　气体污染物排放特征

大烟道分为 1# 脱硫烟道和 2# 非脱硫烟道，1# 脱硫烟道和 2# 非脱硫烟道中烟气特性的对比见表 2.2。由表可知，脱硫烟道和非脱硫烟道中的烟气性质主要表现在 SO$_2$ 浓度、烟气温度和 H$_2$O(g) 含量上不同。1# 脱硫烟道中 SO$_2$ 浓度为 1271ppm，而 2# 非脱硫烟道中 SO$_2$ 浓度为 201ppm；1# 脱硫烟道 H$_2$O(g) 浓度为 8.8％，而 2# 非脱硫烟道 H$_2$O(g) 浓度为 16.1％。1# 脱硫烟道和 2# 非脱硫烟道中的烟气中均含有超过 1％的 CO 气体。

表 2.2　1# 脱硫烟道和 2# 非脱硫烟道烟气组成

烟气特性	1# 脱硫烟道	2# 非脱硫烟道
O$_2$/％	13.64	13.91
CO$_2$/％	6.96	6.34
CO/％	1.30	1.15
NO$_x$/ppm	153	161
SO$_2$/ppm	1271	201
温度/℃	122	151
H$_2$O(g)/％	8.8	16.1

2.2.2　颗粒态污染物排放特征

大烟道中颗粒物排放浓度如表 2.3 所示。对比脱硫烟道与非脱硫烟道处采集的颗粒污染物排放浓度可知,非脱硫烟道处采集的颗粒污染物浓度较高。脱硫烟道中 $PM_{2.5}$ 占 PM_{10} 的比例超过 50%,非脱硫烟道中 $PM_{2.5}$ 占 PM_{10} 的比例约为 36%。

表 2.3　大烟道中颗粒物排放浓度

颗粒物粒级/μm	1# 脱硫烟道/%	2# 非脱硫烟道/%
10~6.9	5.84	5.81
6.9~5.1	4.76	8.31
5.1~3.6	7.60	11.36
3.6~2.5	8.03	13.56
2.5~1.4	6.65	4.41
<1.4	20.00	17.54
合计	52.88	60.99

以典型粒级 0.7~1.4μm 作为 $PM_{2.5}$ 的代表,研究了烟道中 $PM_{2.5}$ 的化学组成,以及除尘后烟气中 $PM_{2.5}$ 的化学组成,如表 2.4 所示。除尘前,脱硫烟道和非脱硫烟道中颗粒污染物均以 Pb、K、Cl、Fe、Ca、Si 元素为主;经除尘后,烟气 $PM_{2.5}$ 中 Pb、K、Cl 含量明显提高,而 Fe、Ca、Si 等元素含量降低,表明 Fe、Ca、Si 元素构成的颗粒在电除尘过程中更易被脱除。除尘后采集的颗粒污染物有更高含量的 Pb、K、Cl,总含量达 81%~84%,且脱硫烟道中 Pb 的含量明显高于非脱硫烟道。

表 2.4　除尘前后 $PM_{2.5}$ 的化学组成变化　　　　（单位:%）

元素	除尘前		除尘后	
	1# 脱硫烟道	2# 非脱硫烟道	1# 脱硫烟道	2# 非脱硫烟道
Pb	11.60	12.25	25.84	16.55
Zn	0.69	0.52	0.74	0.63
Sn	0.81	0.31	0.40	0.30
Fe	11.00	5.54	2.33	2.32
Ca	4.26	2.07	0.74	1.06
Al	1.33	0.77	0.80	0.80
Si	5.22	7.08	0.53	0.99
Cl	25.98	29.43	34.87	38.11
K	16.94	21.09	23.12	26.37
Na	1.90	2.47	2.52	4.88
S	1.61	1.96	1.98	1.47
F	2.82	1.48	0.29	0.28

2.2.3　二噁英排放特征

本小节检测并分析了烧结烟气中二噁英的排放情况,结果如表 2.5 所示。

表 2.5　烧结烟气中二噁英的排放特性

检测项目	实测浓度/(ng/m³)	毒性当量(TEQ)	
		国际毒性当量因子(I-TEF)	数值/(ng/m³)
2,3,7,8-四氯代二苯并呋喃	0.14	0.1	0.014
1,2,3,7,8-五氯代二苯并呋喃	0.63	0.05	0.032
2,3,4,7,8-五氯代二苯并呋喃	1.9	0.5	0.95
1,2,3,4,7,8-六氯代二苯并呋喃	2.8	0.1	0.28
1,2,3,6,7,8-六氯代二苯并呋喃	3.8	0.1	0.38
2,3,4,6,7,8-六氯代二苯并呋喃	6.4	0.1	0.64
1,2,3,7,8,9-六氯代二苯并呋喃	2	0.1	0.2
1,2,3,4,6,7,8-七氯代二苯并呋喃	17	0.01	0.17
1,2,3,4,7,8,9-七氯代二苯并呋喃	4.4	0.01	0.044
八氯代二苯并呋喃	13	0.001	0.013
2,3,7,8-四氯代二苯并二噁英	0.009	1	0.009
1,2,3,7,8-五氯代二苯并二噁英	0.15	0.5	0.075
1,2,3,4,7,8-六氯代二苯并二噁英	0.38	0.1	0.038
1,2,3,6,7,8-六氯代二苯并二噁英	1.1	0.1	0.11
1,2,3,7,8,9-六氯代二苯并二噁英	0.67	0.1	0.067
1,2,3,4,6,7,8-七氯代二苯并二噁英	9.2	0.01	0.092
八氯代二苯并二噁英	12	0.001	0.012
二噁英总量	—	—	3.126

由表 2.5 可知,烧结烟气中二噁英的总毒性当量为 3.126ng/m³,其中 2,3,7,8-四氯代二苯并二噁英的毒性当量为 0.009ng/m³,对总毒性当量的贡献约为 0.29%,说明毒性最强的二噁英含量较少;对毒性当量贡献最大的为 2,3,4,7,8-五氯代二苯并呋喃,其毒性当量为 0.95ng/m³,约占总毒性当量的 30.65%。又由 $\sum PCDDs/\sum PCDFs = 0.14$ 可知,此常规烧结烟气中呋喃的含量较二噁英含量高,呋喃为总毒性当量的主要贡献物。

烧结烟气中二噁英的不同氯代产物毒性当量的比较如图 2.6 所示。在 PCDFs 中,四氯代、五氯代、六氯代、七氯代和八氯代二苯并呋喃产物的毒性当量分别为 0.014ng/m³、0.982ng/m³、1.50ng/m³、0.214ng/m³、0.013ng/m³;在 PCDDs 中,四氯代、五氯代、六氯代、七氯代和八氯代二苯并二噁英的毒性当量分别为 0.009ng/m³、0.075ng/m³、0.215ng/m³、0.092ng/m³、0.012ng/m³。由此可知,在烧结烟气中,PCDFs 均主要以高于五氯代物的形式存在,四氯代二苯并呋喃的含量较低;PCDDs 主要以七氯代、六氯代二苯并二噁英的形式存在;PCDD/PCDFs 的四氯代产物含量均较低。

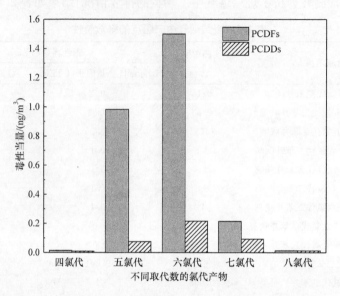

图 2.6　烧结烟气中二噁英的不同氯代产物毒性当量的比较

2.3　烟气特征区域划分

根据烧结风箱中烟气温度曲线及烟气成分排放特点,将烧结机沿水平方向划分为五个区,分别定义为Ⅰ、Ⅱ、Ⅲ、Ⅳ、Ⅴ区,如图 2.7 所示。

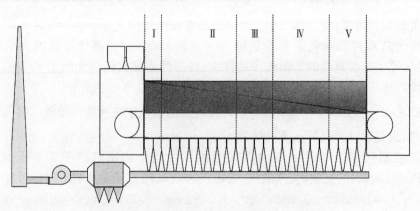

图 2.7　烧结烟气五个特征区域的划分示意图

　　五个不同区域的烟气特性见表 2.6。Ⅰ区为烧结点火段,其长度约占整个烧结机总长度的 1/12,风箱中烟气的主要特点为高 O_2 和低 $H_2O(g)$;Ⅱ区为点火结束后至烧结风箱中开始出现 SO_2 释放,此区约占烧结机总长度的 1/3,烧结烟气成分排放也较为稳定,呈现高 NO_x、高 CO_x 和高 $H_2O(g)$ 特点;Ⅲ区风箱中 SO_2 的浓度在小于 500ppm 范围变化,烧结下部料层的污染物开始释放到风箱中,烟气中水蒸气浓度低,污染物浓度较高,此区域约占烧结机总长度的 1/6;Ⅳ区是烧结烟气中 SO_2 和污染物浓度最高的区域,同时,烧结烟气中 O_2 排放浓度开始上升,而 CO_x 和 NO_x 的排放浓度开始下降,其长度约占烧结机总长度的 1/4,烧结烟气温度开始上升,$PM_{2.5}$、SO_2 等污染物释放量增加,风箱中 SO_2 浓度达到峰值;Ⅴ区域风箱中 SO_2 浓度降至 500ppm 以下,直至烧结结束,该区域烧结烟气呈现高 O_2、高温和低 $H_2O(g)$ 的特点,其长度约占烧结机总长度的 1/6。

表 2.6　烧结机分区定义及其烟气特性

分区	对应风箱 (以 24 个 风箱为例)	定义	约占烧结机 总长度的 比例	烟气特性
Ⅰ	1号、2号	点火段	1/12	低温、高 O_2、低 $H_2O(g)$
Ⅱ	3～10 号	点火后至 SO_2 开始释放	1/3	低温、高 NO_x、高 CO_x、高 $H_2O(g)$
Ⅲ	11～14 号	风箱中 10ppm<SO_2 浓度<500ppm	1/6	高污染物、低 $H_2O(g)$、低 SO_2
Ⅳ	15～20 号	风箱中 SO_2 浓度>500ppm	1/4	高温、高 $PM_{2.5}$、高 SO_2
Ⅴ	21～24 号	风箱中 SO_2 浓度<500ppm 至烧结结束	1/6	高温、高 O_2、低 $H_2O(g)$

2.4　本章小结

　　(1) 气态污染物排放特性:CO_x、NO_x 的变化和 O_2 同步,与燃料燃烧密切相关,烧结过程 O_2 含量下降,CO_x、NO_x 含量提高;SO_2 在升温段烟气中排放浓度高,呈现集中释放的特性。

　　(2) 烧结烟气中 $PM_{2.5}$ 和 PM_{10} 的质量浓度在烧结点火段及烟气升温前较低,在升温段时达到峰值,呈现出局部区域高浓度排放的特征。$PM_{2.5}$ 和 PM_{10} 中 Pb 等重金属的含量较高,并含有较高的 K、Na、Cl 等组分。

　　(3) 根据烧结风箱中烟气温度曲线及 SO_2 排放特点,将烧结机沿水平方向划分为五个区,分别定义为Ⅰ、Ⅱ、Ⅲ、Ⅳ、Ⅴ区,Ⅰ区为烧结点火段,风箱中烟气的主要特点为高 O_2 和低 $H_2O(g)$;Ⅱ区为点火结束后至烧结风箱中开始出现 SO_2 释放,烟气特性呈现高 NO_x、高 CO_x 和高 $H_2O(g)$ 特点;Ⅲ区风箱中 SO_2 的浓度在小于 500ppm 范围变化,烧结下部料层的污染物开始释放到风箱中;Ⅳ区是烧结烟气中 SO_2 和 $PM_{2.5}$、PM_{10} 浓度最高的区域,烧结烟气温度开始上升;Ⅴ区域风箱烟气呈现高温、高 O_2 和低 $H_2O(g)$ 的特点。

参 考 文 献

[1] 余志元. 高比例烟气循环铁矿烧结的基础研究. 长沙：中南大学，2016

[2] Gan M，Ji Z Y，Fan X H，et al. Emission behavior and physicochemical properties of aerosol particulate matter（$PM_{10/2.5}$）from iron ore sintering process. ISIJ International，2015，55(12)：2582-2588

[3] 尹亮. 铁矿烧结过程超细颗粒物的排放规律及其特性研究. 长沙：中南大学，2015

[4] 季志云. 铁矿烧结过程 PM_{10}、$PM_{2.5}$ 形成机理及控制技术. 长沙：中南大学，2017

[5] 范晓慧，甘敏，季志云，等. 烧结烟气超细颗粒物排放规律及其物化特性. 烧结球团，2016，41(3)：42-45，61

[6] 范晓慧，尹亮，何向宁，等. 铁矿烧结过程烟气中微细颗粒污染物的特性. 钢铁研究学报，2016，28(5)：18-23

[7] Khosa J，Manuel J，Trudu A. Results from preliminary investigation of particulate emission during sintering of iron ore. Mineral Processing & Extractive Metallurgy IMM Transactions Section C，2003，112(1)：25-32

[8] Nakano M，Okazaki J. Influence of operational conditions on dust emission from sintering bed. ISIJ International，2007，47(2)：240-244

[9] Debrincat D，Loo C E. Factors influencing particulate emissions during iron ore sintering. ISIJ International，2007，47(5)：652-658

第3章　生物质能烧结原理与减排技术

目前,烧结厂采用的燃料主要是焦粉和无烟煤等化石燃料,是烧结过程产生 CO_x、SO_x、NO_x 等污染物的主要来源。寻找可再生清洁能源替代焦粉,从烧结过程控制污染物的产生,是理想的节能减排途径。

生物质能是可再生的清洁能源,是光合作用产生的有机可燃物的总称,其来源十分丰富,是 21 世纪主要的潜在新能源。生物质具有低硫、低氮的特点,且产生的 CO_2 参与大气的碳循环,其代替化石能源作为烧结燃料,可降低 CO_x、SO_x、NO_x 的排放。澳大利亚联邦科学与工业研究组织(Commonwealth Scientific and Industrial Research Organization, CSIRO)研究了炭化得到的木炭替代焦粉应用于烧结,荷兰 Corus 技术与发展研究中心研究了葵花籽壳、杏仁壳、橄榄渣等生物质替代焦粉,均证实了 SO_x、NO_x 的减排效果,但替代比例高时,烧结矿质量明显下降[1-3]。巴西研究机构针对木质炭粉替代 6%、12% 的焦粉对烧结矿冶金性能的影响进行了研究[4-5],结果表明,木炭粉在烧结过程中燃烧完后使烧结矿中形成大量微孔,从而增大了烧结矿的比表面积,改善了冶金性能,但烧结矿的转鼓强度下降。

我国生物质能源丰富,其中农作物秸秆及副产品、林业作物、水生植物及城市固体废弃物资源总量相当于我国煤炭年开采量的 50%,每年可达 6.5 亿 t 标准煤以上。我国可开发为能源的生物质资源可达 3 亿 t 标准煤,大多为农作物秸秆、林业加工废料、甘蔗渣等废弃物,其利用率不足 10%,大量宝贵的生物质能源被浪费。将生物质制备成烧结所能利用的燃料,既可以缓解我国能源供应的紧张局面,还可显著降低多种污染物的排放,是今后烧结清洁生产的重要发展方向。

本章通过系统研究生物质燃料的物化性能及其燃烧、气化等热化学行为,揭示生物质燃料与焦粉燃烧特性的差异,并研究生物质类型及替代焦粉比例对烧结燃烧前沿速度、燃料燃烧率的影响,揭示生物质对烧结矿产量和质量指标、烧结污染物排放等的影响规律及其机理;在此基础上,通过优化生物质燃料制备、调控生物质燃料的燃烧性能等强化措施,保证生物质燃料在不影响烧结矿产质量指标的前提下,使生物质能较高比例地应用到铁矿烧结,达到降低 CO_x、SO_x、NO_x 排放的目的[6-8]。

3.1　生物质燃料的物化特性

本节采用木质炭、秸秆炭、果核炭(分别由树木、秸秆、山楂果核为原料经炭化而制得)三种生物质工业炭化产品,研究三种生物质燃料与焦粉在物化性质方面的差异,燃料的工业分析见表 3.1。由表可知,相比焦粉,生物质燃料的灰分含量低、挥发分含量高。三种生物质中,灰分含量和挥发分含量最低的为木质炭,其次为果核炭,再次为秸秆炭;而木质炭、果核炭的固定碳含量和热值比焦粉高,秸秆炭的固定碳含量和热值最低。

表 3.1　燃料的工业分析(干基)

燃料类型	灰分含量/%	挥发分含量/%	固定碳含量/%	热值/(MJ/kg)
焦粉	19.54	5.88	74.68	26.84
木质炭	5.10	7.55	87.34	30.77
秸秆炭	11.25	18.55	70.20	24.79
果核炭	10.61	14.28	75.11	28.96

生物质燃料的元素含量如图 3.1 所示。由图可知,相比常规燃料焦粉,生物质燃料的 H、O 含量高,而 S、N 含量低,尤其是 S 含量,生物质的 S 含量均低于 0.1%,而 N 含量仅为焦粉的 1/4～1/2。

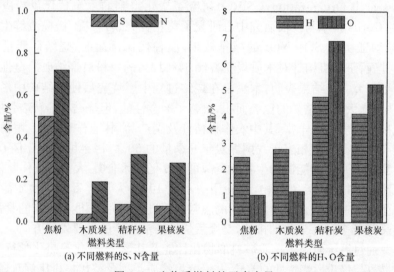

(a) 不同燃料的S、N含量　　　　　　(b) 不同燃料的H、O含量

图 3.1　生物质燃料的元素含量

生物质燃料灰分的化学成分见表 3.2。由表可知,木质炭的 CaO 和 MgO 的总量比 SiO_2 和 Al_2O_3 的总量高,其灰分呈碱性,而秸秆炭和果核炭的灰分呈酸性。生物质燃料的灰分 Na_2O、K_2O、P 比焦粉高,特别是秸秆炭和果核炭,其 Na_2O、K_2O、P 相对较高。

表 3.2　生物质燃料灰分的化学成分　　　　　　　　(单位:%)

燃料类型	SiO_2	Al_2O_3	CaO	MgO	Na_2O	K_2O	P
焦粉	24.26	17.34	14.21	2.58	0.23	0.65	0.51
木质炭	10.30	2.52	18.18	2.89	0.58	3.67	0.65
秸秆炭	49.88	8.36	12.57	5.48	2.09	7.62	0.87
果核炭	48.1	6.16	15.91	5.52	1.52	7.19	1.05

燃料的密度、吸水性等其他物理性能见表 3.3。由表可知,相比焦粉,生物质燃料的密度较低,密度由大到小的顺序依次为果核炭、木质炭、秸秆炭。而生物质燃料的吸水性优于焦粉,其最大分子水和最大毛细水都比焦粉大。

表 3.3　燃料的其他物理性能

燃料类型	真密度/(g/cm³)	堆密度/(g/cm³)	最大分子水/%	最大毛细水/%
焦粉	1.84	0.88	5.67	36.31
木质炭	1.70	0.42	28.52	50.79
秸秆炭	1.41	0.39	33.27	40.98
果核炭	1.78	0.62	15.23	38.66

生物质燃料和焦粉的微观结构如图 3.2 所示。由图可知,与焦粉相比,木质炭、秸秆炭、果核炭等生物质燃料的孔隙较多,且以微孔为主,孔洞分布比较均匀。在光学显微镜下统计生物质燃料和焦粉的孔隙率,并采用 BET 氮吸附法检测生物质燃料和焦粉的比表面积,结果表明,生物质燃料具有较大的孔隙率和比表面积。木质炭、秸秆炭、果核炭的孔隙率分别为 58.22%、62.19%、52.48%,比焦粉 45.75% 分别高 12.47 个百分点、16.44 个百分点、6.73 个百分点;而比表面积分别达 54.76m²/g、60.82m²/g、22.55m²/g,分别约为焦粉 6.00m²/g 的 9.13 倍、10.14 倍、3.76 倍。

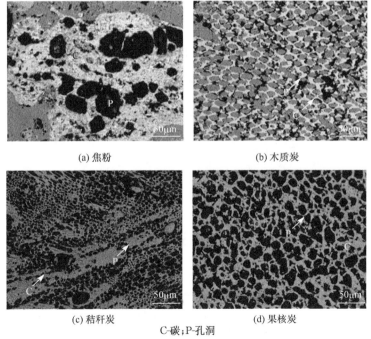

(a) 焦粉　　　　　　　　　　　　(b) 木质炭

(c) 秸秆炭　　　　　　　　　　　(d) 果核炭

C-碳;P-孔洞

图 3.2　生物质燃料和焦粉的微观结构

3.2　生物质燃料燃烧特征与气化特性

3.2.1　燃烧特征及其动力学

采用热重-差热(TG-DSC)分析法研究固体燃料的燃烧特性,结果如图3.3所示。由图可知,四种燃料在空气中加热主要经历干燥段、升温段和燃烧段等三个阶段。生物质燃料与焦粉相比,其差异主要在燃烧段,生物质燃料的失重速率(DTG)曲线和吸放热(DSC)曲线主要出现尖峰,表明在升温过程中生物质燃料不等速燃烧,且峰的宽度较窄,说明持续燃烧的时间短,而对于焦粉,当温度超过600℃后,其燃烧放热DSC曲线和DTG曲线相对平缓,表明焦粉以相对均衡的速度持续燃烧。因此,与焦粉相比,生物质燃料的燃烧更为快速。

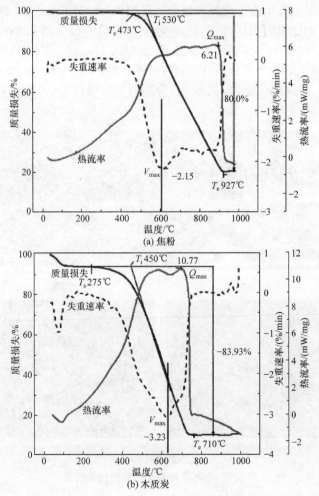

(a) 焦粉

(b) 木质炭

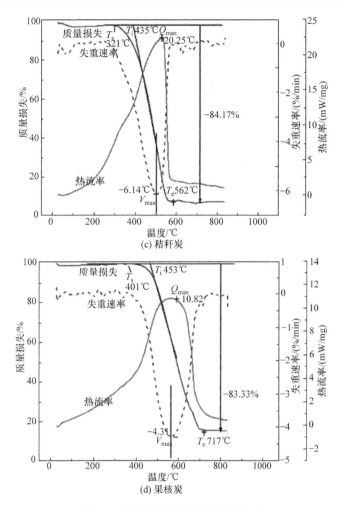

图 3.3 燃料的非等温燃烧热重曲线

对生物质燃料和焦粉燃烧的特征参数进行分析,包括反应起始温度 T_s、反应终止温度 T_e、最大失重速率 V_{max}、最大释热量 Q_{max} 等,还包括着火温度 T_i 及综合燃烧特性指数 P[9]。燃烧特性指数 P 的定义如下:

$$P = \frac{\left(\frac{dw}{dt}\right)_{max} \cdot \left(\frac{dw}{dt}\right)_{mean}}{T_i^2 \cdot T_e} \tag{3-1}$$

式中,P 为燃烧特性指数;$\left(\frac{dw}{dt}\right)_{max}$ 为最大燃烧速率;$\left(\frac{dw}{dt}\right)_{mean}$ 为平均燃烧速率。

燃料非等温燃烧的特征参数如表 3.4 所示。由表可知,与焦粉相比,生物质燃料在较低的温度下就能开始发生反应,其反应起始温度 T_s、着火温度 T_i、反应终止温度 T_e 比焦粉低 72℃、95℃、210℃以上。三种生物质燃烧反应终止温度由低到高的顺序为秸秆炭、木质炭、果核炭。生物质燃料的最大失重速率 V_{max} 和最大释热量 Q_{max}、燃烧特性指数 P 值远比焦粉大,表明其燃烧性比焦粉好。三种生物质中燃烧性最好的为秸秆炭,其次为木质炭,再次为果核炭。

表 3.4　燃料非等温燃烧的特征参数

燃料类型	$T_s/℃$	$T_i/℃$	$T_e/℃$	$V_{max}/(\%/min)$	$Q_{max}/(mW/mg)$	P
焦粉	473	530	927	2.15	6.21	1.82
木质炭	275	450	710	3.23	10.77	6.16
秸秆炭	321	435	562	6.14	20.55	17.75
果核炭	401	453	717	4.31	10.82	4.65

采用竖式动力学炉中研究生物质在等温条件下的燃烧性:在规格为 $\phi38mm \times 550mm$ 熔融石英玻璃反应罐中放置一个装料杯,将 25g 粒径为 3mm 的燃料装入料杯中,将反应罐放置到设定温度的立式管炉中,通入流量为 10L/min 的空气进行燃烧,直到失重达到恒定。根据各时刻的失重值算出燃烧率 x_c 和某一时刻的瞬时反应速率 R,计算公式分别如下:

$$x_c = \left(1 - \frac{m}{m_0}\right) \times 100\% \tag{3-2}$$

$$R = -\frac{1}{m_0}\frac{dm}{dt} \tag{3-3}$$

式中,x_c 为燃烧率,%;R 为瞬时反应速率,%/min;m_0 为初始质量,g;m 为反应 t 时的质量,g;$\frac{dm}{dt}$ 为反应 t 时的失重,g/min。采用燃烧或气化比例达到 50% 时的瞬时反应速率 $R_{1/2}$ 评价燃烧率或气化率。

采用等温热重分析方法研究三种生物质燃料和焦粉的燃烧率,其燃烧率随时间的变化规律如图 3.4 所示。相比焦粉的燃烧率($R_{1/2}$ 4.15%/min),三种生物质燃料的燃烧率要大得多,燃烧率的顺序是秸秆炭>木质炭>果核炭,$R_{1/2}$ 分别为 6.22%/min、6.00%/min、5.45%/min。燃料的燃烧率与其物化性能密切相关,挥发分高、孔隙率高、比表面积大的燃料,其燃烧速率快。

温度对燃料燃烧率的影响如图 3.5 所示。由图可知,随着温度的升高,燃料燃烧速率加快,燃烧率达到 50% 时所需的时间 $t_{1/2}$ 缩短,当温度从 700℃ 升高到 1100℃ 时,生物质燃料 $R_{1/2}$ 从 3.33%/min 提高到 6.25%/min,$t_{1/2}$ 从 15.05min 缩短至 8.17min,而焦粉 $R_{1/2}$ 从 1.85%/min 提高到 4.55%/min,$t_{1/2}$ 从 27.25min 缩短至 11.12min。

采用典型的收缩体积反应模型研究固体燃料的燃烧反应动力学,其反应可分为三个区间:化学反应动力区、内扩散区和外扩散区。在化学反应动力区,反应速率的控制因素是焦炭和氧的化学反应;在外扩散区,反应速率的控制因素是氧向焦炭表面的扩散作用;而在内扩散区,反应速率的控制因素是化学反应和扩散作用的

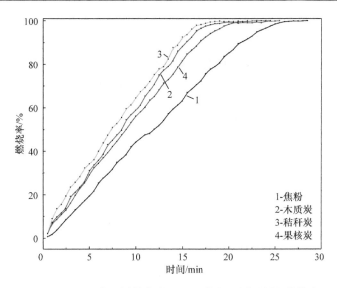

图 3.4　1000℃等温燃烧条件下四种燃料不同时刻的燃烧率

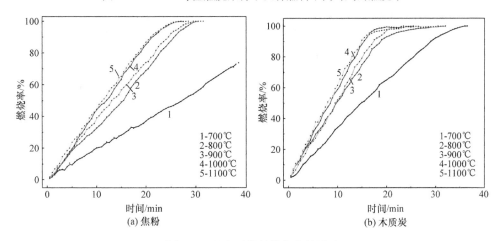

图 3.5　温度对燃料燃烧率的影响

综合影响。Tseng 和 Edgar[10] 对焦炭不同反应区域的燃烧情况进行了分析,在化学反应动力区,焦炭燃烧反应动力学常数为

$$k_{\mathrm{v}} = \frac{1}{P_{\mathrm{O}_2} t_{1/2} S_0} \int_0^{0.5} \frac{S_0}{S} \mathrm{d}x_{\mathrm{c}} \tag{3-4}$$

在内扩散区,焦炭燃烧的内扩散速率常数为

$$k_{\mathrm{s}} = \frac{r_0}{P_{\mathrm{O}_2}^a t_{1/2}} (1 - \sqrt[3]{1/2}) \tag{3-5}$$

在外扩散区,焦炭燃烧的外扩散速率常数为

$$S_h = \frac{(1-x_a)\rho_p r_0^2 RT}{D_b \omega P_{O_2} t_{1/2}} (1 - \sqrt[3]{1/4}) \tag{3-6}$$

式中，k_v 为燃烧率常数；k_s 为内扩散速率常数；S_h 为外扩散速率常数；S_0 为初始时刻的比表面积；x_c 为焦炭的燃烧率；$t_{1/2}$ 为当燃烧率达到 50% 时的反应时间；S 为燃烧中任一时刻的比表面积；ρ_p 为 p 压强条件下的气体密度；P_{O_2} 为氧分压；a 为表观反应级数；r_0 为焦炭初始颗粒半径；D_b 为氧气在氮气中的扩散系数，$D_b = 9.79 \times 10^{-7} T^{1.75}/p$；$x_a$ 为灰分的比例；ω 为每摩尔氧气消耗的可燃物量；R 为摩尔气体常数。

反应速率常数 $k(T)$ 可由阿伦尼乌斯方程表示，即

$$k(T) = k_0 \exp\left(-\frac{E}{RT}\right) \tag{3-7}$$

综合上述方程式，可得到

$$\ln\frac{1}{t_{1/2}} = \ln\frac{k_0}{C} - \frac{E}{RT} \tag{3-8}$$

燃烧活化能 E 可由 $\ln 1/t_{1/2}$ 与 $1/T$ 关系曲线的斜率求得。木质炭和焦粉的 $\ln 1/t_{1/2}$ 随 $1/T$ 的变化曲线如图 3.6 所示。由图可以看出，每种燃料燃烧随温度变化都可分为三个区域，分别为外扩散控制区、内扩散控制区、化学反应控制区，由图求出燃料燃烧各个反应区的活化能和转折温度，见表 3.5。

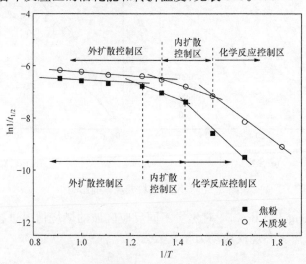

图 3.6　燃料燃烧 $\ln 1/t_{1/2}$ 与 $1/T$ 的关系

表 3.5　燃料燃烧各控制区活化能及转折温度

燃料类型	活化能/(kJ/mol)			转折温度/℃	
	化学反应	内扩散	外扩散	化学反应→内扩散	内扩散→外扩散
焦粉	81.04	27.90	7.29	700	800
木质炭	57.74	25.36	7.11	650	750

　　当燃烧反应处于外扩散控制区和内扩散控制区时,生物质燃料燃烧的活化能比焦粉略小;而处于化学反应控制区时,生物质燃料燃烧的活化能比焦粉明显要低,生物质燃料的活化能为 57.74kJ/mol,比焦粉低 23.30kJ/mol。生物质燃料燃烧在 650℃时由化学反应控制过渡到内扩散控制,在 750℃时由内扩散控制过渡到外扩散控制,其转折温度比焦粉的转折温度低。由此可知,相比焦粉,生物质燃料燃烧时的反应活性比焦粉大,转折温度低,因而易于快速燃烧。

3.2.2　气化特性及其动力学

　　燃料的气化反应指燃料中固定碳与 CO_2 之间的反应。采用 TG-DSC 非等温热分析研究固体燃料与 CO_2 反应的气化特性,对固体燃料的反应性进行检测,其 TG 曲线和 DSC 曲线如图 3.7 所示。生物质燃料在 CO_2 气氛下加热,主要经历

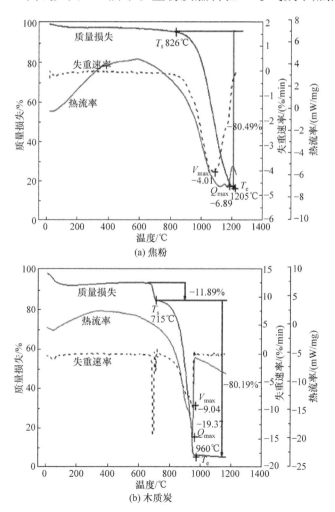

图 3.7（部分）
(a) 焦粉

(b) 木质炭

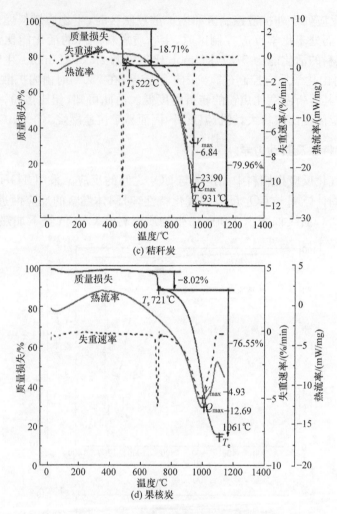

图 3.7　燃料的非等温气化热重曲线

干燥段、升温段、挥发分脱除和固定碳气化 4 个阶段。当温度达到生物质燃料挥发分脱除的温度时,挥发分开始析出,与焦粉相比,生物质燃料由于挥发分析出而失重的现象更为明显,一般失重速率可达 8%/min 以上;挥发分脱除后,进入固定碳气化阶段,燃料失重速率明显加快,生物质燃料与焦粉相比,其失重速率(DTG)曲线和气化吸热(DSC)曲线主要出现尖峰,表明反应更为剧烈。

对固体燃料气化的 TG-DTG 曲线和 DSC 曲线进行分析,可获得燃料中固定碳发生气化的特征参数,如表 3.6 所示。由表可知,生物质燃料在较低的温度下就能发生气化反应,其反应起始温度 T_s、反应终止温度 T_e 都比焦粉低,表明生物质燃料在较低的温度下就能与 CO_2 发生气化反应生成 CO,其反应性比焦粉好。三种生物质中气化温度最低的为秸秆炭,其次为木质炭,再次为果核炭。生物质燃料气化的最大失重速率 V_{max} 和最大释热量 Q_{max} 远比焦粉大。三种生物质中最大失重速率 V_{max} 由大到小的顺序为木质炭＞秸秆炭＞果核炭,而最大释热量 Q_{max} 依次为秸秆炭＞木质炭＞果核炭。

表 3.6　燃料非等温条件下的气化特征参数

燃料类型	T_s/℃	T_e/℃	V_{max}/(%/min)	Q_{max}/(mW/mg)
焦粉	826	1205	4.01	6.89
木质炭	715	960	9.04	19.37
秸秆炭	522	931	6.84	23.90
果核炭	721	1061	4.93	12.69

气化的研究条件是燃料在 CO_2 气氛下进行反应,除此之外,燃料气化动力学的研究方法与燃烧动力学的研究方法相同。采用等温热重分析方法研究三种生物质燃料和焦粉与 CO_2 的反应速率,其气化率随时间的变化规律如图 3.8 所示。由图可知,在相同的温度下,与焦粉的气化率($R_{1/2}$ 为 0.57%/min)相比,三种生物质的气化率更快,其中秸秆炭的气化率最大,其次为木质炭,再次为果核炭,$R_{1/2}$ 分别为 4.43%/min、3.85%/min、3.50%/min[11]。

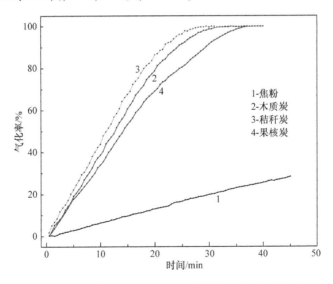

图 3.8　1050℃等温气化条件下四种燃料不同时刻的气化率

温度对生物质燃料气化率的影响如图 3.9 所示。由图可知,随着温度升高,燃料的气化率加快,燃料气化率达到 50% 时所需的时间缩短,当温度从 950℃升高到 1100℃时,生物质燃料的 $R_{1/2}$ 从 1.50%/min 提高到 4.35%/min,$t_{1/2}$ 从 34.33min 缩短至 11.52min;而焦粉的 $R_{1/2}$ 从 0.21%/min 提高到 0.88%/min,$t_{1/2}$ 从 219.50min

缩短至 57.34min。

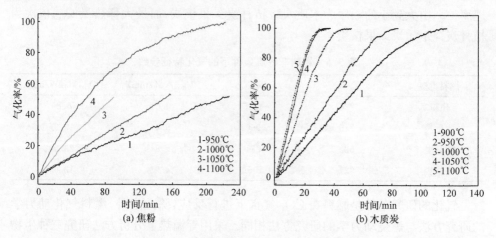

图 3.9　温度对生物质燃料气化率的影响

　　气化反应和燃烧反应类似,都为收缩体积反应模型,因此也可由 $\ln 1/t_{1/2}$ 与 $1/T$ 关系曲线的斜率求得气化反应的活化能 E。另外,还研究了生物质燃料和焦粉气化反应的活化能,其动力学模型也为多孔颗粒的气固反应模型。气化活化能 E 可由 $\ln 1/t_{1/2}$ 与 $1/T$ 关系曲线的斜率求得,生物质燃料和焦粉的 $\ln 1/t_{1/2}$ 随 $1/T$ 的变化曲线如图 3.10 所示,其活化能和转折温度见表 3.7。

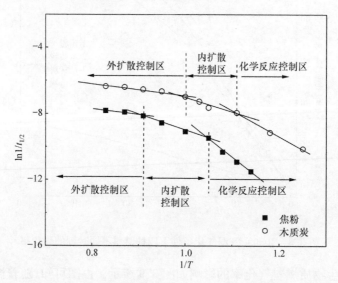

图 3.10　燃料气化反应 $\ln 1/t_{1/2}$ 与 $1/T$ 的关系

表 3.7　燃料气化各控制区的活化能及转折温度

燃料类型	活化能/(kJ/mol)			转折温度/℃	
	化学反应	内扩散	外扩散	化学反应→内扩散	内扩散→外扩散
焦粉	187.36	77.16	33.51	950	1100
木质炭	131.10	71.82	31.88	900	1000

　　当气化反应处于外扩散控制区和内扩散控制区时,生物质燃料气化的活化能比焦粉略小;当气化反应处于化学反应控制区时,生物质燃料气化的活化能比焦粉明显要低,生物质燃料气化的活化能为 131.10kJ/mol,比焦粉低 56.26kJ/mol。生物质燃料的气化在 900℃时由化学反应控制过渡到内扩散控制,在 1000℃时由内扩散控制过渡到外扩散控制,其转折温度比焦粉的低。

3.3　生物质燃料影响烧结的规律

3.3.1　对烧结矿产量、质量指标的影响

　　三种生物质燃料替代焦粉对烧结矿产量、质量的影响见表 3.8。

表 3.8　生物质燃料替代焦粉对烧结指标的影响

燃料类型	替代焦粉比例/%	烧结适宜水分/%	烧结速率/(mm/min)	成品率/%	转鼓强度/%	利用系数/(t/(m·h))
焦粉	—	7.25	21.94	72.66	65.00	1.48
木质炭	20	7.25	24.58	68.69	64.40	1.52
木质炭	40	7.50	24.73	65.30	63.27	1.43
木质炭	60	7.50	27.20	55.35	54.67	1.32
木质炭	100	7.75	27.17	41.11	23.87	0.93
秸秆炭	20	7.50	24.05	66.12	63.52	1.42
秸秆炭	40	7.75	25.21	59.56	57.12	1.21
秸秆炭	60	8.00	27.05	48.37	45.22	1.02
果核炭	20	7.25	22.89	71.36	65.12	1.51
果核炭	40	7.50	23.67	67.32	63.76	1.46
果核炭	60	7.50	24.34	61.38	58.98	1.35
果核炭	100	7.75	25.15	52.67	40.22	0.96

　　由表 3.8 可得出以下结论。
　　(1) 随着生物质燃料替代焦粉比例的增加,烧结适宜水分呈现增大的趋势。当完全采用焦粉时,烧结适宜水分为 7.25%;当生物质燃料全部替代焦粉时,烧结适宜水分需提高到 7.75% 以上。这是因为生物质燃料密度小、孔隙率高,其吸水

能力优于焦粉。

（2）随着替代焦粉比例的增加，烧结速率加快，但成品率、转鼓强度和利用系数都呈降低趋势。当替代焦粉比例相对较低时，成品率、转鼓强度和利用系数降低的幅度相对较小，当替代焦粉比例超过一定值后，烧结矿产量、质量指标将大幅。因此，生物质燃料替代焦粉比例有适宜值。当木质炭替代焦粉比例超过 40% 时，烧结矿产量、质量指标迅速下降，因此替代比例 40% 是产量、质量大幅变化的拐点。

（3）三种生物质燃料秸秆炭、木质炭、果核炭替代焦粉的拐点分别为 20%、40% 和 40%，此时烧结矿产量、质量指标比较相近。这主要与燃料自身的性质有关，果核炭、木质炭、秸秆炭的燃烧性、反应性与焦粉的性质相差依次增大[12-15]。

3.3.2　对烧结矿成分的影响

生物质燃料替代焦粉对烧结矿化学成分的影响见表 3.9。由表可知，随着木质炭替代焦粉比例的提高，烧结矿 TFe、CaO、MgO、SiO_2、Al_2O_3 等的含量变化不大，而 FeO 含量有所降低；烧结矿中残硫量有所提高，特别是当替代比例大于 60% 以后，S 含量明显提高，主要原因是当木质炭替代焦粉比例较高时，料层温度会有较大程度的降低，这不利于烧结脱硫。当木质炭、秸秆炭、果核炭分别在各自替代焦粉适宜比例时，由表 3.7 可知，木质炭替代 40% 的焦粉对烧结矿的化学成分无明显影响；而秸秆炭替代 20% 的焦粉、果核炭替代 40% 的焦粉，其烧结矿 TFe、CaO、MgO、SiO_2、Al_2O_3、S 含量变化不大，P、Na_2O、K_2O 略有增加，但增加幅度不大。

表 3.9　生物质燃料替代焦粉对烧结矿化学成分的影响　　　　（单位：%）

燃料类型	替代焦粉比例	TFe	FeO	CaO	MgO	SiO_2	Al_2O_3	P	S	K_2O	Na_2O
焦粉	—	56.85	6.88	9.64	1.92	4.80	1.93	0.051	0.027	0.063	0.051
木质炭	20	56.70	6.63	9.60	1.99	4.83	1.89	0.050	0.026	0.062	0.049
木质炭	40	56.69	6.10	9.53	2.02	4.86	1.91	0.053	0.029	0.063	0.050
木质炭	60	57.03	5.74	9.73	2.02	4.76	1.86	0.048	0.035	0.064	0.052
木质炭	100	56.55	5.38	9.59	2.07	4.91	1.99	0.050	0.046	0.066	0.053
秸秆炭	20	56.96	6.25	9.70	1.98	4.92	1.96	0.052	0.028	0.068	0.052
果核炭	40	56.74	6.06	9.77	2.01	4.80	1.93	0.053	0.027	0.071	0.053

3.3.3　对烧结矿冶金性能的影响

木质炭替代焦粉对烧结矿还原性的影响如图 3.11 所示。由图可知，随着替代焦粉比例的提高，烧结矿还原度（RI）上升，表明用生物质炭替代焦粉有利于烧结矿的还原，当替代比例达到 40% 时，还原度由 79.8% 提高到 84.3%。由图中的失重率(RT)曲线可以观察到详细的还原过程,在初始还原期(0~60min),还原失重曲线略有不同。然而,当还原过程进行到后期(60~180min)时,失重曲线变化明显。随着替代焦粉比例的增加,失重率明显增大,尤其是木质炭替代 40%焦粉时的失重率变化较大,这导致烧结矿具有较高的还原度[16]。

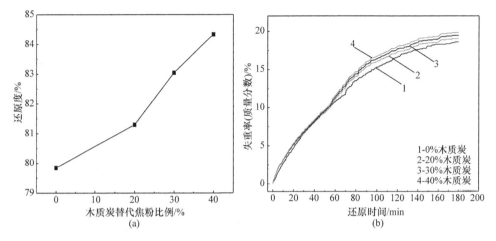

图 3.11　木质炭替代焦粉对烧结矿还原性的影响

另外,研究人员还研究了木质炭替代焦粉对烧结矿还原粉化指数(RDI)的影响,如图 3.12 所示。由图可知,随着木质炭替代焦粉比例的提高,还原粉化性能得到改善,$RDI_{+3.15}$ 提高,而 $RDI_{-0.5}$ 下降。当替代焦粉比例从 0%提高到 40%时,$RDI_{+3.15}$ 从 67.8%提高到 78.2%,而 $RDI_{-0.5}$ 从 6.2%下降到 4.9%。结果表明,木质炭替代焦粉能降低烧结矿在低温还原过程中的粉化,有利于提高高炉冶炼过程煤气的透气性和生产率。

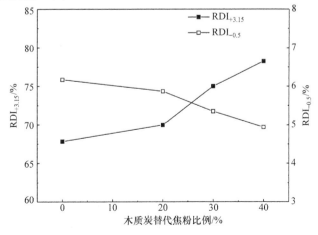

图 3.12　木质炭替代焦粉对烧结矿还原粉化指数的影响

3.4　生物质燃料对烧结污染物减排的影响

3.4.1　对 CO_x 减排的影响

生物质燃料替代焦粉对单位烧结矿 CO_x 排放量的影响见表 3.10。由于生物质释放出的 CO_2 参与大气循环,单位烧结矿 CO_2 排放量应扣除生物质释放出的 CO_2,因此,随着生物质替代焦粉比例的增加,单位烧结矿 CO_2 排放量减少,而 CO 排放量增加,但 CO_2 排放总量减少。采用木质炭分别替代 20%、40%、60%、100% 的焦粉时,CO_2 减排分别可达 10.54%、23.05%、29.47%、59.56%,CO_x 的总排放量分别减少 8.55%、18.65%、21.56%、37.73%。由不同类型的生物质燃料取代部分焦粉对 CO_x 排放的影响可知,当木质炭取代 40% 焦粉、秸秆炭取代 20% 焦粉、果核炭取代 40% 焦粉时,单位烧结矿减少 CO_2 排放分别可达 23.05%、9.49%、26.67%,CO_x 的总排放量分别减少 18.65%、7.19%、22.31%。

表 3.10　生物质燃料替代焦粉对单位烧结矿 CO_x 排放量的影响

生物质类型	替代比例/%	单位烧结矿 CO_x 排放量/(kg/t)		
		CO_2	CO	CO_x
焦粉	—	201.49	26.61	228.10
木质炭	20	180.26	28.34	208.60
木质炭	40	155.04	30.53	185.57
木质炭	60	142.11	36.82	178.93
木质炭	100	81.49	60.55	142.04
秸秆炭	20	182.37	29.32	211.69
果核炭	40	147.77	29.43	177.20

3.4.2　对 SO_2 减排的影响

生物质燃料替代焦粉比例以及生物质类型对 SO_x 排放量的影响如图 3.13 所示。由图可知,随着替代焦粉比例的提高,SO_x 的排放量降低,当替代比例从 0% 提高到 20%、40%、60%、100% 时,单位烧结矿 SO_x 排放量从 1.73kg/t 依次降低到 1.54kg/t、1.07kg/t、0.96kg/t、1.04kg/t,减排分别可达 10.98%、38.15%、44.50%、39.88%。由不同类型的生物质燃料替代部分焦粉对 SO_x 排放量的影响可知,当木质炭替代 40% 焦粉、秸秆炭替代 20% 焦粉、果核炭替代 40% 焦粉时,单位烧结矿 SO_x 排放量从 1.73kg/t 依次降低到 1.07kg/t、1.18kg/t、0.99kg/t,减排分别可达 38.15%、31.79%、42.77%。

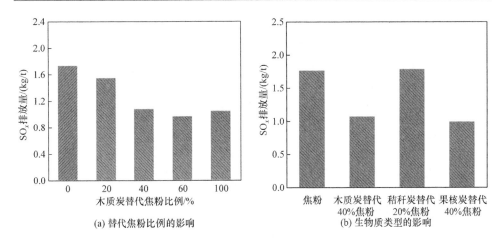

(a) 替代焦粉比例的影响　　　　　　　(b) 生物质类型的影响

图 3.13　生物质燃料替代焦粉比例及生物质类型对 SO_x 排放量的影响

3.4.3　对 NO_x 减排的影响

　　生物质燃料替代焦粉比例对 NO_x 排放量的影响如图 3.14 所示。由图可知，随着替代焦粉比例的提高，NO_x 的排放量降低。当替代焦粉比例从 0% 提高到 20%、40%、60%、100% 时，单位烧结矿 NO_x 排放量从 0.71kg/t 依次降低到 0.58kg/t、0.52kg/t、0.49kg/t、0.57kg/t，减排分别可达 18.31%、26.76%、30.99%、19.72%。由不同类型的生物质燃料替代部分焦粉对 NO_x 排放的影响可知，当木质炭取代 40% 焦粉、秸秆炭取代 20% 焦粉、果核炭取代 40% 焦粉时，单位烧结矿 NO_x 排放量从 0.71kg/t 依次降低到 0.52kg/t、0.58kg/t、0.49kg/t，减排分别可达 26.76%、18.31%、30.99%[17-20]。

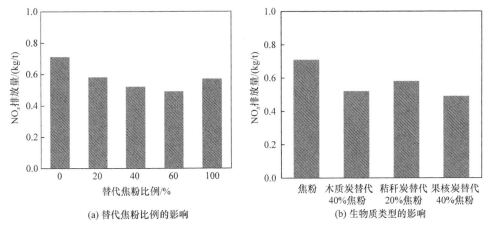

(a) 替代焦粉比例的影响　　　　　　　(b) 生物质类型的影响

图 3.14　生物质燃料替代焦粉比例及生物质类型对 NO_x 排放量的影响

3.5　生物质燃料影响铁矿烧结的机理

本节研究生物质燃料替代焦粉对烧结过程的影响,生物质的配入量依据燃料为烧结提供相同热量的原则,即采用等热量替换焦粉的计算方法。

3.5.1　对燃烧前沿的影响

生物质燃料对烧结过程中燃烧前沿传递的影响如图 3.15 所示。生物质燃料替代焦粉比例对燃烧前沿的影响表明,随着替代焦粉比例的提高,燃烧前沿速率加快;生物质类型对燃烧前沿的影响表明,三种生物质替代 40% 的焦粉都将提高燃烧前沿速率,提高幅度从大到小的顺序为秸秆炭>木质炭>果核炭。

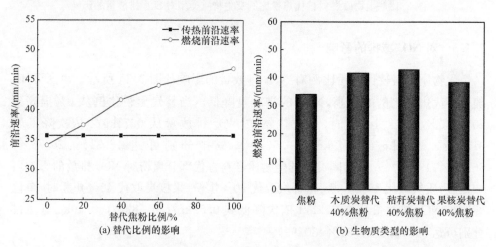

图 3.15　生物质燃料替代焦粉比例及生物质类型对燃烧前沿速率和传热前沿速率的影响

在烧结生产过程中,当传热前沿速率与燃烧前沿速率一致时,高温带厚度适中,烧结料层温度较高,有助于获得较好的烧结指标。由图 3.15 可知,当采用焦粉作为燃料时,传热前沿速率为 35.71mm/min,燃烧前沿速率为 34.11mm/min,两个前沿的速率基本相当;当生物质替代焦粉时,随着替代焦粉比例的增加,燃烧前沿速率逐渐加快,而传热前沿速率变化不大,使得两者的协调性遭到破坏。当替代焦粉比例为 40% 时,燃烧前沿的速率提高到 41.67mm/min,比传热前沿速率 35.71mm/min 快 5.96mm/min;而当完全替代焦粉时,燃烧前沿速率达到 46.90mm/min,增大了两个前沿传播速率的差异。

秸秆炭、木质炭、果核炭三种生物质燃料分别取代 40% 的焦粉时,燃烧前沿速率分别提高到 42.88mm/min、41.67mm/min、38.46mm/min,相比传热前沿速率

35.71mm/min 分别高出 7.17mm/min、5.96mm/min、2.75mm/min。生物质燃料替代焦粉可提高燃烧前沿速率,主要是因为生物质燃料的燃烧性能好、燃烧速率高,且燃烧前沿速率提高幅度与生物质燃烧性综合指数呈正比关系。

3.5.2 对燃料燃烧程度的影响

燃料燃烧比($CO/(CO+CO_2)$)可反映燃料完全燃烧的程度,通过检测烧结烟气中 CO_2、CO 的含量计算燃料在烧结过程中的燃烧比。生物质燃料替代焦粉比例对燃料燃烧比的影响如图 3.16 所示。由图 3.16(a)可知,随着生物质燃料替代焦粉比例的提高,燃烧比提高,当替代焦粉比例从 0% 分别提高到 20%、40%、60%、100% 时,燃料燃烧比的平均值从 12.17% 依次提高到 12.18%、13.08%、13.96%、14.85%,表明随着生物质燃料配比的增加,烧结过程中不完全燃烧反应程度提高,这降低了生物质燃料的热利用效率。由图 3.16(b)可知,当三种生物质燃料分别替代 40% 的焦粉时,燃烧比均有所提高,提高程度由大到小的顺序为秸秆炭>木质炭>果核炭。燃料的不完全燃烧主要是由碳的气化反应引起的,即与燃料的反应性相关。生物质燃料的反应性越好,其不完全燃烧的程度越高。

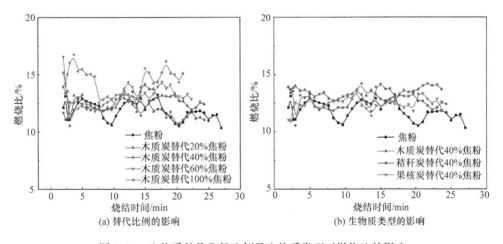

图 3.16 生物质替代焦粉比例及生物质类型对燃烧比的影响

可用固体燃料在高温下的燃烧模型分析生物质燃料的燃烧行为。固体燃料的高温燃烧模型如图 3.17 所示。在烧结燃烧带的高温下,燃料颗粒表面附近主要发生布多尔反应,燃料颗粒与锋面二次燃烧生成的 CO_2 发生气化反应,生成的 CO 扩散到锋面与 O_2 发生二次燃烧反应。因此,碳颗粒燃烧可分为两个区域,一个为锋面的二次燃烧反应,另一个为碳颗粒表面的气化反应,这两个反应决定了燃料的燃烧程度。烧结烟气中一般含有 8%~12% 的 O_2,说明烧结过程 O_2 是过剩的,热力学上对二次燃烧反应是有利的。一般来说,在静态环境下,只要 O_2 充足,碳粒周围气化反应产生的 CO 能在锋面充分燃烧生成 CO_2。但在烧结抽风的作用下，CO 在向外扩散时，有少部分 CO 来不及燃烧而被带入废气中，由于燃烧带窄，在废气往下抽的过程中，经过干燥预热带温度很快下降，这部分 CO 来不及发生二次燃烧反应而进入烧结烟气中。

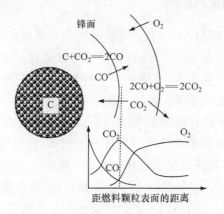

图 3.17　固体燃料的高温燃烧模型

当生物质燃料替代焦粉后，由于生物质燃料的反应性好，易与 CO_2 快速反应，在生物质表面生成大量的 CO，所以有更多的 CO 在锋面来不及燃烧而进入烧结烟气；另外，生物质燃料的燃烧速率快，导致单位时间内消耗更多的 O_2，使得废气中 O_2 含量降低，这不利于二次燃烧反应，也是最终烧结烟气中 CO 含量增大的原因。

3.5.3　对燃烧带气氛的影响

生物质燃料替代焦粉既对烧结燃料的燃烧行为产生较大影响，也对烧结过程燃烧带的气氛产生影响。另外，本小节研究了燃料在 1300℃ 的条件下，生物质燃料替代焦粉比例对燃烧带生成 CO、CO_2 含量的影响，如图 3.18 所示。随生物质燃料替代焦粉比例的提高，燃烧带产生 CO 峰值浓度升高，还原性气氛增强；当替代比例从 0% 提高到 40% 时，CO 峰值浓度由 2.07% 增加到 2.85%；当替代比例提高到 100%，即完全采用生物质烧结时，CO 峰值浓度提高到 4.01%。而生物质类型对燃烧带生成 CO、CO_2 的影响表明，当采用木质炭、秸秆炭、果核炭分别替代 40% 的焦粉时，燃烧带产生 CO 含量都升高，其 CO 峰值浓度从完全采用焦粉时的 2.07% 分别提高到 2.85%、3.11%、2.88%。由于生物质燃料替代焦粉后将带来气氛的变化，这将影响烧结过程氧化、还原、熔化等高温物理化学变化。生物质燃料替代焦粉比例的提高，使得烧结燃烧带还原性气氛增强，不利于铁酸钙的生成。

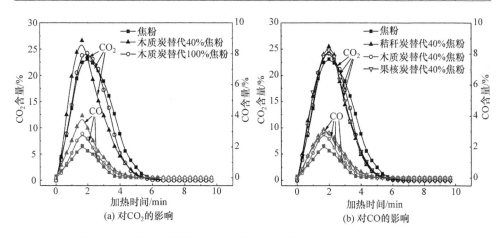

(a) 对CO$_2$的影响　　(b) 对CO的影响

图 3.18　生物质燃料替代焦粉比例对燃烧带生成 CO、CO$_2$ 含量的影响

3.5.4　对料层温度的影响

生物质燃料替代焦粉比例对料层温度曲线的影响如图 3.19 所示。由图可知,随着替代比例的提高,料层达到最高温度的时间提前,料层最高温度降低,温度曲线有变宽的趋势。

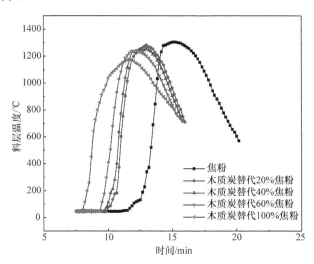

图 3.19　生物质燃料替代焦粉比例对料层温度曲线的影响

生物质燃料替代焦粉比例及生物质类型对料层最高温度的影响如图 3.20 所示。由图可知,当生物质燃料替代焦粉比例增加时,上部料层温度会降到比较低的程度,且上部料层的温度变化比下部料层大。当替代比例由 0% 增加到 20%、40%、60%、100% 时,第一层料层最高温度由 1250℃分别下降到 1231℃、1212℃、1201℃、

1132℃,第二层由 1305℃分别下降到 1282℃、1255℃、1238℃、1178℃。因此,当生物质燃料替代焦粉比例较高时,料层温度降低到难以使烧结物料发生成矿反应。由生物质类型对料层温度的影响可知,采用木质炭、秸秆炭、果核炭分别替代 40%的焦粉时,均会降低烧结料层的最高温度,降低幅度最大的为秸秆炭,其次为木质炭,最后为果核炭,第二层料层最高温度从 1305℃分别降低到 1271℃、1255℃、1239℃。

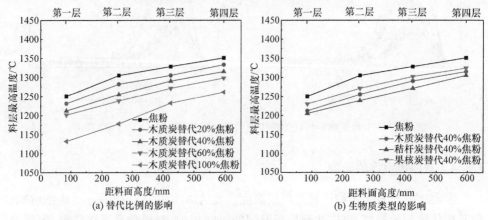

图 3.20　生物质燃料替代焦粉比例及生物质类型对料层最高温度的影响

生物质燃料替代焦粉对烧结料层高温($T \geqslant 1200℃$)保持时间的影响见表 3.11。由表可知,随着生物质燃料替代焦粉比例的提高,料层的高温保持时间缩短,特别是上部料层。当替代焦粉比例由 0%增加到 20%、40%、60%、100%时,第一层料层的高温保持时间由 1.17min 分别下降到 1.00min、0.67min、0.17min、0min,第二层料层的高温保持时间由 2.67min 分别下降到 2.00min、1.83min、1.67min、0min。由生物质类型对料层高温保持时间的影响可知,采用果核炭、木质炭、秸秆炭分别替代 40%的焦粉时,均会降低烧结料层的高温保持时间,第二料层的高温保持时间分别从 2.67min 降低到 2.17min、1.83min、1.67min。高温时间不足将影响烧结物料的成矿。

表 3.11　生物质燃料替代焦粉对烧结料层高温($T \geqslant 1200℃$)保持时间的影响

生物质类型	生物质替代焦粉比例/%	第一层 (85mm)/min	第二层 (255mm)/min	第三层 (425mm)/min	第四层 (595mm)/min
焦粉	—	1.17	2.67	4.17	4.33
木质炭	20	1.00	2.00	3.87	4.00
木质炭	40	0.67	1.83	3.17	3.50
木质炭	60	0.17	1.67	2.17	2.67
木质炭	100	0	0	0.67	2.00
秸秆炭	40	0.33	1.67	3.00	3.50
果核炭	40	0.83	2.17	3.50	3.83

　　生物质燃料替代焦粉可使烧结料层温度降低、高温保持时间缩短,其主要原因如下:

　　(1) 生物质燃料燃烧速率快,致使烧结过程中燃烧前沿速率比传热前沿速率快,两者的不协调使得温度曲线宽化,因此最高烧结料层温度降低、高温保持时间缩短。

　　(2) 生物质燃料反应性好、挥发分高,在烧结过程中不完全燃烧的现象加剧,使得生物质燃料的一部分热量转化为 CO 的潜热而得不到利用,因此其热利用效率低。

3.5.5　对烧结矿矿物组成的影响

　　生物质燃料替代焦粉比例对烧结矿矿物组成的影响如图 3.21(a)所示。由图可知,随着替代焦粉比例的提高,铁酸钙、硅酸盐黏结相总量减少,而磁铁矿、赤铁矿等铁氧化物的总量增加,表明随着生物质用量的提高,烧结物料矿化程度降低,导致反应产物铁酸钙、硅酸盐等的含量降低。当生物质燃料替代焦粉比例在 40% 以内时,其对烧结矿矿物组成的影响相对较小,主要原因是针柱状铁酸钙含量有所降低,板片状铁酸钙变化不大,赤铁矿和磁铁矿含量略有增加;但当替代焦粉比例提高到大于 40% 以后,烧结矿中铁酸钙的含量大幅降低,而铁氧化物含量则迅速提高。当生物质燃料替代焦粉比例从 0% 提高到 40% 时,烧结矿中铁酸钙含量从 36.47% 下降到 33.99%,磁铁矿、赤铁矿分别从 27.12%、23.66% 增加到 29.33%、27.48%;当生物质燃料替代焦粉比例继续提高到 100% 时,烧结矿中铁酸钙含量下降到 21.02%,磁铁矿、赤铁矿分别增加到 30.18%、37.15%。

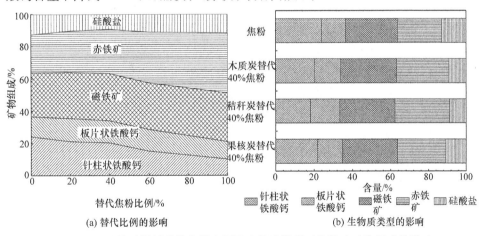

图 3.21　生物质燃料替代焦粉比例及生物质类型对烧结矿矿物组成的影响

　　生物质类型对烧结矿矿物组成的影响如图 3.21(b)所示。三种生物质分别替代焦粉比例为 40% 时,降低了烧结矿中铁酸钙的生成量,特别是针柱状铁酸钙的含量,而赤铁矿和磁铁矿含量有所增加。与以焦粉为燃料的烧结矿相比,当木质炭、秸秆炭、果核炭分别替代 40% 焦粉时,烧结矿中铁酸钙含量从 36.47% 分别下降到 33.99%、33.47%、34.90%,而针柱状铁酸钙含量从 24.13% 分别下降到

20.35%、18.16%、21.89%。因此,三种生物质对烧结矿矿物组成的影响由大到小的顺序为秸秆炭＞木质炭＞果核炭,与生物质对烧结矿强度的影响顺序一致。

3.5.6　对烧结矿微观结构的影响

生物质燃料替代焦粉比例对烧结矿微观结构的影响如图 3.22 所示。当全部使用焦粉时(图 3.22(a)),烧结矿熔融区针状、柱状铁酸钙较多,磁铁矿与铁酸钙形成交织的熔蚀结构,具有良好的强度;当木质炭替代 20%、40% 的焦粉时(图 3.22(b)和(c)),烧结矿熔融区仍由铁酸钙和磁铁矿构成,但铁酸钙含量减少,且铁酸钙针状结构没有图 3.22(a)中明显,针柱状铁酸钙占总铁酸钙的比例下降;当木质炭替代焦粉比例提高到 60% 时,烧结矿熔融区由铁酸钙、磁铁矿、赤铁矿构成(图 3.22(d)),铁酸钙含量比图 3.22(a)中减少,而赤铁矿增加,形成大孔薄壁结构,使得烧结矿强度比较差。

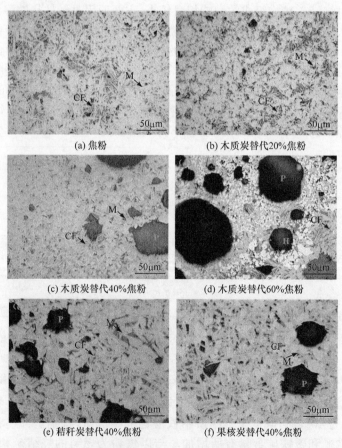

(a) 焦粉　　　(b) 木质炭替代20%焦粉　　　(c) 木质炭替代40%焦粉　　　(d) 木质炭替代60%焦粉　　　(e) 秸秆炭替代40%焦粉　　　(f) 果核炭替代40%焦粉

CF-铁酸钙;H-赤铁矿;M-磁铁矿;P-孔洞
图 3.22　生物质燃料替代焦粉比例对烧结矿微观结构的影响

由图 3.22 可知,当生物质燃料替代焦粉比例为 40% 时,烧结矿的微观结构与焦粉为燃料的烧结矿相比,虽然烧结矿熔融区仍以磁铁矿与铁酸钙交织的熔蚀结构为主,但烧结矿中孔洞增多,特别是配加秸秆炭的烧结矿,其结构连接程度较差,易形成大孔结构,主要与烧结温度低有关;同时熔融区中铁酸钙针状、柱状结构有弱化的趋势,且针柱状铁酸钙占总铁酸钙的比例下降,这些都不利于烧结矿的强度。

3.5.7 影响机理分析

生物质影响铁矿烧结的机理如图 3.23 所示。由图可知,生物质由于挥发分高、孔隙率高、比表面积大,其燃烧快、反应性好,在烧结过程中生物质燃烧速率过快,使得燃烧前沿和传热前沿不匹配,且反应性好使得不完全燃烧程度增加,造成烧结料层温度低、高温时间短、还原性气氛增强而不利于烧结成矿,烧结矿铁酸钙生成量降低、孔洞增多,从而降低了烧结矿的成品率和转鼓强度[21]。

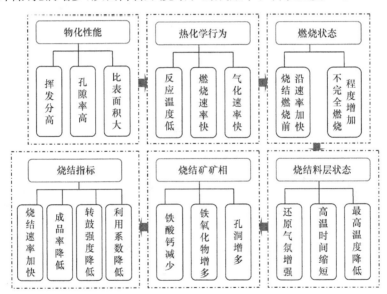

图 3.23 生物质影响铁矿烧结的机理示意图

3.6 基于调控生物质燃料性能的强化烧结技术

3.6.1 优化炭化工艺

生物质的炭化一般采用一段炭化工艺,本小节研究两段炭化工艺对生物质燃料性能的影响。两段炭化工艺是先采用较慢的升温速率在较低的温度下将木质生物、秸秆、果核等进行炭化,然后在相对较快的升温速率、较高的温度下进行二次炭化。当采用木质生物时,炭化工艺对炭化产率、产品性质的影响见表 3.12。由表可知,相比一段炭化,两段炭化在保证获得较高的炭化产率的同时,还可获得固定碳含量高、挥发分含量低的生物质燃料[22]。

表 3.12　炭化工艺对生物质燃料性能的影响

炭化工艺	炭化条件		炭化产率/%	炭化产品工业分析		
	升温速率/(℃/min)	炭化温度/℃		灰分含量/%	挥发分含量/%	固定碳含量/%
一段炭化	10	700	26.38	5.10	7.55	87.34
两段炭化	2.5(一段) 10(两段)	500(一段) 700(两段)	28.80	5.24	5.94	88.83

采用光学显微镜对不同炭化工艺得到的生物质燃料显微结构进行研究,其结果如图 3.24 所示。由图可知,一段炭化获得的生物质燃料,其微孔发达,碳的结晶状态较差,而采用两段炭化,生物质的炭化程度提高,生物质燃料中微孔减少,有利于减少生物质的孔隙率和比表面积。与一段炭化得到的燃料相比,孔隙率从 58.22% 降低到 55.37%,比表面积从 $54.76m^2/g$ 下降到 $46.23m^2/g$。

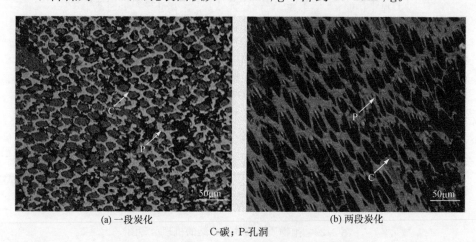

(a) 一段炭化　　　　　　　　　　　　　　(b) 两段炭化
C-碳;P-孔洞
图 3.24　炭化工艺对生物质燃料微观结构的影响

炭化工艺对生物质燃料燃烧性、反应性的影响如图 3.25 所示。由图可知,与一段炭化工艺相比,两段炭化得到的生物质燃料,其燃烧性和反应性都降低。燃烧速率 $R_{1/2}$ 从 $6.00\%/min$ 降低到 $5.26\%/min$;气化速率 $R_{1/2}$ 从 $3.85\%/min$ 降低到 $3.57\%/min$。

将木材、水稻秸秆、山楂果核分别进行两段炭化,并将得到的木质炭、秸秆炭、果核炭分别替代部分焦粉进行烧结,结果见表 3.13。由表可知,与一段炭化相比,

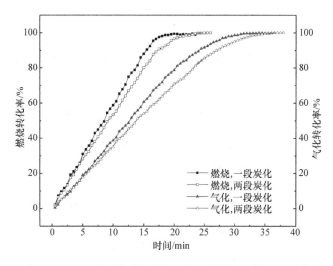

图 3.25　炭化工艺对生物质燃料燃烧性、反应性的影响

两段炭化得到的生物质燃料的烧结矿成品率、转鼓强度都有所提高,果核炭和木质炭替代 40% 的焦粉后,其烧结矿成品率和转鼓强度与完全采用焦粉的烧结指标差异不大;而经两段炭化得到的秸秆炭替代 20% 的焦粉后,其烧结指标基本与完全采用焦粉的烧结指标相当。

表 3.13　炭化工艺对生物质烧结效果的影响

炭化工艺	燃料类型	替代焦粉比例/%	水分/%	烧结速率/(mm/min)	成品率/%	转鼓强度/%	利用系数/(t/(m²·h))
—	焦粉	—	7.25	21.94	72.66	65.00	1.48
一段炭化	木质炭	40	7.50	24.73	65.30	63.27	1.43
两段炭化	木质炭	40	7.50	23.05	71.80	64.83	1.51
一段炭化	秸秆炭	20	7.50	24.05	66.12	63.52	1.42
两段炭化	秸秆炭	20	7.50	23.22	69.31	64.45	1.44
一段炭化	秸秆炭	40	7.75	25.21	59.56	57.12	1.21
两段炭化	秸秆炭	40	7.75	24.88	64.21	58.26	1.33
一段炭化	果核炭	40	7.50	23.67	67.32	63.76	1.46
两段炭化	果核炭	40	7.50	23.45	72.35	65.33	1.54

3.6.2　成型预处理技术

相比木质炭和果核炭,秸秆炭在烧结中的应用效果偏差,主要原因是秸秆密度小,炭化得到的秸秆炭孔隙率高。本小节研究在炭化前将秸秆进行成型预处理对秸秆炭性质的影响。将秸秆预先在温度为 250℃下热压成型,然后在温度为 700℃下进行炭化,得到的秸秆炭微观结构如图 3.26 所示。与直接炭化相比,成型后炭化所得秸秆炭中微孔减少,孔隙率从 62.19% 降低到 57.63%,且比表面积从 60.82m²/g 降低到 35.24m²/g。

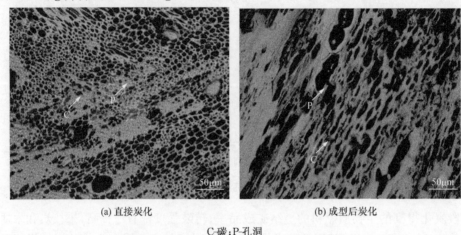

(a) 直接炭化　　　　　　　　　　　　(b) 成型后炭化

C-碳;P-孔洞

图 3.26　成型预处理对秸秆炭显微结构的影响

成型预处理对秸秆炭燃烧性、反应性的影响如图 3.27 所示。由图可知,经过成型预处理后炭化得到的秸秆炭,其燃烧速率 $R_{1/2}$ 从 6.22%/min 降低到 5.88%/min,同时,与 CO_2 的气化速率 $R_{1/2}$ 也从 4.43%/min 降低到 3.85%/min。

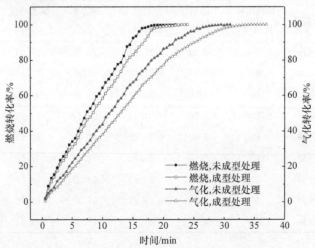

图 3.27　成型预处理对秸秆炭燃烧性、反应性的影响

将成型预处理后炭化得到的秸秆炭应用到烧结,结果见表 3.14。由表可知,与直接炭化获得的秸秆炭相比,将秸秆成型预处理后再炭化,其烧结速率有所降

低,而成品率、转鼓强度、利用系数提高,烧结矿产量、质量指标得到改善。通过成型预处理后再进行一段炭化,秸秆炭可替代 20% 的焦粉而使其烧结产量、质量指标与完全采用焦粉的烧结指标相当。而成型预处理后采用两段炭化,秸秆炭可替代 40% 的焦粉而获得与完全采用焦粉相当的烧结产量、质量指标。

表 3.14　成型预处理对秸秆炭烧结的影响

成型预处理	炭化工艺	替代焦粉比例/%	水分/%	烧结速率/(mm/min)	成品率/%	转鼓强度/%	利用系数/(t/(m²·h))
—	—	0	7.25	21.94	72.66	65.00	1.48
否	一段炭化	20	7.50	24.05	66.12	63.52	1.42
是	一段炭化	20	7.50	23.45	69.78	64.62	1.47
否	一段炭化	40	7.75	25.21	59.56	57.12	1.21
是	一段炭化	40	7.75	24.12	65.53	62.25	1.40
否	两段炭化	40	7.75	24.88	64.21	58.26	1.33
是	两段炭化	40	7.75	23.73	71.05	64.55	1.49

因此,对于木质生物、果核,其适宜的处理工艺为两段炭化;对于秸秆类的生物,其适宜的处理工艺为成型-两段炭化[23-26]。三种类型的生物质在各自适宜的加工工艺条件下,都可取代 40% 的焦粉,且不影响烧结产量、质量指标。

3.6.3　生物质改性技术

孔隙率高、比表面积大是生物质燃料容易燃烧和气化的主要原因,因此对生物质燃料进行钝化处理,即通过覆盖表面或封闭气孔以降低有效的反应表面积并降低挥发分的逸出速率,或通过改变碳的结晶状态以降低生物质燃料的反应活性,从而适当降低其燃烧速率和气化速率。

采用表面改性对生物质进行处理,原理是在生物质燃料中加入含钝化剂的水溶液,溶液浸润到生物质表面,在干燥过程中析出耐高温的固体产物,从而覆盖在生物质燃料的表面形成钝化膜,以降低生物质与气体介质的反应面积。

表面改性的具体方法是将浓度为 15% 的硼酸和硅溶胶配入生物质燃料,溶液配比为 20%,使钝化剂硼酸或硅溶胶占燃料质量的 3%。加入溶液后,将生物质燃料搅拌均匀即可用于烧结。硼酸和硅溶胶两种钝化剂处理生物质燃料后对其燃烧性、反应性的影响如图 3.28 所示。由图可知,两种钝化剂都可降低木质炭的燃烧性和反应性。相比较而言,采用硼酸处理的木质炭的燃烧性和反应性降低幅度较大,钝化效果比硅溶胶好。当采用硼酸钝化时,燃烧速率 $R_{1/2}$ 从 6.00%/min 降低到 4.76%/min,气化速率 $R_{1/2}$ 从 3.85%/min 降低到 2.53%/min。

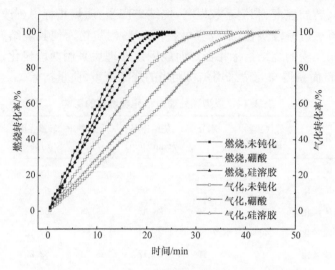

图 3.28　表面改性对生物质燃料燃烧性、反应性的影响

　　生物质燃料钝化后,采用扫描电子显微镜(scanning electron microscope, SEM)对其微观结构进行检测分析,结果如图 3.29 所示。由图可知,硼酸钝化剂脱水后,生成 B_2O_3 覆盖在木质炭气孔的表面,形成较为均匀的钝化薄膜,阻碍反应气体向生物质燃料内层扩散,抑制生物质燃料燃烧和气化反应的进行;同时硼原子半径(91pm)与碳原子半径(90pm)非常接近,硼取代点阵中的碳原子或进入石墨结构的层间空隙、空位、缺陷处形成固溶体,提高生物质内部的有序化程度,促进生物质燃料的石墨化,改变了生物质的表面性质,可抑制生物质燃料热化学反应的进行。而硅溶胶处理过的生物质燃料,在烧结升温过程中,当脱水后析出的 SiO_2 粒子可覆盖在生物质表面形成钝化膜,但其析出的形态主要以胶体粒子的形式析出,虽然能够起到减少燃料表面与气体介质接触的作用,但其覆盖效果没有硼酸处理得到的钝化膜好。

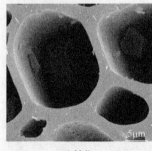
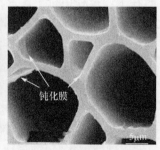
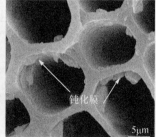

(a) 未钝化　　　　　　　(b) 硼酸钝化　　　　　　　(c) 硅溶胶钝化

图 3.29　钝化处理对生物质燃料微观结构的影响

在钝化剂添加比例为 3％的条件下,生物质钝化对烧结指标的影响见表 3.15。由表可知,液态钝化剂硼酸和硅溶胶处理后的生物质燃料使烧结速率减慢,而烧结矿成品率、转鼓强度提高,利用系数有所改善。相比而言,硼酸的处理效果更好,经硼酸钝化后的生物质替代 40％的焦粉,其烧结矿产量、质量指标与完全采用焦粉的烧结指标相当[27-31]。

表 3.15　钝化处理生物质燃料对烧结指标的影响

钝化剂种类	生物质替代焦粉比例/％	水分/％	烧结速率/(mm/min)	成品率/％	转鼓强度/％	利用系数/(t/(m²·h))
—	0	7.25	21.94	72.66	65.00	1.48
—	40	7.50	24.73	65.30	63.27	1.43
硼酸	40	7.50	23.57	71.23	65.20	1.49
硅溶胶	40	7.50	24.17	68.16	65.33	1.43

3.7　基于生物质与煤同步炭化的强化烧结技术

将生物质与烟煤共同热解制备生物质型焦,使两种燃料在料层中燃烧时能够相互影响,从而改善两种燃料独立燃烧的状况,进一步强化烧结燃料的制备。

3.7.1　生物质型焦特性的研究

生物质与烟煤混合后成型为生物质型煤,然后将型煤炭化而生成生物质型焦。在成型压力为 180MPa、成型时间为 1min 的适宜常温成型条件下将粉状秸秆与粉状烟煤预先压缩成型,然后在炭化温度分别为 500℃、700℃的两段炭化条件下将型煤热解制备生物质型焦。

型焦中生物质比例是指生物质型焦中由秸秆炭化所得的产物质量占生物质型焦总质量的百分比。生物质炭化产率为 25％左右,由于烟煤的挥发分含量为 28.79％,所以烟煤的炭化产率以 70％进行计算。不同秸秆炭比例型焦的物化特性如表 3.16 所示。由表可知,制备所得型焦挥发分含量均降低到 5％以下,满足烧结对燃料挥发分的要求;随着秸秆炭所占比例的提高,型焦挥发分含量小幅增加、固定碳含量逐渐降低、密度减小,当秸秆炭比例由 0％上升到 60％后,挥发分含量由 4.21％逐渐增加到 4.70％,固定碳含量由 80.51％降低到 77.28％,型焦密度由 1.32g/cm³ 降低到 0.97g/cm³。

表 3.16　不同秸秆炭比例型焦的物化特性

秸秆炭比例/%	灰分含量/%	挥发分含量/%	固定碳含量/%	型焦密度/(g/cm³)
0	15.28	4.21	80.51	1.32
20	16.40	4.28	79.31	1.20
40	16.81	4.40	78.80	1.08
60	18.03	4.70	77.28	0.97
100	20.10	4.42	75.48	0.71

　　经过常温成型预处理制备的生物质型焦的显微结构如图 3.30 所示。由图可知,当全部使用烟煤制备型焦时,其挥发分在干馏过程中所形成的黏结性物质充足,内部结构比较致密;加入生物质后,制备的型焦为生物质脱除挥发分后所成秸

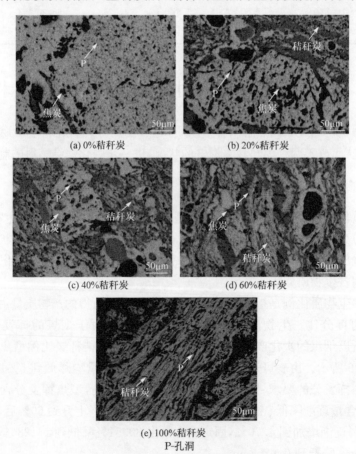

(a) 0%秸秆炭　　　　　　　　(b) 20%秸秆炭

(c) 40%秸秆炭　　　　　　　　(d) 60%秸秆炭

(e) 100%秸秆炭
P-孔洞

图 3.30　不同秸秆炭比例型焦的显微结构

秆炭与烟煤脱除挥发分后所成焦炭交叉分布的结构,当秸秆炭比例为 20% 时,型焦内部以烟煤炭化所成焦为主,焦炭周围分布着少量秸秆炭,部分秸秆炭与焦炭紧密黏结在一起;当秸秆炭比例提高到 40%~60% 后,秸秆所成秸秆炭与烟煤所成焦炭相互交叉的结构更加明显,烟煤在高温下热解时会产生黏结性胶质体,其在将自身所成炭紧密黏结成大颗粒的同时还将秸秆所成炭黏结起来。

采用 TG-DSC 方法对常温成型预处理制备的型焦进行热分析,热分析曲线及燃烧特性参数分别如图 3.31 和表 3.17 所示。

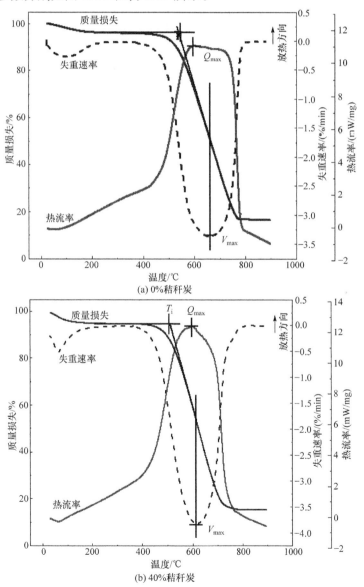

(a) 0%秸秆炭

(b) 40%秸秆炭

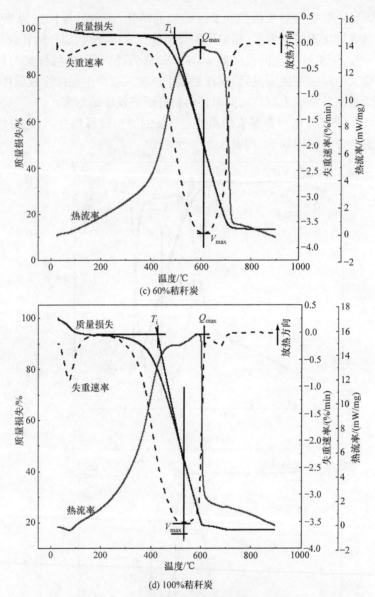

图 3.31　生物质比例对燃料燃烧特性的影响

表 3.17　生物质与焦粉的燃烧特性参数比较

燃料类型	成型类型	生物质比例/%	T_i/℃	V_{max}/(%/min)	Q_{max}/(mW/mg)
焦粉	—	0	543	3.37	11.06
生物质型焦	常温成型	40	516	3.82	12.40
		60	496	3.73	13.89
秸秆炭	常温成型	100	435	3.52	15.78

由表 3.17 可知,相比全部使用生物质制备秸秆炭的情况,除型焦最大失重速率 V_{max} 呈小幅变化外,其着火点 (T_i) 明显提高,最大释热量 Q_{max} 明显下降,当秸秆炭比例为 40% 时,型焦着火点 (T_i) 由秸秆炭的 435℃ 提高到 516℃,最大释热量由 15.78mW/mg 下降到 12.40mW/mg;秸秆炭比例为 60% 的型焦着火点 (T_i) 比生物质比例为 40% 时有所降低,为 496℃,但仍比秸秆炭的高很多,最大释热量也比秸秆炭比例为 40% 时有所升高,为 13.89mW/mg,比秸秆炭有所降低。由热分析曲线可知,生物质型焦燃烧开始温度及燃尽温度比秸秆炭高,说明生物质型焦的整体燃烧温度比秸秆炭有所提高。

3.7.2　生物质型焦与秸秆炭/焦粉的燃烧性比较

对秸秆炭比例为 40% 的型焦、40% 秸秆炭与 60% 焦粉直接混合燃料进行热分析,热分析曲线及燃烧特性参数分别如图 3.32 和表 3.18 所示。

由图 3.32 可知,秸秆炭与焦粉直接混燃时,燃料燃烧失重速率(DTG)曲线与差示扫描量热(DSC)曲线均有两个明显的变化峰,热重(TG)曲线在 300℃ 以后燃料的燃烧阶段也出现两段失重形式不同的曲线,为秸秆炭与焦粉先后独立燃烧形成;而生物质与烟煤制成由生物质炭与焦炭相互交叉黏结而成的生物质型焦后,DTG 曲线和 DSC 曲线均只有一个变化峰,说明生物质型焦中生物质炭与焦炭分别燃烧的状况得到很大程度的改善,型焦整体燃烧过程更为平稳,过程持续时间长。

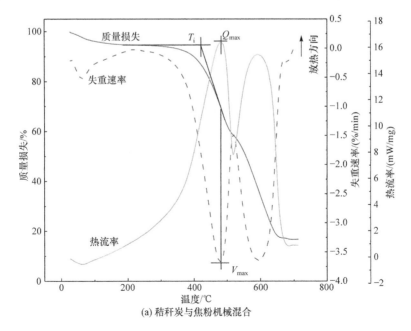

(a) 秸秆炭与焦粉机械混合

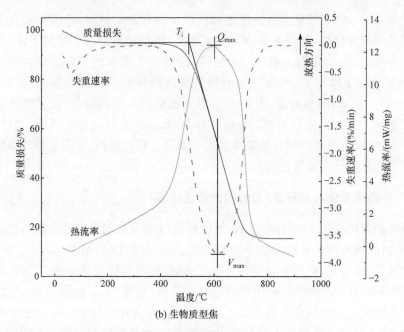

(b) 生物质型焦

图 3.32　秸秆炭与焦粉不同方式混合燃料的燃烧特性差异

表 3.18　生物质型焦与混合燃料的燃烧特性参数比较

燃料类型	生物质配比/%	T_i/℃	V_{max}/(%/min)	Q_{max}/(mW/mg)
生物质型焦	40	516	3.82	12.40
秸秆炭与焦粉机械混合燃料	40	419	3.79	16.39

　　由表 3.18 可知,40%秸秆炭与焦粉直接混合燃烧时,其着火点仅为 419℃,而其最大释热量 Q_{max} 高达 16.39mW/mg,而生物质炭比例为 40%的型焦燃烧时,其着火点高达 516℃,最大释热量 Q_{max} 降低至 12.40mW/mg。这表明将秸秆与烟煤混合制备成型焦后,秸秆炭着火点低、燃烧过程持续时间短、释热不均匀性的特点在制备成型焦后得到很大改善,从而缩小了其与焦粉燃烧过程的不同步性[32-33]。

3.7.3　生物质型焦的烧结应用效果

　　本小节研究经由常温成型预处理后制备的秸秆炭比例分别为 40%、60%的型焦替代焦粉的烧结应用效果,生物质型焦的配入量由等热量替代焦粉计算得到。不同秸秆炭配比得到的生物质型焦替代焦粉以及常温成型制备的秸秆炭部分替代焦粉对烧结指标的影响见表 3.19。

表 3.19 生物质型焦的烧结效果

燃料类型	秸秆炭比例/%	混合料适宜水分/%	烧结速率/(mm/min)	成品率/%	转鼓强度/%	利用系数/(t/(m²·h))
焦粉	0	7.25	22.01	73.30	65.32	1.51
生物质型焦(秸秆炭占40%)	100	7.50	22.25	72.18	65.01	1.50
生物质型焦(秸秆炭占60%)	100	7.70	23.12	70.05	64.87	1.48
秸秆炭	40	7.75	23.65	69.15	64.46	1.48
秸秆炭	60	8.00	25.77	62.11	60.56	1.18

由表 3.19 可知,当使用秸秆炭比例为 40% 的型焦全部替代焦粉用作烧结燃烧时,烧结速率有所提到,但是提高幅度较小,由 22.01mm/min 提高到 22.25mm/min,成品率、转鼓强度、利用系数等指标与使用焦粉时相当;当使用秸秆炭比例为 60% 的型焦全部替代焦粉用作烧结燃料时,烧结速率进一步得到提高,达到 23.12mm/min,成品率、转鼓强度、利用系数等指标均比使用焦粉时有所降低,除成品率降低较多,由 73.30% 下降到 70.05% 外,转鼓强度和利用系数降低幅度较小。

使用生物质型焦的烧结效果同使用生物质炭与焦粉直接混合的烧结效果相比,在秸秆炭比例相同的情况下,生物质型焦对燃烧速率的影响比直接混燃时小,从而对燃烧前沿速率与传热前沿匹配性影响的程度低,成品率、转鼓强度、利用系数的降低幅度明显减小;使用生物质型焦用作烧结燃料,秸秆炭替代焦炭的适宜比例可达到 60%,而秸秆炭直接替代焦粉用于烧结的适宜比例为 40%。

3.8 本 章 小 结

(1) 研究了生物质能影响烧结的规律:随着生物质燃料替代焦粉比例的增加,烧结速率加快,烧结矿成品率、转鼓强度和利用系数都呈降低的趋势;当木质炭、秸秆炭、果核炭替代焦粉比例分别为 40%、20%、40% 时,烧结指标变化相对较小;在各自相应替代比例条件下,CO_x 排放量分别减少 18.65%、7.19%、22.31%;SO_x 减排 38.15%、31.79%、42.77%;NO_x 减排 26.76%、18.31%、30.99%。

(2) 揭示了生物质能影响烧结的机理:生物质燃烧性好,烧结燃烧前沿速率加快,导致其与传热前沿速率不匹配;生物质反应性好,燃料与 CO_2 快速反应生成大量的 CO,导致燃料的不完全燃烧程度增加;进而使烧结料层温度降低、高温保持时间缩短。因此,生物质燃料替代焦粉后烧结矿成品率和转鼓强度降低、利用系数下降。

(3) 开发了基于调控燃料性能的生物质能烧结强化技术:通过两段炭化工艺

制备木质炭、果核炭,成型预处理-两段炭化制备秸秆炭,降低了生物质燃料的孔隙率和比表面积;采用液态的硼酸降低反应比表面积,对生物质进行钝化,降低了生物质燃料的燃烧性和反应性;两类强化技术都可使生物质燃料替代40%的焦粉而不影响烧结指标。

(4) 开发了生物质与煤同步炭化强化烧结技术:将秸秆与烟煤同步炭化,生物质型焦内部为秸秆炭与焦炭颗粒交叉分布、相互连接的结构,其着火点、开始燃烧温度和燃尽温度均高于秸秆炭;生物质型焦燃烧特性表明,其改善了秸秆炭与焦炭机械混合燃烧速率不匹配的现象;当采用秸秆炭比例为60%型焦完全替代焦粉后,成品率、转鼓强度、利用系数与完全使用焦粉时相差不大。

参 考 文 献

[1] Lovel R,Vining K,Dell'Amico M. Iron ore sintering with charcoal. Mineral Processing and Extractive Metallurgy,2007,116(2):85-92

[2] Mohammad Z,Maria M P,Trevor A T F. Biomass for iron ore sintering. Minerals Engineering,2010(7):1-7

[3] Chean O T,Eric A. The study of sunflower seed husks as a fuel in the iron ore sintering process. Minerals Engineering,2008(21):167-177

[4] Silva S N,Vernilli F,Pinatti D G. Behaviour of biofuel addition on metallurgical properties of sinter. Ironmaking and Steelmaking,2009,36(5):333-340

[5] Hannu H,Mikko H. Mathematical optimization of ironmaking with biomass as auxiliary reductant in the blast furnace. ISIJ International,2009,49(9):1316-1324

[6] 甘敏. 生物质能铁矿烧结的基础研究. 长沙:中南大学,2012

[7] Fan X H,Ji Z Y,Gan M,et al. Preparation technologies of straw char and its effect on pollutants emission reduction in iron ore sintering. ISIJ International,2014,54(12):2697-2703

[8] 季志云. 应用秸秆制备铁矿烧结用生物质燃料的研究. 长沙:中南大学,2013

[9] 聂其红,孙绍增,李争起. 褐煤混煤燃烧特性的热重分析法研究. 燃烧科学与技术,2001,7(1):72-76

[10] Tseng H P,Edgar T F. Identification of the combustion behavior of lignite char between 350 and 900℃. Fuel,1987,63:385-393

[11] Gan M,Lv W,Fan X H,et al. Gasification reaction characteristics between biochar and CO_2 as well as the influence on sintering process. Advances in Materials Science and Engineering,2017:1-8

[12] 范晓慧,季志云,甘敏. 生物质燃料应用于铁矿烧结. 中南大学学报:自然科学版,2013,44(5):1747-1753

[13] Fan X H,Ji Z Y,Gan M,et al. Strengthening refractory iron ore sintering with biomass fuel. The 3rd International Symposium on High-Temperature Metallurgical Processing,Orlando,2012:357-364

[14] 范晓慧,尹亮,季志云,等. 生物质炭强化高质量分数褐铁矿烧结研究. 中南大学学报:自然科学版,2015,46(10):3559-3565

[15] Ji Z Y,Fan X H,Gan M,et al. Assessment on the application of commercial medium-grade charcoal as a substitute for coke breeze in iron ore sintering. Energy Fuels,2016,30(12):10448-10457

[16] Fan X H,Ji Z Y,Gan M,et al. Influence of charcoal replacing coke on microstructure and reduction properties of iron ore sinter. Ironmaking and Steelmaking,2016,43(1):5-10

[17] 范晓慧,甘敏,陈许玲. 生物质能用于铁矿烧结的特征及污染物减排. 2012 年度全国烧结球团技术交流年会,银川,2012:178-181

[18] Gan M,Fan X H,Chen X L,et al. Reduction of pollutant emission in iron ore sintering process by applying biomass fuels. ISIJ International,2012,52(9):1574-1578

[19] Gan M,Fan X H,Ji Z Y,et al. Effect of distribution of biomass fuel in granules on iron ore sintering and NO_x emission. Ironmaking and Steelmaking,2014,41(6):430-434

[20] Gan M,Fan X H,Lv W,et al. Fuel pre-granulation for reducing NO_x emissions from the iron ore sintering process. Powder Technology,2016(301):478-485

[21] Gan M,Fan X H,Ji Z Y,et al. Investigation on the application of biomass fuel in iron ore sintering:Influencing mechanism and emission reduction. Ironmaking and Steelmaking,2015,42(1):27-33

[22] 甘敏,范晓慧,陈许玲,等. 一种铁矿烧结用生物质炭及制备与应用:ZL 201110180200. 6. 2014-7-23

[23] Fan X H,Ji Z Y,Gan M,et al. Integrated assessment on the characteristics of straw-based fuels and their effects on iron ore sintering performance. Fuel Processing Technology,2016(150):1-9

[24] Fan X H,Ji Z Y,Gan M,et al. Influence of preformation process on combustibility of biochar and its application in iron ore sintering. ISIJ International,2015,55(11):2342-2349

[25] 范晓慧,甘敏,陈许玲,等. 一种铁矿烧结用生物质成型燃料及应用:ZL 201110180196. 3. 2014-1-15

[26] Fan X H,Ji Z Y,Gan M,et al. Preparation of straw char by preformation-carbonization process and it application in iron ore sintering//Drying,Roasting,and Calcining of Minerals,USA:TMS,2015:233-240

[27] Gan M,Li Q,Ji Z Y,et al. Influence of surface modification on combustion characteristics of charcoal and its performance on emissions reduction in iron ore sintering. ISIJ International,2017,57(3):420-428

[28] 范晓慧,甘敏,陈许玲,等. 生物质燃料的钝化方法及钝化产物在铁矿烧结中的应用:ZL201210308218. 4. 2013-10-23

[29] Gan M,Fan X H,Ji Z Y,et al. Influence of modified biomass fuel on iron ore sintering//Drying,Roasting,and Calcining of Minerals,USA:TMS,2015:241-248

[30] 范晓慧,甘敏,陈许玲,等. 一种生物质燃料用于强化难制粒铁矿烧结的方法: ZL201110250579. 3. 2014-5-29

[31] 范晓慧,甘敏,陈许玲,等. 一种强化生物质能铁矿烧结的燃料选择性分布制粒方法: ZL201210308230. 5. 2014-5-28

[32] Fan X H, Ji Z Y, Gan M, et al. Characteristics of prepared coke-biochar composite and its influence on reduction of NO_x emission in iron ore sintering. ISIJ International, 2015, 55(3): 521-527

[33] 范晓慧,甘敏,季志云,等. 一种铁矿烧结用生物质焦复合燃料: ZL201410789734. 2. 2017-11-10

第 4 章　低 NO$_x$ 烧结原理与新技术

我国绝大部分烧结厂的烟气 NO$_x$ 浓度都未达到排放标准,因此烧结烟气 NO$_x$ 减排十分迫切。目前,烟气中 NO$_x$ 减排主要采用脱硝技术,但其存在投资大、成本高等问题。另外,仅依靠末端脱硝,难以经济、高效地达到超低排放标准要求。本章将研究烧结过程中 NO$_x$ 的生成行为和排放规律,揭示抑制 NO$_x$ 生成的关键因素,据此开发低 NO$_x$ 烧结技术,对烧结烟气 NO$_x$ 高效低成本控制具有重要的意义。

4.1　烧结 NO$_x$ 生成机理及来源分析

4.1.1　烧结 NO$_x$ 生成机理

根据燃烧条件和生成途径,生成的 NO$_x$ 分为三种类型:热力型 NO$_x$、瞬时型 NO$_x$ 和燃料型 NO$_x$。

1) 热力型 NO$_x$

热力型 NO$_x$ 是空气中的 N$_2$ 在 1800K 以上的高温下被氧化而生成的,其反应机理如下[1]:

$$2N_2 + O_2 \Longrightarrow 2NO + 2N \tag{4-1}$$

$$N + O_2 \Longrightarrow NO + O \tag{4-2}$$

$$N + OH \Longrightarrow NO + H \tag{4-3}$$

热力型 NO$_x$ 的浓度随温度的升高和氧浓度的增大而增加。热力型 NO$_x$ 主要在火焰带的高温区生成,其生成速率缓慢。因此,降低氧浓度、降低火焰带温度以及缩短高温停留时间是降低热力型 NO$_x$ 排放的基本方法[2-3]。在工程实践中,利用上述方法减少热力型 NO$_x$ 生成的主要技术有浓淡燃烧技术、水蒸气喷射技术以及先进的高温空气燃烧技术[4-5]。

2) 瞬时型 NO$_x$

瞬时型 NO$_x$ 又称快速型 NO$_x$,当空气过剩系数小于 1 时,在碳氢化合物燃料充足的条件下,NO$_x$ 在火焰面内快速生成,其生成量很少,在 NO$_x$ 发生总量中不到 5%[1]。其反应过程主要是碳氢化合物分解生成的 CH、CH$_2$、C$_2$H、C 等基团与空气中的 N$_2$ 反应生成中间产物 N、CN 和 HCN 等,这些中间产物再被活性氧化基 (O、O$_2$、OH 等)氧化生成 NO$_x$[6-7]。

研究表明,瞬时型 NO$_x$ 只有在燃料量充足、碳氢化合物较多、氧浓度较低的条件下才生成,只要供给足够的氧气,减少中间产物 HCN、NH 等的产生就可以降低瞬时型 NO_x 生成。瞬时型 NO_x 对温度的敏感性很弱,一般情况下,碳氢燃料在低温时燃烧才会重点考虑瞬时型 NO_x[1-4]。

3) 燃料型 NO_x

燃料型 NO_x 指燃料中的氮在燃烧过程中经过一系列的氧化和还原反应而生成的 NO_x,它是煤燃烧过程产生 NO_x 的主要来源,占 NO_x 生成总量的 80%～90%[1,8]。

燃料型 NO_x 的生成机理比较复杂,其生成量与燃料氮含量、氮的存在形态、燃烧温度和氧浓度等条件密切相关。含氮有机化合物在燃烧受热后首先分解成 HCN 和 NH_3,以及一些 CN 类中间产物。它们随挥发分释放出来,系列反应便由此开始。在化合物中,如果氮是与芳环结合的,则主要初始产物为 HCN;如果氮是以胺的形式存在的,则主要初始产物是 NH_3。燃料中随同挥发分析出的含氮化合物,称为挥发分氮,其余留在燃料中的含氮化合物则称为焦炭氮。当温度升高和燃料粒径减小时,挥发分氮的比例增大,而焦炭氮的比例减小。在燃烧温度为 1200～1350℃ 的条件下,燃料中氮有 70%～90% 呈挥发态。通常情况下,60%～80% 的燃料型 NO_x 来源于挥发分氮的转化,其余来源于焦炭氮[9-11]。

挥发分氮的主要存在形式为 HCN 和 NH_3,它们遇到氧时,HCN 首先被氧化,生成 NCO 基团,在氧化气氛中该基团会进一步被氧化成 NO,在还原气氛中该基团会转化为 NH 基团;NH 基团在氧化气氛中可以被氧化成 NO,同时也可以将已生成的 NO 还原成 N_2。化学转化途径如图 4.1 和图 4.2 所示[1]。

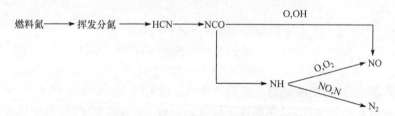

图 4.1　挥发分氮中 HCN 的氧化途径

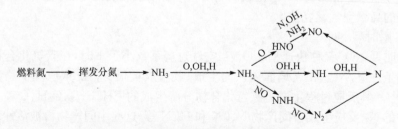

图 4.2　挥发分氮中 NH_3 的主要反应途径

由焦炭氮生成的 NO$_x$ 占燃料型 NO$_x$ 的 20%～40%,与其在焦炭中 N—C、N—H 之间的结合状态有关[12]。有人认为焦炭氮可以直接通过表面多相化学反应生成 NO$_x$,也有人认为焦炭氮的转化类似于挥发分氮的转化,即先以 HCN 或 CN 的形式析出,然后经过氧化还原反应生成 NO$_x$。在固定床燃烧试验中,焦炭中的 N 有 35%～80%转化为 NO,有不到 6%转化为 N$_2$O;在流化床燃烧试验中焦炭 N 有 20%～70%转化为 NO,有 12%～16%转化为 N$_2$O。焦炭燃烧过程中焦炭 N 主要通过下列反应生成 NO[13]:

$$C(N)+C(O) \longrightarrow C(\ )+C(NO)$$

$$C(\ )+NO \longrightarrow C(NO)$$

$$C(NO) \longrightarrow C(\ )+NO$$

式中,C( )、C(N)、C(NO)、C(O)分别表示焦炭表面、吸附了 N、NO 和 O 的焦炭表面。

燃烧过程中燃料 N 向 N$_2$ 转化主要通过以下反应进行[13]:

$$C(NO)+C(NO) \longrightarrow 2C(\ )+N_2+O_2$$

$$C(N)+C(N) \longrightarrow 2C(\ )+N_2$$

$$N_2O+C(\ ) \longrightarrow N_2+C(O)$$

$$N_2O+C(O) \longrightarrow N_2+CO_2$$

焦炭燃烧过程中氮氧化物的生成包括许多均相反应和异相反应,一般很难将均相反应和异相反应效应分开,因此确定各个反应对氮氧化物生成的贡献是非常困难的。

一般情况下,NO 和 NO$_2$ 是固体燃料燃烧产生的主要氮氧化物。燃烧过程中生成 NO$_x$ 的种类和排放量与燃料性质和燃烧条件密切相关[14]。在通常的燃烧温度下,固体燃料燃烧产生的 NO$_x$ 中 NO 占 90%左右,NO$_2$ 占 5%～10%,N$_2$O 占 1%左右。同时,如果存在还原性气氛和适当的催化剂作用,NO$_x$ 还可能被还原成 N$_2$ 或低价的 NO$_x$[15]。

4.1.2 烧结 NO$_x$ 来源

分别单独加热铁矿石和焦粉,NO$_x$ 排放浓度如图 4.3 所示。由图可知,当赤铁矿或磁铁矿单独焙烧时,烟气中几乎没有 NO$_x$ 生成,而在焦粉燃烧过程,烟气中生成了大量的 NO$_x$,这表明烧结烟气中 NO$_x$ 主要来源于固体燃料的燃烧。

烧结杯试验中,CO$_2$、O$_2$、CO 和 NO$_x$ 排放过程的浓度(图 4.4)表明,NO 的排放浓度与烟气中 CO$_2$、CO 和 O$_2$ 的浓度变化相对应,当 O$_2$ 的浓度开始下降,CO$_2$ 和 CO 的含量开始上升时,表明 C 开始燃烧,此时 NO 的浓度随之升高;当 C 剧烈燃烧,CO$_2$ 和 CO 的含量升至高水平时,NO 的浓度同时也上升至较高水平,并且高浓度保持时间段与 CO$_2$ 和 CO 的相对应;烧结接近终点时,O$_2$ 的含量开始上升,CO$_2$ 和 CO 的含量开始下降,而 NO 的含量亦随之下降。烧结过程中产生的 NO$_x$ 中 98%以上均为 NO,只有极少量的 NO$_2$ 产生。

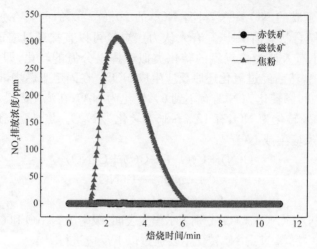

图 4.3　加热单一物料时 NO_x 的排放（1100℃）

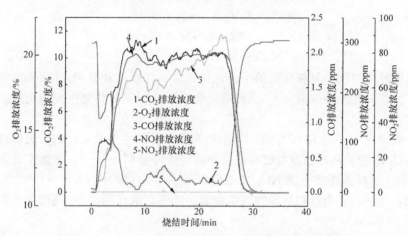

图 4.4　烧结烟气中 CO_2、O_2、CO 和 NO_x 的排放浓度

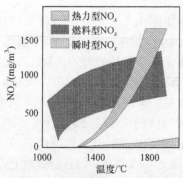

图 4.5　不同温度下三种类型
NO_x 的生成量[16]

图 4.5 反映了不同温度下三种类型 NO_x 对应的生成量。烧结固体燃料中的氮主要为有机氮。热力型 NO_x 的生成温度范围在 1400℃ 以上，而烧结点火温度一般为 1150℃±50℃，烧结过程中料层温度最高也只能达到 1350℃ 左右，因此烧结烟气中热力型 NO_x 的产生量极少。瞬时型 NO_x 只有在碳氢化物 CH 较多、氧气浓度相对较低时才能生成，因此烧结过程中瞬时型 NO_x 生成可能性比较小。烧结料中配入的固体燃料一般为焦粉和无烟

煤,烧结用固体燃料要求碳含量高,挥发分、灰分和硫分含量低。煤中的氮与碳氢化合物结合成氮杂环芳香族化合物或链状化合物,在热解和燃烧时容易分解出来。因此,烧结过程烟气中的 NO_x 主要为燃料型 NO_x。

三种类型 NO_x 的生成条件和烧结过程实际情况对应关系,如表 4.1 所示。

表 4.1　烧结过程三种类型 NO_x 的生成情况

NO_x 类型	生成条件及途径	烧结过程生成量
热力型	空气中 N_2 被氧化而生成,$T>1400℃$ 时呈指数增加	烧结温度 $<1400℃$,热力型 NO_x 生成量少
瞬时型	低空气过剩系数时,碳氢化合物生成 CH 自由基,与氮气反应生成 HCN 和 N,然后快速氧化成 NO_x	烧结氧过剩,瞬时型 NO_x 的生成量很少
燃料型	燃料中的氮在燃烧过程中经过氧化反应而生成	烧结过程 NO_x 主要为燃料型

4.2　工艺参数对 NO_x 排放的影响

4.2.1　混合料水分的影响

混合料水分含量对烧结过程 NO_x 排放浓度的影响如图 4.6 所示,对燃料 N 转化率的影响如图 4.7 所示。由图可知,当水分含量为 8.75％时,NO_x 排放浓度最高,水分含量低于或高于这一值时,NO_x 排放浓度都呈降低趋势;随着水分含量的增加,燃料 N 转化率呈现先升高后降低的趋势,当水分含量为 8.75％时,燃料 N 转化率达到最大,接近 60％。

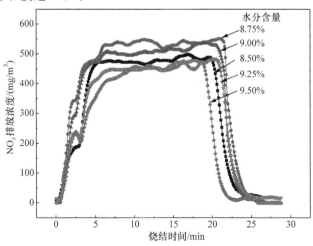

图 4.6　水分含量对 NO_x 排放浓度的影响

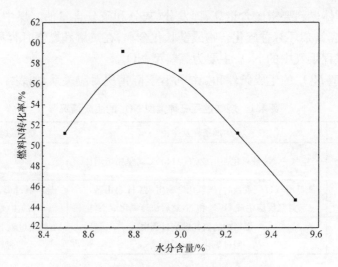

图 4.7　水分含量对燃料 N 转化率的影响

混合料水分对烧结原料制粒效果的影响结果（表 4.2）表明，随着混合料水分的增加，粒径在 5mm 以上的混合料比例增大，0.5mm 以下的混合料比例逐渐减小，混合料平均粒径增加，透气性得到提高。

表 4.2　混合料水分对制粒效果的影响

| 混合料水分/% | 混合料粒径组成/% | | | | | | 平均粒径 |
	+8mm	5～8mm	3～5mm	1～3mm	0.5～1mm	−0.5mm	/mm
8.50	17.28	30.78	26.36	18.16	7.08	0.34	5.43
8.75	18.28	35.99	23.99	16.94	4.42	0.39	5.74
9.00	20.13	30.73	24.50	20.84	3.49	0.31	5.70
9.25	19.40	38.84	27.10	13.25	1.40	0.01	6.08
9.50	26.71	34.70	26.60	10.82	1.16	0.01	6.57

烧结混合料中加入适当的水分，有助于制粒，以改善料层的透气性，从而使单位时间有更多的 O_2 通过烧结料层，有利于燃料的燃烧，从而促进燃料 N 向 NO_x 的转化。当水分含量过高时，可能出现过湿带的过湿程度太高，以致气体通过过湿带的阻力增加，不利于燃料的燃烧，且燃料 N 处于 O_2 相对贫乏的条件下，致使燃料 N 转化率下降。

4.2.2　焦粉的影响

焦粉配比对烧结过程 NO_x 排放浓度的影响如图 4.8 所示，对燃料 N 转化率的影响如图 4.9 所示。随着焦粉配比的增加，NO_x 排放浓度呈现出先升高后降低的趋势。焦粉配比由 4.1% 增加到 4.3% 时,燃料 N 转化率由 56.93% 升至 59.09%,当焦粉配比继续增加为 4.5%~4.7% 时,燃料 N 转化率下降。

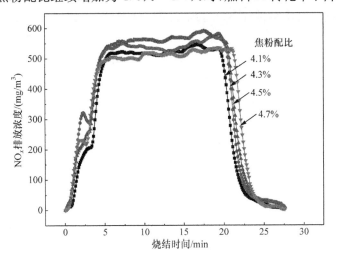

图 4.8　焦粉配比对 NO_x 排放浓度的影响

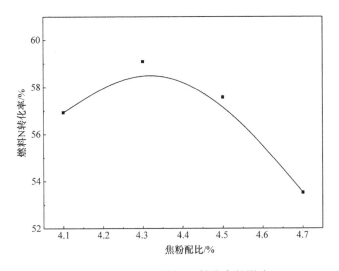

图 4.9　焦粉配比对燃料 N 转化率的影响

随着焦粉配比的增加,混合料中氮含量逐渐增加。焦粉配比的增加导致在同一配料条件下,料层中配入的焦粉质量增加,在空气量足够的情况下,随着碳燃烧反应的进行,燃料 N 与 O_2 的结合也相应增加,导致燃料 N 转化率上升;但燃料用量继续上升使得其需要更多的氧气来进行燃烧反应,在空气流量一定的情况下,烧结过程中空气过剩量减少,燃料不完全燃烧程度增大,产生大量 CO,还原气氛增强,抑制燃料 N 向 NO_x 的转化。

4.2.3　生石灰的影响

生石灰配比对烧结过程 NO_x 排放浓度的影响如图 4.10 所示,对燃料 N 转化率的影响如图 4.11 所示。不添加生石灰时,烧结过程中 NO_x 排放浓度高,排放时间长,配加生石灰后,NO_x 排放时间缩短,NO_x 浓度降低,且生石灰配入比例越大,NO_x 排放浓度越低。燃料 N 转化率随着生石灰配比的增加而呈降低趋势。当不添加生石灰时,燃料 N 转化率为 68.55%,当生石灰配比增加为 1.5% 时,燃料 N 转化率明显降低。

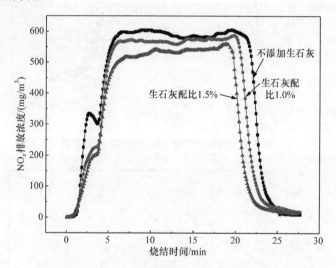

图 4.10　生石灰配比对 NO_x 排放浓度的影响

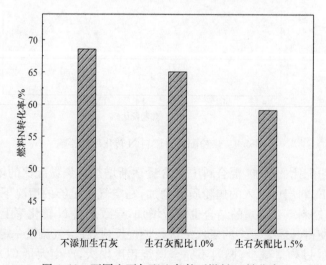

图 4.11　不同生石灰配比条件下燃料 N 转化率

4.2.4　碱度的影响

碱度对烧结过程 NO_x 排放浓度的影响如图 4.12 所示,对燃料 N 转化率的影响如图 4.13 所示。随着碱度升高,NO_x 排放时间缩短,NO_x 排放最高浓度逐渐降低。燃料 N 转化率随着碱度升高而降低。碱度由 1.8 降至 2.2 时,燃料 N 转化率由 63.77% 降至 54.78%,降低幅度较大。

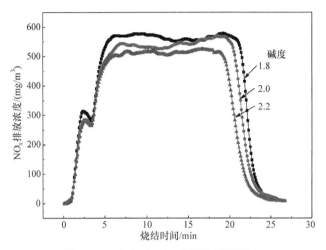

图 4.12　碱度对 NO_x 排放浓度的影响

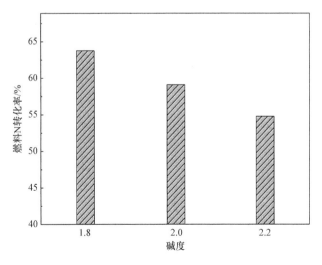

图 4.13　碱度对燃料 N 转化率的影响

随着碱度升高,料层中 CaO 含量增加,这有利于在较低温度(500～700℃)下生成铁酸钙,而这些低熔点的物质不仅是 NO_x 被还原降解的催化剂,还能较早生成熔融物,促使烧结过程中 NO_x 的排放浓度降低,并且抑制燃料 N 向 NO_x 的转化。

4.2.5　料层高度的影响

　　料层高度对烧结过程 NO_x 排放浓度的影响如图 4.14 所示,对燃料 N 转化率影响如图 4.15 所示。随着料层高度的提高,烧结时间延长,这是由于料层高度越高,烧结杯中所装混匀料量越大,对应的燃料配入量也越高。料层高度为 500mm 时,NO_x 排放浓度最高,其次为料层高度为 567mm 时。当料层高度为 633mm 和 700mm 时,NO_x 排放浓度相差不大。燃料 N 转化率随着料层高度的提高呈降低的趋势。料层高度由 500mm 升至 567mm 时,燃料 N 转化率由 68.4% 降低至 60.2%,当料层高度为 633mm 和 700mm 时,燃料 N 转化率分别降至 55.1% 和 53.2%,相差不大。

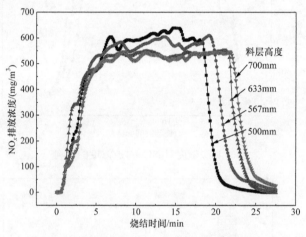

图 4.14　料层高度对 NO_x 排放浓度的影响

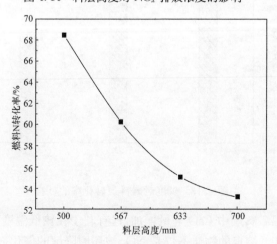

图 4.15　料层高度对燃料 N 转化率的影响

厚料层烧结有助于发挥料层的蓄热作用,延长高温保持时间,降低燃料用量;在燃料配入比例一定的情况下,烧结料层越高,料层透气性越差,燃料燃烧气氛中的氧含量越低,导致燃料 N 向 NO$_x$ 的转化受到抑制;此外,高温保持时间的延长可使料层中生成更多的铁酸钙,这使已生成的 NO$_x$ 向 N$_2$ 的还原反应得到促进。

4.3　燃料性质对 NO$_x$ 生成的影响

选取 7 种不同性质的固体燃料,包括烧结常用燃料,即 5 种焦粉和 2 种无烟煤,此外,还有 1 种生物质炭。其工业分析、N 含量及反应性见表 4.3。

表 4.3　燃料的工业分析、N 含量、反应性及其燃烧过程燃料 N 转化率

燃料类型	固定碳含量/%	挥发分含量/%	灰分含量/%	N 含量/%	反应性（与 CO$_2$ 反应能力）	燃料 N 转化率/%
焦粉-1$^{\#}$	84.26	3.99	11.75	0.73	24.84	53.53
焦粉-2$^{\#}$	85.10	2.20	12.70	0.91	31.04	43.59
焦粉-3$^{\#}$	82.79	2.66	14.55	0.68	31.56	40.75
焦粉-4$^{\#}$	85.78	2.24	11.98	0.69	31.04	42.87
焦粉-5$^{\#}$	84.14	3.63	12.23	0.72	34.72	44.56
无烟煤-1$^{\#}$	77.77	3.63	18.60	0.55	50.55	43.04
无烟煤-2$^{\#}$	78.81	10.15	11.07	0.83	51.07	53.53
生物质炭	88.13	8.08	3.79	0.45	98.33	38.75

由表 4.3 可知,焦粉和生物质炭的固定碳含量较高,均达到 80% 以上,而两种无烟煤的固定碳含量较低,分别为 77.77% 和 78.81%;除无烟煤-2$^{\#}$ 和生物质炭的挥发分含量较高外,其余固体燃料挥发分含量均较低;无烟煤-1$^{\#}$ 的灰分含量较高,为 18.60%,生物质炭灰分含量较低,仅为 3.79%。焦粉-2$^{\#}$ 的 N 含量最高,其次为无烟煤-2$^{\#}$,生物质炭的 N 含量最低,仅为 0.45%,其余燃料 N 含量均在 0.50% 以上,其中焦粉-3$^{\#}$ 和焦粉-4$^{\#}$ 的 N 含量较为接近,焦粉-1$^{\#}$ 和焦粉-5$^{\#}$ 的 N 含量较为接近。两种无烟煤的反应性均高于焦粉,且较为接近,焦粉-5$^{\#}$、焦粉-2$^{\#}$、焦粉-3$^{\#}$ 及焦粉-4$^{\#}$ 的反应性接近,生物质炭的反应性远高于化石燃料。

烧结高温反应过程中产生的 NO$_x$ 与燃料燃烧密切相关,因此燃料本身的性质对其燃烧过程中 NO$_x$ 的生成具有重要影响。本节主要介绍燃料 N 含量、固定碳含量、挥发分含量、反应性及燃料粒度等燃料特性对 NO$_x$ 生成及排放的影响。

4.3.1　燃料氮含量的影响

通过比较发现,焦粉-2#和焦粉-4#的固定碳含量、挥发分含量及反应性均比较接近,而 N 含量差异相对较大。两种燃料性质及燃烧过程中 N 的转化率见表 4.3。燃料 N 含量对燃烧过程中 NO_x 排放浓度的影响如图 4.16 所示。两种燃料在燃烧过程中 NO_x 排放浓度峰值比较接近,而焦粉-2# NO_x 释放的时间比焦粉-4# 时间长,排放总量明显多于焦粉-4#,但两种焦粉燃烧过程中 N 转化率比较接近,焦粉-2# N 转化率略高于焦粉-4#,表明燃料 N 含量虽然对 NO_x 排放量有一定影响,但对 N 转化率影响不大。

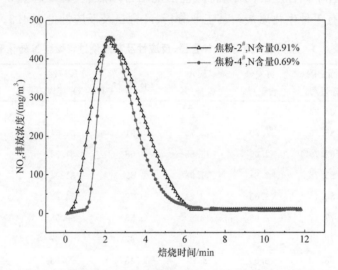

图 4.16　燃料 N 含量对燃烧过程中 NO_x 排放浓度的影响

4.3.2　固定碳含量的影响

焦粉-3#和焦粉-4#的 N 含量、挥发分含量、反应性都比较接近,而固定碳含量有所差异。两种燃料性质及燃烧过程中 N 转化率见表 4.3。燃料固定碳含量对燃烧过程中 NO_x 排放浓度的影响如图 4.17 所示。两种燃料燃烧过程中 NO_x 释放时间接近,而焦粉-4# 燃烧过程中 NO_x 排放浓度峰值明显高于焦粉-3#,且 NO_x 排放总量也高于焦粉-3#,两种焦粉燃烧过程中 N 转化率接近,焦粉-4# N 转化率略高于焦粉-3#,表明固定碳含量对 NO_x 排放浓度有一定影响,但对燃料 N 转化率影响不大。

4.3.3　挥发分含量的影响

无烟煤-1#和无烟煤-2#的固定碳含量、反应性都比较接近,N 含量相差

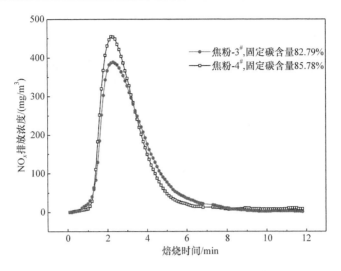

图 4.17　燃料固定碳含量对燃烧过程中 NO$_x$ 排放浓度的影响

0.28%,挥发分含量相差 6.52%,差异相对较大。两种燃料性质及燃烧过程中 N 转化率见表 4.3。挥发分含量对燃烧过程中 NO$_x$ 排放浓度的影响如图 4.18 所示。无烟煤-2$^{\#}$ 燃烧过程中 NO$_x$ 排放浓度峰值和 NO$_x$ 排放总量明显高于无烟煤-1$^{\#}$,无烟煤-2$^{\#}$ 燃烧过程中 N 转化率明显大于无烟煤-1$^{\#}$,其 N 转化率分别为 53.53% 和 43.04%。基于燃料中 N 含量对 NO$_x$ 排放影响较小,这表明随着燃料挥发分含量的增加,NO$_x$ 排放总量增加,燃料 N 转化率也随之增大。

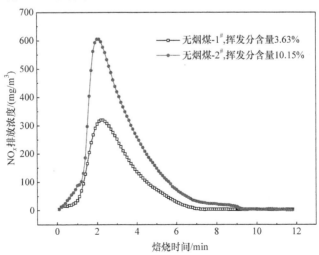

图 4.18　挥发分含量对燃烧过程中 NO$_x$ 排放浓度的影响

4.3.4　燃料反应性的影响

焦粉-1$^{\#}$和焦粉-5$^{\#}$的固定碳含量、挥发分含量和 N 含量都比较接近,反应性差异相对较大。两种燃料的性质及燃烧过程中 N 转化率见表 4.3。反应性对燃烧过程中 NO$_x$ 排放浓度的影响如图 4.19 所示。焦粉-1$^{\#}$燃烧过程中 NO$_x$ 排放浓度峰值比焦粉-5$^{\#}$稍高,NO$_x$ 释放时间比焦粉-5$^{\#}$时间长,排放总量明显多于焦粉-5$^{\#}$;焦粉-1$^{\#}$和焦粉-5$^{\#}$燃烧过程中 N 转化率分别为 55.53% 和 44.56%,表明随着燃料反应性的增大,燃料燃烧过程中 NO$_x$ 排放量和燃料 N 转化率均下降。

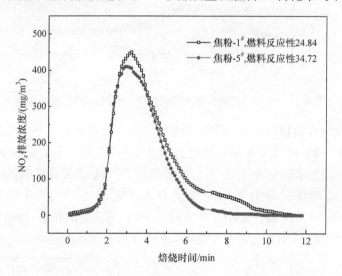

图 4.19　燃料反应性对燃烧过程中 NO$_x$ 排放浓度的影响

4.3.5　燃料粒度的影响

将焦粉-2$^{\#}$ 的粒度分为 + 5mm、3 ~ 5mm、1 ~ 3mm、0.5 ~ 1mm 和 −0.5mm 五个粒级。五个粒级焦粉燃烧过程燃料 N 转化率如图 4.20 所示。由图可知,燃烧过程中燃料 N 转化率随着粒级的增大呈现先降低后升高的趋势。粒级为 −0.5mm 的焦粉燃烧过程中 N 转化率较高,为 53.26%;粒级 0.5~1mm 和 1~3mm 的焦粉燃烧燃料 N 转化率较低,分别为 48.75% 和 45.27%;粒级 3~5mm 的焦粉燃烧时燃料 N 转化率较高,达到 55.41%;粒级 +5mm 的焦粉燃烧时燃料 N 转化率稍低于 3~5mm 的焦粉,为 53.62%。

燃料粒度影响燃料 N 转化的机理比较复杂,燃料 N 转化率受燃料 N 的氧化与 NO$_x$ 的还原两者双重影响。随着燃料粒度的减小,单位质量焦炭参与化学反应的比表面积相应增大,燃料反应性提高,有利于进行 C 的燃烧反应,进而促进燃料

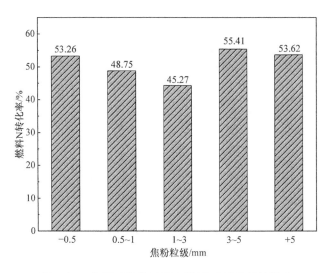

图 4.20　粒度对燃烧过程中燃料 N 转化率的影响

N 向 NO_x 的转化;但与此同时,挥发分 N 含量增加,导致着火提前,耗氧速率加快,因而炭粒表面极易形成还原性气氛,且 NO_x 与焦炭接触面积增大,这可以促进 NO_x 的还原反应。

　　焦炭表面为二次反应提供平台。靠近焦炭颗粒中心处产生的热分解产物在向外迁移和逸出的过程中,可能发生裂解、凝聚或聚合,从而发生炭的沉积。当焦粉过粗时,沉积量加大,使焦炭与 O_2 的反应受限,但同时增强了还原气氛。有关文献资料表明[17-19],燃料粒度有一个临界值,可使 NO_x 达到最低,小于或超过此值, NO_x 排放浓度均升高,且这个临界值随着燃料类型的不同而变化,产生这种现象的原因可能与氮在不同煤种中存在的形式不同有关。

4.4　烧结原料及产物对 NO_x 生成的影响[20-30]

4.4.1　铁氧化物的影响

　　在焦粉表面分别黏附 5%、20%、50% 的 Fe_2O_3,其燃烧对 NO_x 排放浓度的影响如图 4.21 所示,对燃料 N 转化率的影响如图 4.22 所示。由图可知,焦粉表面黏附 Fe_2O_3 可抑制燃料 N 向 NO_x 的转化,且随着黏附比例提高, NO_x 排放峰值降低,燃料 N 转化率降低;焦粉表面黏附 50% Fe_2O_3 时,燃料 N 转化率从 56.0% 降到 49.8%。

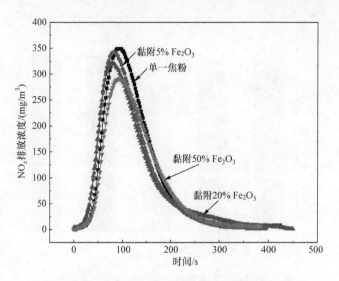

图 4.21　Fe_2O_3 对燃料燃烧过程 NO_x 排放浓度的影响

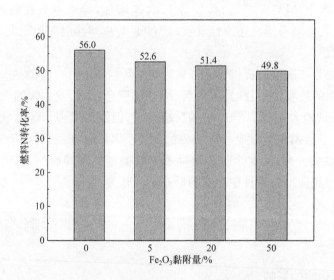

图 4.22　Fe_2O_3 对燃料 N 转化率的影响

　　在黏附 5％ Fe_2O_3、5％ Fe_3O_4 的条件下,焦粉燃烧过程 NO_x 排放浓度如图 4.23 所示,燃料 N 转化率如图 4.24 所示。相比单一焦粉,黏附铁矿石的燃料,其燃烧过程 NO_x 生成被抑制;当焦粉黏附相同量的 Fe_2O_3、Fe_3O_4 时,黏附 Fe_3O_4 的抑制作用更明显,燃料 N 转化率下降到 49.5％。

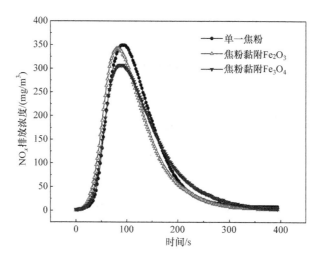

图 4.23　铁矿类型对焦粉燃烧过程 NO_x 排放浓度的影响

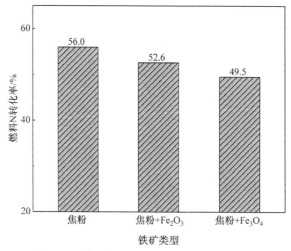

图 4.24　铁矿类型对燃料 N 转化率的影响

4.4.2　熔剂的影响

在焦粉表面分别黏附 10%、20%、50% 的 CaO,其燃烧过程 NO_x 排放浓度如图 4.25 所示,燃料 N 转化率如图 4.26 所示。燃料表面黏附 CaO 可抑制燃料 N 向 NO_x 的转化,随着 CaO 黏附量的增加,NO_x 排放峰值下降,燃料 N 转化率降低。在 50%CaO 黏附量时燃料 N 转化率最低,为 54.5%。

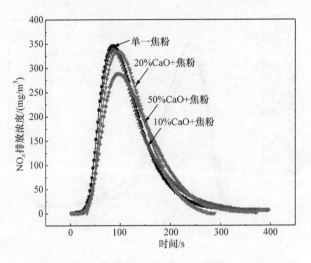

图 4.25　CaO 对焦粉燃烧过程 NO_x 排放浓度的影响

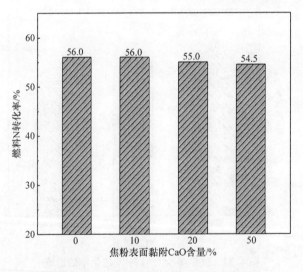

图 4.26　CaO 对燃料 N 转化率的影响

4.4.3　铁氧化物和熔剂混合物的影响

　　CaO 与 Fe_2O_3 按物质的量比 1∶2、1∶1、2∶1 混合,分别按 20% 比例黏附到焦粉表面,焦粉燃烧过程 NO_x 排放浓度如图 4.27 所示,燃料 N 转化率如图 4.28 所示。由图可知,黏附 CaO 和 Fe_2O_3 混合物,在烧结过程,燃料 N 转化率明显降低。当 CaO∶Fe_2O_3 物质的量比为 2∶1 时,燃料 N 转化率从 56.0% 下降至 42.6%,其下降幅度最大。

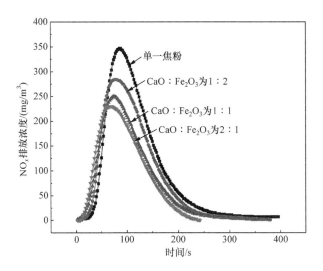

图 4.27　CaO：Fe_2O_3 物质的量比对 NO_x 排放浓度的影响

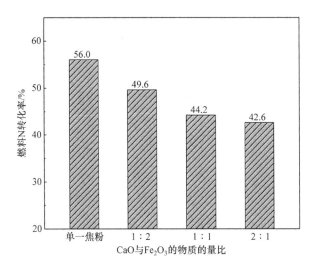

图 4.28　CaO：Fe_2O_3 物质的量比对燃料 N 转化率的影响

4.4.4　烧结过程生成物的影响

在烧结过程中,由于烧结料的组成成分较多,颗粒间相互紧密接触,当加热到一定温度时,物质之间开始发生固相反应,生成新的化合物,在这些化合物之间,化合物与原烧结料之间,以及原烧结料各成分之间,都存在低共熔点物质,使得液相在相对较低的温度下开始生成并共融,如图 4.29 所示。在生产高碱度烧结矿时,料层中生成的物质主要为铁酸钙体系矿物(CaO·Fe_2O_3、2CaO·Fe_2O_3、CaO·

$2Fe_2O_3$），其次为钙铁橄榄石体系矿物（$CaO \cdot FeO \cdot SiO_2$）和铁橄榄石（$2FeO \cdot SiO_2$）。

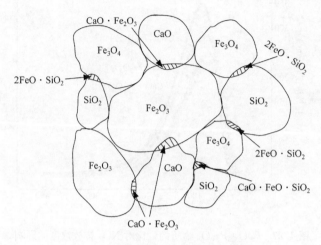

图 4.29　烧结过程物料反应示意图

　　铁酸钙对燃料燃烧过程 NO_x 排放浓度的影响，如图 4.30 所示，对燃料 N 转化率的影响如图 4.31 所示。由图可知，焦粉黏附不同类型铁酸钙后，燃烧过程 NO_x 生成都得到抑制，燃料 N 转化率降低。抑制燃料 N 转化的能力大小依次为：铁酸二钙＞铁酸钙＞铁酸半钙。对应燃料 N 转化率由单一焦粉燃烧时的 56.0% 分别降低至 50.9%、43.8% 和 41.7%。由此表明，铁酸钙对燃料燃烧时 NO_x 的排放有抑制作用，且铁酸二钙的抑制效果最佳。

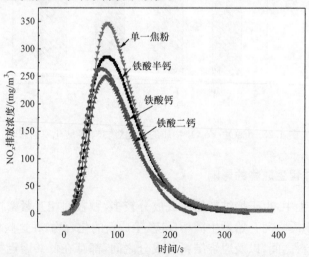

图 4.30　铁酸钙对焦粉燃烧过程 NO_x 排放浓度的影响

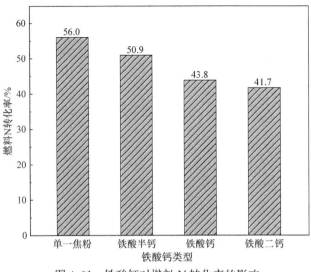

图 4.31 铁酸钙对燃料 N 转化率的影响

4.5 燃烧条件对 NOₓ 生成的影响[20-30]

4.5.1 燃烧温度的影响

空气气氛下温度对单一焦粉燃烧过程中 NOₓ 排放浓度的影响如图 4.32 所示,对燃料 N 转化率的影响如图 4.33 所示。

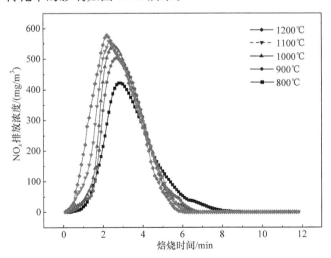

图 4.32 温度对单一焦粉燃烧过程中 NOₓ 排放浓度的影响

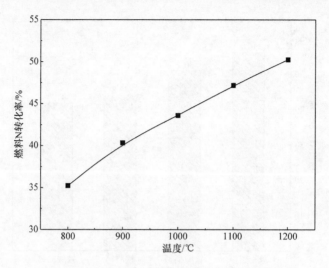

图 4.33　温度对单一焦粉燃料 N 转化率的影响

　　由图 4.32 可知,随着温度的升高,燃料燃烧过程中 NO_x 释放的速率加快,排放浓度峰值也增大。由图 4.33 可知,温度越高,燃料 N 转化率越高,800℃时燃料 N 转化率为 35%,而 1200℃时,达到了 50.3%。实验结果表明,温度升高有利于燃料燃烧时 NO_x 的排放,并且燃料 N 转化率随着温度的升高而呈上升趋势。

　　将燃料、铁矿石、熔剂等制成小球,研究温度对烧结制粒小球焙烧过程 NO_x 排放浓度的影响,如图 4.34 所示,对燃料 N 转化率的影响如图 4.35 所示。由图 4.34 可知,随着温度的升高,焙烧过程中 NO_x 释放速率加快,800℃时焙烧,在

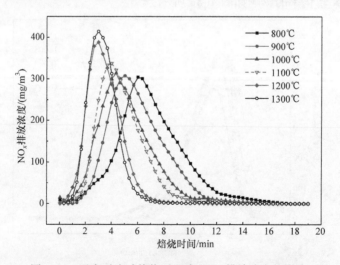

图 4.34　温度对小球焙烧过程中 NO_x 排放浓度的影响

6min 左右 NO_x 排放浓度达到峰值,而 1300℃条件下,3min 左右时 NO_x 排放浓度就达到了峰值,且 NO_x 浓度排放峰值随着温度的升高而显著上升。这与单一燃料燃烧时的规律基本一致。由图 4.35 可知,随着温度的升高,燃料 N 转化率呈现下降趋势,在较高的温度下燃料 N 转化率下降,这与单一燃料燃烧时的规律相反,可能的原因是在高温下烧结物料反应生成的产物对燃料 N 的转化具有抑制作用。

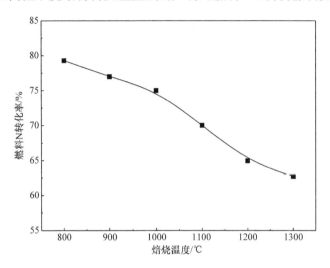

图 4.35 温度对小球焙烧过程中燃料 N 转化率的影响

4.5.2 气氛的影响

在 O_2 含量为 5%～25%条件下,研究单一焦粉燃烧过程中 NO_x 的排放规律,实验结果如图 4.36 所示,燃料 N 转化率如图 4.37 所示。由图 4.36 可知,当 O_2

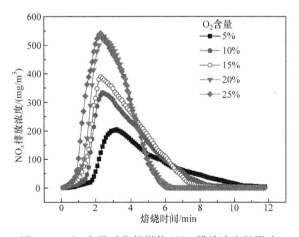

图 4.36 O_2 含量对焦粉燃烧 NO_x 排放浓度的影响

含量为 5%～15% 时,燃料燃烧过程中 NO_x 释放速率缓慢,且浓度峰值较低,当 O_2 含量为 20%～25% 时,燃料燃烧过程中 NO_x 释放速率明显加快,且浓度峰值明显升高。由图 4.37 可知,燃料 N 转化率随着 O_2 含量的增加而升高。研究结果表明,O_2 含量越高,燃料燃烧时排放的 NO_x 越多,燃料 N 转化率也越高。燃料中的 N 与 O_2 反应产生的主要初级含氮化合物为 NH_3 和 HCN,气体成分中还有生成的 NO 和 N_2,当氧气量充足时,NH_3 和 HCN 与 O_2 通过不同的反应步骤转化为 NO,但当燃料量充足时,NH_3 和 HCN 与 NO 结合生成 N_2。

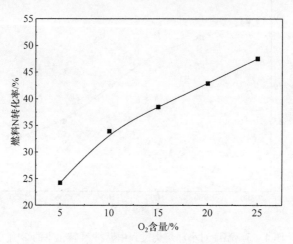

图 4.37 O_2 含量对焦粉燃料 N 转化率的影响

在相同的实验条件下,研究 O_2 含量对烧结制粒小球焙烧过程中 NO_x 排放的影响,结果如图 4.38 所示,燃料 N 转化率如图 4.39 所示。由图可知,O_2 含量为

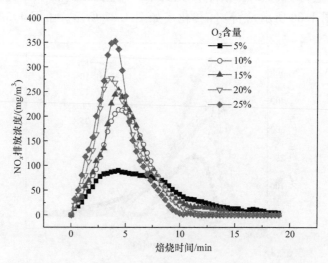

图 4.38 O_2 含量对小球焙烧过程中 NO_x 排放浓度的影响

5％时,NO_x 释放非常缓慢,随着 O_2 含量的增加,NO_x 释放速率逐渐加快,排放浓度峰值也显著上升。燃料 N 转化率随着 O_2 含量的增加而升高,这与单一燃料燃烧时的规律相一致,从数值上比较,在烧结原料存在的条件下,燃料 N 转化率比单一燃料燃烧时有大幅上升。

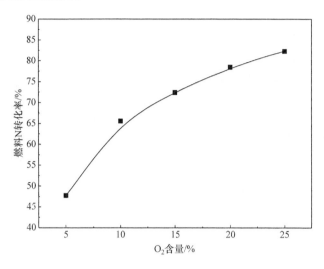

图 4.39　O_2 含量对小球焙烧过程中燃料 N 转化率的影响

4.6　燃料分布对燃烧和 NO_x 生成的影响[20-30]

4.6.1　制粒小球中燃料的分布状态

碳在空气中燃烧是多相燃烧过程,一般来说,碳的燃烧过程依次经历下面 6 个阶段:

(1)氧气扩散到固体燃料表面(外扩散);

(2)扩散到碳表面的气体通过颗粒的孔道,被固体内表面所吸附(分子或多或少地紧密连接在相界面上或反应面上);

(3)被吸附的气体在固体表面发生化学反应,形成产物;

(4)吸附态的产物从固体表面解吸出来;

(5)解吸产物通过碳的内部孔道扩散出来(内扩散);

(6)解析产物从碳表面扩散到气相中(外扩散)。

以上 6 个阶段是依次发生的,燃料燃烧反应取决于以上步骤中最慢的一个,任何一个阶段发生改变都可能影响燃料的燃烧状态。因此,燃料在制粒小球中的分布状态对其燃烧状态有重要影响,而燃烧状态直接影响着 NO_x 的排放。实验结果表明,O_2 充足可促进燃料 N 向 NO_x 的转化,有利于 NO_x 的生成,而有烧结原料催化剂时,还原气氛可降解已生成的 NO_x,抑制 NO_x 的生成。

在烧结混合料常规制粒过程中,只有部分燃料被稀疏地包裹在制粒小球内部,大部分燃料被黏附在制粒小球表面或者以单独颗粒形式存在,因此在烧结过程中燃料能够与空气充分接触而完全燃烧,但同时也促进了燃料 N 向 NO_x 的转化。常规制粒过程中燃料可能的分布状态如图 4.40 所示。

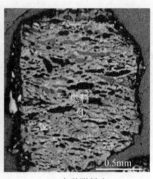

(a) 黏附粉包裹核颗粒结构　　(b) 单独核颗粒结构　　(c) 未黏附粉末

图 4.40　常规制粒条件下燃料在制粒小球中的分布

由图 4.40 可知,常规制粒条件下,燃料在制粒小球中的分布状态如下:

(1) 细颗粒燃料分布在黏附层中,如图 4.40(a) 中的位置①所示;

(2) 粗颗粒燃料被黏附粉包裹,作为制粒小球的核,如图 4.40(a) 中的位置②所示;

(3) 部分细颗粒燃料未能黏附到制粒小球中,以单独粉末态的形式存在,如图 4.40(b) 中的位置③所示;

(4) 部分粗颗粒燃料没被黏附粉包裹,以单独核颗粒的形式存在,如图 4.40(c) 中的位置④所示。

如果改变燃料在制粒小球中的分布状态,那么燃料燃烧的条件会发生变化,从而影响 NO_x 的排放。无论粗颗粒状的燃料还是细颗粒状的燃料,其在制粒小球中有三种基本的分布状态(图 4.41):①焦粉在小球中均匀分布(图 4.41(a));②焦粉黏附在小球外层或以单独颗粒形式存在,即燃料未被包裹(图 4.41(b));③焦粉被其他物料包裹在小球内部(图 4.41(c))。

4.6.2　燃料分布对燃烧的影响

燃料分布对其燃烧行为的影响如图 4.42 所示。由图可知,当燃料均匀分布时,燃烧效率为 92.2%,当燃料黏附在制粒小球表面时,燃烧效率为 90.3%,当燃料被包裹时,燃烧效率可达 95.2%。这表明当燃料被包裹在制粒小球内部时,可以提

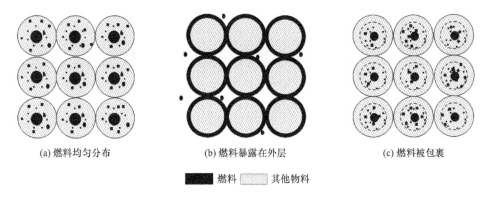

(a) 燃料均匀分布　　　　　(b) 燃料暴露在外层　　　　　(c) 燃料被包裹

■ 燃料　　　▨ 其他物料

图 4.41　燃料在制粒小球中的分布状态

高其燃烧效率;由于燃料被包裹在内部,不能直接与空气接触,其燃烧速率变慢,燃烧时间延长。因此,燃料包裹在制粒小球内部可以提高燃烧效率,但影响烧结速率。

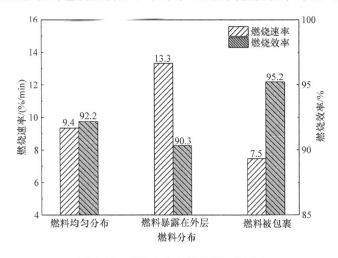

图 4.42　燃料分布对燃料燃烧的影响

4.6.3　燃料分布对 NO$_x$ 生成的影响

三种燃料分布状态下小球焙烧过程中释放的 NO$_x$ 浓度变化如图 4.43 所示,燃料 N 转化率如图 4.44 所示。由图可知,燃料分布在小球外层或以单独形式存在时,NO$_x$ 的排放浓度最高,其次为燃料均匀分布的情况,最低为燃料分布在小球内部的情况。焦粉被包裹在制粒小球内部时,燃料 N 释放速率较低,反应过程中 NO$_x$ 排放浓度上升较慢,排放的最高浓度为 200mg/m³,相比焦粉均匀分布和未被包裹,NO$_x$ 排放浓度峰值明显下降,且整个过程 NO$_x$ 排放总量和燃料 N 转化率也都明显降低。这表明燃料分布在制粒小球内部有利于 NO$_x$ 减排。

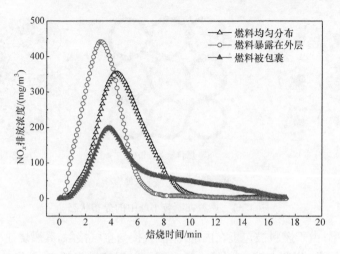

图 4.43　燃料分布状态对 NO_x 排放浓度的影响

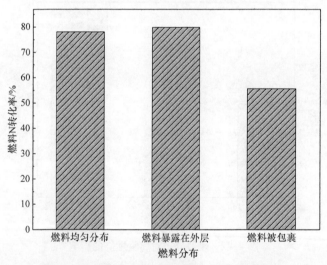

图 4.44　燃料分布状态对燃料 N 转化率的影响

当燃料被黏附在制粒小球表面或者以单独颗粒形式存在时,燃料在烧结过程中能够与足够的空气充分接触而完全燃烧,同时燃料 N 也被充分氧化生成 NO_x。

当燃料包裹在制粒小球内部时,受空气扩散控制的影响,小球内部 O_2 浓度相对较低,可抑制燃料 N 被氧化成为 NO_x,同时不完全燃烧产生的 CO 在周边物料的催化作用下,可将已生成的 NO_x 降解;两者的协同作用可使烧结过程中 NO_x 排放总量减少。

4.7　基于燃料预处理的低 NO_x 烧结技术[20-30]

4.7.1　燃料预处理对燃烧过程 NO_x 生成的影响

烧结过程中铁酸钙的大量产生有利于抑制燃料燃烧时 NO_x 的生成。因此，若能使焦粉在燃烧过程中与生成的铁酸钙有效接触，则可有效降低 NO_x 的排放。在烧结过程中铁酸钙生成量一般为 30％左右，当采用常规制粒法时，仅有部分燃料表面与铁酸钙接触，如图 4.45(a)所示。

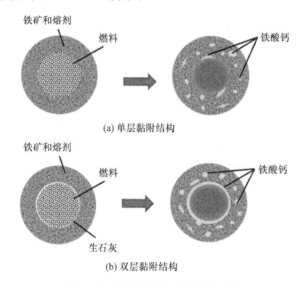

图 4.45　两种不同黏附结构示意图

为增大燃烧过程铁酸钙与燃料的接触面积，有人提出对燃料进行表面处理，具体做法是在燃料表面黏附一薄层生石灰，然后将其添加到烧结混合料中进行制粒，形成双层黏附的制粒小球，其结构如图 4.45(b)所示。内层的生石灰最靠近燃烧高温区，与外层的铁矿在燃烧过程可快速生成铁酸钙，且燃烧过程燃料表层可全部被铁酸钙覆盖。

在 1100℃、空气气氛条件下，研究了燃料表面处理对焦粉燃烧过程 NO_x 排放浓度的影响，如图 4.46 所示。与单层黏附相比，具有双层黏附结构的焦粉，其 NO_x 排放峰值较低，燃料 N 转化率降低至 36.1％。

4.7.2　燃料预处理对制粒的影响

利用生石灰对燃料表面预处理的方式有以下三种：①直接添加生石灰，焦粉与

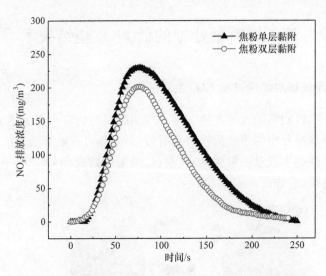

图 4.46　表面处理对焦粉燃烧过程 NO_x 排放浓度的影响

生石灰直接加入搅拌机中进行搅拌,焦粉自身含有水分可黏附少量生石灰;②添加消石灰,按理论消化水将生石灰消化后,焦粉和消石灰加入搅拌机,利用消石灰的黏性使其部分黏附在焦粉表面;③将生石灰与水按 1∶1 的配比制成石灰乳后,加入焦粉中进行搅拌。上述三种方式中,生石灰与焦粉质量比为 1∶2。本小节研究不同预处理方式对制粒效果和燃料分布的影响。三种预处理方式对混合料粒度组成及透气性的影响见表 4.4。由表可知,相比不进行预处理,三种燃料预处理方式对制粒效果都有所改善,混合料-0.5mm 粒度组成都有不同程度的降低,其中消石灰黏附焦粉进行预处理时,混匀料透气性最佳,平均粒度最大。

表 4.4　三种预处理方式对混合料粒度组成及透气性的影响

方式	粒级/%							平均粒度/mm	JPU*
	+8mm	5~8mm	3~5mm	1~3mm	0.5~1mm	0.25~0.5mm	-0.25mm		
不改性	12.22	31.50	36.36	17.58	2.30	0.03	0.00	4.85	4.19
生石灰	13.42	33.69	32.62	18.44	1.65	0.18	0.00	4.95	4.21
消石灰	14.33	35.32	30.50	17.59	2.27	0.00	0.00	5.03	4.22
石灰乳	14.58	30.63	36.33	17.04	1.36	0.07	0.00	4.96	4.20

* JPU:透气性。

　　三种表面预处理方式对制粒小球中碳含量及其分布率的影响见表 4.5。生石灰黏附时,+3mm 制粒小球中的碳含量略有增加,其中以石灰乳黏附时效果最佳,+3mm 中碳分布率从 72.68% 提高到 76.63%。

表 4.5　三种表面预处理方式对制粒小球中碳含量及其分布率的影响

方式	碳含量及其分布率/%									
	8mm		5~8mm		3~5mm		1~3mm		0.5~1mm	
	碳含量	分布率	碳含量	分布率	碳含量	分布率	碳含量	分布率	碳含量	分布率
不改性	1.43	4.53	3.26	26.69	4.39	41.46	5.40	24.67	4.44	2.65
生石灰	1.47	5.07	2.92	25.38	5.04	42.39	5.32	25.26	4.46	1.90
消石灰	1.55	5.84	3.42	31.66	4.54	36.28	5.11	23.59	4.43	2.64
石灰乳	1.92	7.18	3.84	30.16	4.21	39.28	5.08	22.21	3.33	1.16

4.7.3　燃料预处理对烧结指标和 NO_x 排放的影响

1. 燃料预处理方式的影响

本小节研究生石灰的不同预处理方式对混合料制粒、烧结指标以及 NO_x 减排的影响。三种不同燃料表面预处理方式对烧结指标和 NO_x 排放浓度的影响见表 4.6。由表可知，烧结速率、成品率、转鼓强度、利用系数均有所提高，其中采用生石灰预处理时，烧结速率和利用系数提高幅度最大；经过三种预处理后，NO_x 排放浓度都有不同程度的降低，其中石灰乳降低幅度最大。

表 4.6　不同燃料表面预处理方式对烧结指标的影响

方式	烧结速率/(mm/min)	成品率/%	转鼓强度/%	利用系数/(t/(m²·h))	烟气 NO_x 平均浓度/(mg/m³)
不改性	21.66	76.22	63.67	1.47	220
生石灰	23.26	77.18	65.55	1.58	203
消石灰	23.02	76.53	65.05	1.56	195
石灰乳	22.93	77.41	65.02	1.54	179

注：混合料水分为 7.75%，焦粉配比为 5.60%。

NO_x 排放浓度及燃料 N 转化率结果如图 4.47 和图 4.48 所示。由图可知，石灰乳改性焦粉对减少 NO_x 生成的影响最大，NO_x 排放浓度从不改性的 220mg/m³ 降低到 179mg/m³。燃料经过表面处理后，燃料 N 转化率都有所降低，其中石灰乳预处理时最低，为 47.6%。因此，将生石灰制成石灰乳，在不降低烧结指标的情况下，更加有利于减少 NO_x 排放浓度。

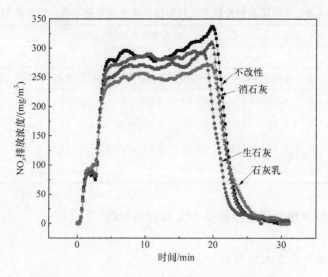

图 4.47　预处理方式对烧结 NO$_x$ 排放浓度的影响

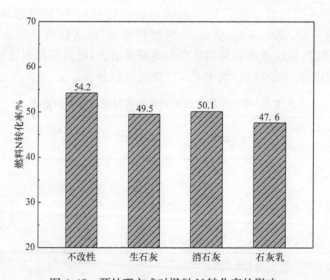

图 4.48　预处理方式对燃料 N 转化率的影响

2. 石灰乳添加量的影响

石灰乳表面预处理对焦粉表面形貌的影响如图 4.49 所示,其中图 4.49(a)、(b)为未处理时焦粉表面形态,图 4.49(c)、(d)为焦粉预处理后的形态。由图可知,焦粉表面黏附石灰乳后,气孔被 CaO 填充,表面气孔减少。

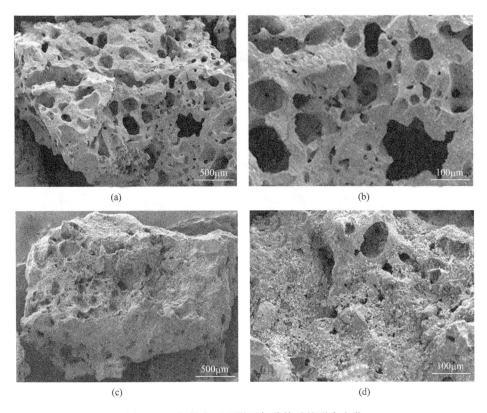

图 4.49　焦粉表面黏附石灰乳前后的形态变化

按生石灰与水质量比 1∶1 配制成石灰乳,按石灰乳与焦粉质量比 1∶4、1∶2、3∶4 的量对焦粉进行预处理。不同质量比对烧结指标和 NO$_x$ 排放浓度的影响见表 4.7。由表可知,随着石灰乳添加量的增加,各烧结指标呈现先增高后降低的趋势。石灰乳与焦粉质量比为 1∶2 时最佳,继续提高添加量,烧结速率和利用系数有所降低。

表 4.7　不同石灰乳黏附层厚度对烧结指标的影响

石灰乳∶焦粉	烧结速率/(mm/min)	成品率/%	转鼓强度/%	利用系数/(t/(m² · h))	烟气 NO$_x$ 平均浓度/(mg/m³)
不改性	21.66	76.22	63.67	1.47	220
1∶4	21.95	76.95	63.67	1.50	184
1∶2	22.93	77.41	65.02	1.54	179
3∶4	22.61	76.14	64.27	1.52	180

NO$_x$ 排放浓度和燃料 N 转化率分别如图 4.50 和图 4.51 所示。NO$_x$ 排放浓

度随着石灰乳添加量的增加而呈降低趋势,特别是石灰乳与焦粉质量比提高至
1∶2时,排放浓度下降较快,NO_x平均浓度降低至179mg/m³,燃料N转化率为
47.6%。继续提高添加量,NO_x排放浓度变化不明显。随着石灰乳添加量的增
加,燃料N转化率呈降低趋势,在质量比为3∶4时最低,为46.7%。综合而言,在
石灰乳与焦粉质量比为1∶2时,烧结指标和NO_x减排整体效果最佳。

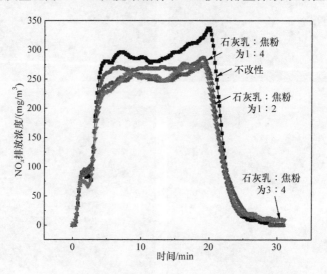

图 4.50　不同石灰乳添加量对 NO_x 排放浓度的影响

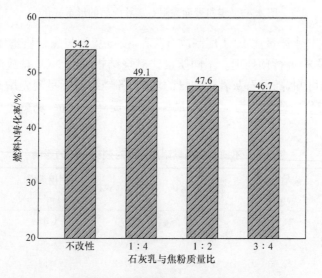

图 4.51　不同石灰乳添加量对燃料 N 转化率的影响

3. 铁精矿与石灰乳混合物的影响

采用铁精矿与石灰乳的混合物对焦粉进行预处理,研究其对烧结指标以及
NO$_x$ 排放的影响。铁精矿和石灰乳混合物预处理焦粉后,其表面的形貌如图 4.52
所示。

图 4.52　铁精矿与石灰乳混合物预处理焦粉后的表面形态

铁精矿与石灰乳比例对烧结的影响如表 4.8 所示。由表可知,在石灰乳中加
入铁精矿预处理焦粉后,可有效提高烧结速率和利用系数,成品率和转鼓强度也有
不同程度的提升。当铁精矿:石灰乳:焦粉为 1:1:2 时,烧结速率为
23.54mm/min,成品率为 77.34%,转鼓强度为 64.05%,利用系数为 1.62t/(m² · h),
综合指标最佳。继续提高铁精矿比例,烧结速率和利用系数有所下降。

表 4.8　铁精矿与石灰乳混合物预处理焦粉对烧结指标的影响

铁精矿:焦粉	石灰乳:焦粉	烧结速率 /(mm/min)	成品率/%	转鼓强度/%	利用系数 /(t/(m² · h))	烟气 NO$_x$ 平均 排放浓度/(mg/m³)
不改性		21.66	76.22	63.67	1.47	220
0	1:2	22.93	77.41	65.02	1.54	179
1:4	1:2	23.37	76.76	65.62	1.59	176
1:2	1:2	23.54	77.34	64.05	1.62	166
1:1	1:2	23.32	77.01	64.72	1.53	168

由图 4.53 和图 4.54 可知,石灰乳中加入铁精矿预处理焦粉后,NO$_x$ 排放浓度明
显降低,在铁精矿:石灰乳:焦粉为 1:1:2 时,减排效果最好,NO$_x$ 平均排放浓度
可降到 166mg/m³,燃料 N 转化率为 40.9%,较大程度降低了 NO$_x$ 的排放。因此,
当铁精矿:石灰乳:焦粉为 1:1:2 时,不但烧结指标提高,而且 NO$_x$ 排放降低。

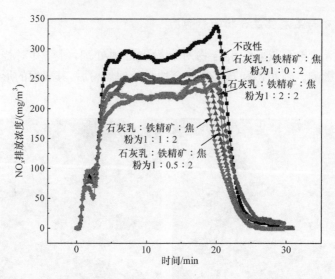

图 4.53　铁精矿与石灰乳混合物预处理焦粉对 NO$_x$ 排放浓度的影响

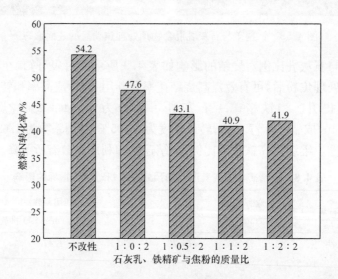

图 4.54　铁精矿与石灰乳混合物预处理焦粉对燃料 N 转化率的影响

4.8　基于燃料预制粒的低 NO$_x$ 烧结技术[20-30]

4.8.1　预制粒工艺

预制粒是指将一部分物料与燃料预先制粒,然后与剩余物料混合后一起制粒,使燃料更多地被包裹在制粒小球的内部,其工艺示意图如图 4.55 所示。

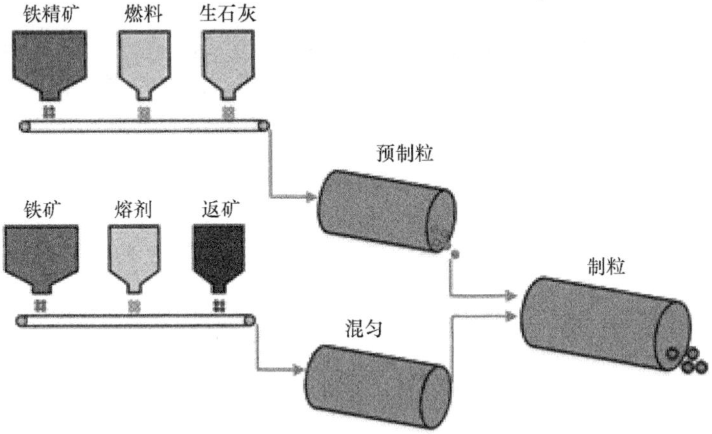

图 4.55　燃料预制粒工艺示意图

4.8.2　预制粒物料比例对烧结的影响

预制粒的方式将小球结构分为内层和外层,而内层和外层的铁精矿比例直接影响燃料被包裹的程度,因此本小节研究铁精矿分流比例对烧结的影响。

当参与预制粒的铁精矿和熔剂的比例为 70%、50% 和 30%,且焦粉比例均为 100% 时,考察其对烧结指标的影响,结果见表 4.9。由表可知,相比常规制粒,焦粉与部分铁精矿一起预制粒可使成品率提高,其中,当预制粒铁精矿比例为 50% 时,成品率最高,其次为预制粒铁精矿比例为 30% 和 70% 时的成品率。当 30% 铁精矿参与预制粒时,转鼓强度相比常规制粒稍有下降,而预制粒铁精矿比例升为 50% 和 70% 时,转鼓强度增大,均优于常规烧结,其中当预制粒铁精矿比例为 50% 时,转鼓强度最高。当预制粒铁精矿比例为 30% 时,垂直烧结速率下降,相应的利用系数下降,预制粒铁精矿比例为 50% 和 70% 时,垂直烧结速率与常规制粒相差不大,利用系数稍有升高。

表 4.9　参与预制粒的铁精矿比例对烧结指标的影响

制粒方式	成品率 /%	转鼓强度 /%	垂直烧结速率 /(mm/min)	利用系数 /(t/(m² · h))
常规制粒	64.64	53.05	23.52	1.26
30%铁精矿与焦粉预制粒	65.02	52.95	20.97	1.14
50%铁精矿与焦粉预制粒	65.26	54.00	23.33	1.28
70%铁精矿与焦粉预制粒	64.80	53.50	23.52	1.27

　　烧结矿中残留的碳含量反映了燃料的利用情况,因此这里考察了燃料预制粒对烧结矿残留碳含量的影响,结果见表 4.10。使用常规制粒方式时,烧结矿碳含量为 0.012%,当预制粒铁精矿比例分别为 30%、50%、70% 时,烧结矿碳含量分别为 0.015%、0.014%、0.011 %,证明燃料预制粒方式并未对燃料的利用情况产生明显影响。

表 4.10　参与预制粒的铁精矿比例对烧结矿碳含量的影响

制粒方式	常规制粒	30%铁精矿与 焦粉预制粒	50%铁精矿与 焦粉预制粒	70%铁精矿与 焦粉预制粒
烧结矿碳含量/%	0.012	0.015	0.014	0.011

4.8.3　预制粒物料比例对 NO_x 排放的影响

　　当参与预制粒的铁精矿和熔剂的比例为 70%、50% 和 30%,且焦粉比例均为100% 时,考察了烧结过程中 NO_x 的排放浓度,结果如图 4.56 所示,燃料 N 转化率如图 4.57 所示。相比常规制粒,采用焦粉预制粒方式时,NO_x 排放浓度均有所下降。当与焦粉一起预制粒的铁精矿比例为 30% 时,NO_x 释放速率与常规制粒相比有所下降,但 NO_x 排放浓度大幅下降;当预制粒铁精矿比例为 50% 和 70% 时,NO_x 的释放速率加快,与常规制粒相近;随着预制粒铁精矿比例的提高,NO_x 排放浓度逐渐上升,但都低于常规制粒。采用燃料预制粒的方式可使燃料 N 转化率下降,并且随着预制粒铁精矿比例的增加,燃料 N 转化率逐渐上升。

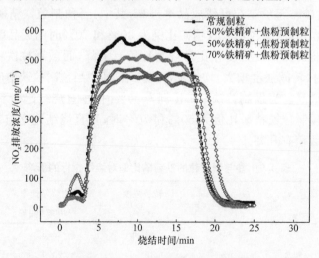

图 4.56　预制粒的铁精矿比例对 NO_x 排放浓度的影响

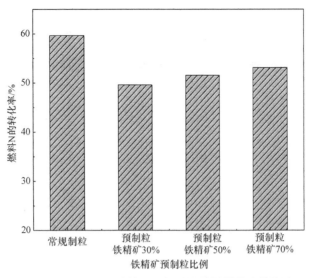

图 4.57　预制粒的铁精矿比例对燃料 N 转化率的影响

4.8.4　生物质燃料替代部分焦粉强化技术

当燃料处于被包裹状态时,其燃烧速率变慢,导致垂直烧结速率降低。生物质燃料在较低的温度下就能开始发生反应,且燃烧速率快,若可将生物质炭替代部分焦粉进行预制粒,则可加快烧结速率。此外,生物质炭的氮、硫的质量分数低,是可再生的清洁能源,其反应性比化石燃料高,研究表明 NO$_x$ 排放量随着反应性的提高而降低,因此使用生物质炭可有效降低污染物排放。

固定预制粒铁精矿比例为 50%,以生物质炭替代部分焦粉进行预制粒,研究其对烧结过程的影响。使用生物质炭替代部分焦粉进行预制粒的烧结指标见表 4.11。由表可以看出,生物质炭替代比例分别为 20% 和 40% 时,垂直烧结速率由化石燃料预制粒时的 23.52mm/min 提高至 23.90mm/min 和 24.10mm/min;生物质炭替代 20% 焦粉进行预制粒的成品率比常规制粒稍有提高,但当生物质炭替代比例增加至 40% 时,成品率相比常规制粒的成品率降低,可见生物质炭替代焦粉的比例不宜过高。当使用生物质炭替代焦粉进行预制粒烧结时,转鼓强度有所上升。

表 4.11　使用生物质炭替代部分焦粉的烧结指标

制粒方式	成品率 /%	转鼓强度 /%	垂直烧结速率 /(mm/min)	利用系数 /(t/(m^2·h))
常规制粒	64.64	53.05	23.52	1.26
生物质炭替代 20% 焦粉预制粒	64.95	53.40	23.90	1.28
生物质炭替代 40% 焦粉预制粒	63.93	53.10	24.10	1.27

使用生物质炭替代部分焦粉进行预制粒对烧结矿残留碳含量的影响见表 4.12。由表可知,燃料利用情况与常规制粒时水平相当,并未受到影响。

表 4.12　使用生物质炭替代部分焦粉时的烧结矿残留碳含量

制粒方式	常规制粒	生物质炭替代 20%焦粉预制粒	生物质炭替代 40%焦粉预制粒
烧结矿残留碳含量/%	0.012	0.013	0.012

烧结过程中 NO_x 排放浓度如图 4.58 所示,燃料 N 转化率如图 4.59 所示。由图可知,使用生物质炭代替部分焦粉进行预制粒,NO_x 排放浓度大幅下降,且随着生物质炭替代比例的增加,NO_x 浓度下降幅度增大,生物质炭替代焦粉比例为 40%

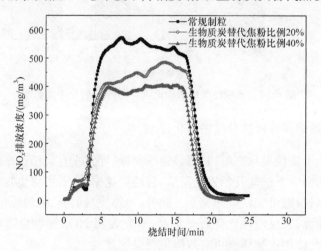

图 4.58　生物质炭替代比例对烧结过程 NO_x 排放浓度的影响

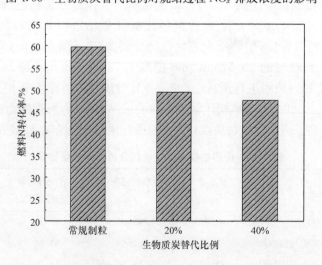

图 4.59　生物质炭替代比例对烧结过程燃料 N 转化率的影响

时,NO_x 平均排放浓度比常规制粒降低近 30%,生物质炭替代比例分别为 20% 和 40% 时,燃料 N 转化率为 49.39% 和 47.57%,相比使用 100% 焦炭常规制粒,使用生物质炭替代部分焦粉预制粒的方式可使燃料 N 转化率进一步降低,且替代比例越大,燃料 N 转化率越低。

4.9　本 章 小 结

(1) 烧结过程烟气中的 NO_x 主要来自燃料燃烧,NO_x 浓度在点火后开始迅速上升,在烧结过程中始终处于较高水平,且波动较小,无明显峰值,直到烧结结束时迅速下降,其浓度与烟气中 CO,CO_2 的浓度正相关。烧结过程中产生的氮氧化物 98% 以上为 NO,只有极少量的 NO_2 产生。

(2) 烧结过程中 NO_x 排放规律的研究表明,随着烧结水分配比的增加,NO_x 排放量及燃料 N 转化率先升高后降低,适宜水分配比有利于燃料 N 向 NO_x 的转化;随着焦粉配比的增大,NO_x 排放浓度升高,但燃料 N 转化率先升高后下降;随着生石灰配比、碱度及料层高度的升高,NO_x 排放浓度及燃料 N 转化率均呈下降趋势。

(3) 燃料特性对 NO_x 生成特性的影响研究表明,燃料 N 含量和固定碳含量对 NO_x 生成影响较小;随着燃料挥发分含量的增加,NO_x 排放浓度和燃料 N 转化率上升;随着燃料反应性的升高,NO_x 排放浓度和燃料 N 转化率呈下降趋势;燃料粒度为 1~3mm 时,NO_x 排放浓度和燃料 N 转化率均为最低。

(4) 当焦粉表面黏附 CaO 时,NO_x 产生量低于单一焦粉燃烧时的生成量,燃料 N 转化率下降;焦粉表面黏附铁矿石时,随着黏附比例增高,NO_x 排放峰值浓度降低,排放量减少,燃料 N 转化率下降;焦粉表面黏附生成物铁酸钙可抑制燃料 N 向 NO_x 的转化,其抑制能力大小依次为:铁酸二钙>铁酸钙>铁酸半钙。

(5) 烧结条件对 NO_x 生成特性的影响研究表明,单一焦粉燃烧时,NO_x 排放浓度和燃料 N 转化率均随着温度的升高而升高,当烧结物料存在时,规律与之相反;NO_x 排放浓度和燃料 N 转化率均随着 O_2 含量的增加而升高。

(6) 燃料分布状态对烧结过程中 NO_x 的影响研究表明,相比燃料均匀分布的情况,燃料未被包裹时,燃料 N 释放速率较快,排放的 NO_x 浓度较高,燃料 N 转化率由均匀分布时的 78.07% 升高至 79.85%;而燃料被包裹在制粒小球内部时,NO_x 释放速率较低,排放的 NO_x 浓度也较低。

(7) 在燃料表面黏附生石灰对其进行预处理,形成生石灰-铁精矿石的双层黏附制粒小球,可促进铁精矿在燃烧过程中快速生成铁酸钙,从而降低烧结过程 NO_x 的排放量。将生石灰制成石灰乳对燃料表面进行改性的工艺方案,可有效实现燃料的双层黏附结构改性,在不降低烧结指标的情况下,实现 NO_x 减排 18%~28%。

　　(8) 通过燃料预制粒,使燃料被包裹在小球内部,可实现 NO_x 的减排,当参与预制粒的铁精矿比例为 50% 时,对烧结指标的影响不大,而燃料 N 转化率下降。使用部分生物质炭替代化石燃料进行预制粒,在 NO_x 排放降低的同时,可解决预制粒带来的烧结速度慢的问题。

参 考 文 献

[1] 苏亚欣,毛玉茹,徐璋. 燃煤氮氧化物排放控制技术. 北京:化学工业出版社,2005

[2] Liu H,Chaney J,Li J. Control of NO_x emissions of a domestic/small-scale biomass pellet boiler by air staging. Fuel,2013,103:792-798

[3] 马晓茜,梁淑华. 燃气火焰中热力型 NO_x 的生成与控制. 环境导报,1997,2:17-20

[4] 杨飏. 氮氧化物减排技术与烟气脱硝工程. 北京:冶金工业出版社,2001

[5] 张乐. 氮氧化物产生机理及控制技术现状. 广东化工,2014,1:117-119

[6] Zhong B J,Roslyakov P V. Study on prompt NO_x emission in boilers. Journal of Thermal Science,1996,52:114-120

[7] Liu J Y,Sun F Z. Research advances of NO_x emissions control technologies of stoker boilers. Advanced Materials Research,2012,562:1087-1090

[8] 杜维鲁,朱法华. 燃煤产生的 NO_x 控制技术. 中国环保产业,2007,12:42-45

[9] Song T,Shen L,Xiao J. Nitrogen transfer of fuel-N in chemical looping combustion. Combustion and Flame,2012,159(3):1286-1295

[10] 钟英飞. 焦炉加热燃烧时氮氧化物的形成机理及控制. 燃料与化工,2009,6:5-8

[11] Sun S,Cao H,Chen H. Experimental study of influence of temperature on fuel-N conversion and recycle NO reduction in oxy fuel combustion. Proceedings of the Combustion Institute,2011,33(2):1731-1738

[12] 张秀霞. 焦炭燃烧过程中氮转化机理与低 NO_x 燃烧技术的开发. 杭州:浙江大学,2012

[13] Tsubouchi N,Ohshima Y,Xu C. Enhancement of N_2 formation from the nitrogen in carbon and coal by calcium. Energy and Fuels,2001,15(5):158-162

[14] 丁路. 煤粉着火阶段 NO_x 生成及影响规律的研究. 武汉:华中科技大学,2008

[15] Koichi M,Shinichi I,Masakata S. Primary application of the "in-bed-de NO_x" process using Ca-Fe oxides in iron ore sintering machines. ISIJ International,2000,40(3):280-285

[16] 彭华坚. 浅谈火电厂降低 NO_x 的运行调整措施. 能源与节能,2013,11:59-61

[17] 姜秀民,李巨斌,邱健荣. 煤粉颗粒粒度对煤质分析特性与燃烧特性的影响. 煤炭学报,1999,6:643-647

[18] 李巨斌,姜秀民,王红. 煤粉颗粒粒度对低温 NO_x 和 SO_2 生成特性的影响. 煤炭转化,1999,4:63-67

[19] 欧大明,孙骐,沈红标. 焦粉粒度对铁矿石烧结过程的影响. 钢铁,2008,10:8-12

[20] 吕薇. 铁矿烧结过程 NO_x 生成行为及其减排技术. 长沙:中南大学,2014

[21] Gan M,Fan X H,Ji Z Y,et al. Effect of distribution of biomass fuel in granules on iron ore sintering and NO_x emission. Ironmaking and Steelmaking,2014,41(6):430-434

[22] Gan M,Fan X H,Lv W,et al. Fuel pre-granulation for reducing NO$_x$ emissions from the iron ore sintering process. Powder Technology,2016,301:478-485

[23] Lv W,Fan X H,Min X B,et al. Formation of nitrogen mono oxide(NO)during iron ore sintering process. ISIJ International,2018,58:236-243

[24] Yu Z Y,Fan X H,Gan M,et al. NO$_x$ reduction in the iron ore sintering process with flue gas recirculation. JOM,2017,69(9):1570-1574

[25] Yu Z Y,Fan X H,Gan M,et al. Effect of Ca-Fe oxides additives on NO$_x$ reduction in iron ore sintering. Journal of Iron and Steel Research,International,2017,24:1184-1189

[26] Fan X H,Yu Z Y,Gan M,et al. Research on NO$_x$ reduction by applying coke breeze pretreated with urea additive in iron ore sintering process//Battle T P,Downey J P. Drying,Roasting,and Calcining of Minerals. USA:TMS,2015:269-276

[27] Gan M,Fan X H,Yu Z Y,et al. A laboratory based investigation into the catalytic reduction of NO$_x$ in iron ore sintering with flue gas recirculation. Ironmaking and Steelmaking,2016,43(6):442-449

[28] 范晓慧,甘敏,吕薇,等. 一种基于抑制铁矿烧结过程燃料 N 转化的 NO$_x$ 控制方法:ZL201610071111.0.2017-11-21

[29] 甘敏,季志云,范晓慧,等. 一种铁矿烧结过程 NO$_x$ 减排的方法:ZL201510533729.X.2017-7-21

[30] 范晓慧,甘敏,季志云,等. 一种全过程控制减少烧结烟气 NO$_x$ 排放的方法及其装置:ZL201711364224.0.2017-12-18

第5章 烟气循环烧结原理与新工艺

采用烟气循环技术时,烧结气氛由常规烧结的空气变成多组分混合的热废气。当循环烟气自上而下通过烧结料层时,气-气、气-固等多相非均质反应在料层中发生,对烧结料层温度、气氛和物料成矿均产生明显影响。因此,本章研究循环烟气对物料成矿的影响以及烟气污染物在循环过程中的减排特性,为构建适宜的烟气循环烧结模式提供理论指导。

5.1 循环烟气对烧结指标的影响

基于烧结烟气排放特点,本节设计了循环烟气成分和温度范围(表 5.1),并研究其对烧结矿指标的影响[1-3]。

表 5.1 循环烟气成分和温度范围

循环烟气品质	O_2 含量 /%	CO_2 含量 /%	CO 含量 /%	$H_2O(g)$ 含量 /%	NO 含量 /ppm	SO_2 含量 /ppm	温度/℃
变化范围	10~21	0~12	0~2	0~12	0~500	0~1000	25~300

5.1.1 O_2 含量的影响

循环烟气中 O_2 含量的高低,直接影响了 CO 的二次生成特性和 CO_2 的排放,从而影响了燃料燃烧效率($CO_2/(CO+CO_2)$)。如图 5.1 所示,随 O_2 含量降低,燃烧带产生 CO_2 的含量减少,而 CO 含量增多,燃料燃烧效率降低。当烟气中 O_2

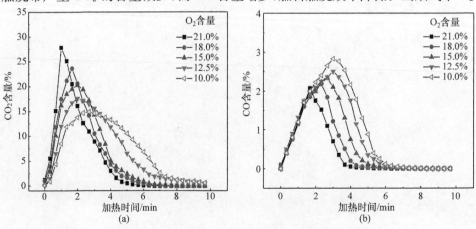

图 5.1 循环烟气中 O_2 含量对燃料燃烧的影响

含量减少至 15.0% 时,CO_2 含量由 28% 降低至 20%,CO 含量由 2% 增至 2.8%。循环烟气中 O_2 含量降低,氧分压降低,$C+O_2 \Longrightarrow CO_2$ 反应趋势减小,$2C+O_2 \Longrightarrow 2CO$ 反应趋势增强,烟气中 CO_2 含量减少而 CO 含量增加,当循环烟气中 O_2 含量从 21.0% 降低至 10.0% 时,燃烧效率从 93% 降至 88%[4]。

在烧结过程中,只有当传热速率与燃烧速率一致时,高温带的厚度才相对适中,且能达到较高的烧结温度,并最终获得相对较好的烧结矿指标,因此,这里研究了 O_2 含量对传热前沿速率与燃烧前沿速率的影响,结果如图 5.2 所示。由图可知,常规烧结条件下(O_2 含量为 21%),其燃烧前沿速率为 34.11mm/min,与传热前沿速率 35.71mm/min 基本相当,具有良好的一致性;而在循环烧结条件下,循环烟气 O_2 含量降低,由于室温下 O_2 气体热容(0.658kJ/(kg·K))与空气热容(0.718kJ/(kg·K))相当,烧结过程的气体流量无明显变化,料层传热前沿速率变化不大;而由于燃料的燃烧速率明显降低,料层燃烧前沿速率降低,使得燃烧前沿速率与传热前沿速率无法匹配,从而烧结矿指标恶化。

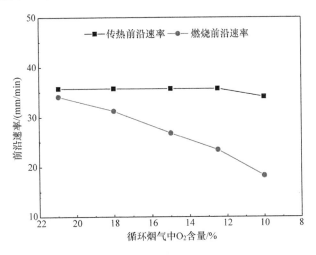

图 5.2 循环烟气中 O_2 含量对传热前沿速率和燃烧前沿速率的影响

这里还进一步研究了循环烟气中 O_2 含量对烧结矿产量、质量的影响,结果如图 5.3 所示。由图可知,随循环烟气中 O_2 含量降低,垂直烧结速率变慢,利用系数减小,烧结矿成品率和转鼓强度降低。当 O_2 含量从 21% 降低至 18% 时,垂直烧结速率由 26.15mm/min 下降至 25.80mm/min,利用系数由 1.69t/(m²·h)减小至 1.58t/(m²·h),成品率由 69.24% 降低至 66.02%,转鼓强度由 52.7% 下降至 48.3%;当 O_2 含量继续降低至 18% 以下时,烧结矿产量、质量指标急剧下降,因此,循环烟气中 O_2 含量不宜低于 18%[4]。

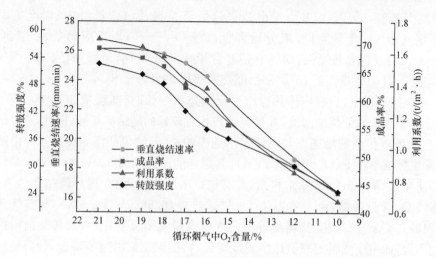

图 5.3　循环烟气中 O_2 含量对烧结矿指标的影响

5.1.2　CO_2 含量的影响

循环烟气常含有 CO_2 和 $H_2O(g)$,在高温下两者会与碳发生歧化反应和水煤气反应,进而对燃料的燃烧速率和燃烧效率产生影响。因此,这里研究了循环烟气中 CO_2 含量对燃料燃烧的影响,如图 5.4 所示。由图可知,当 CO_2 含量由 0％增加到 6％时,燃料燃烧产生的 CO 无明显增加;而继续升高 CO_2 含量至 12％时,燃料燃烧产生的 CO 含量增加至 2.5％,燃烧效率由 93％降低至 90％;随着 CO_2 含量的升高,$CO_2+C \Longrightarrow 2CO$ 反应增强,燃烧速率加快,但不完全燃烧生成的 CO 含量增加,燃料燃烧效率降低。

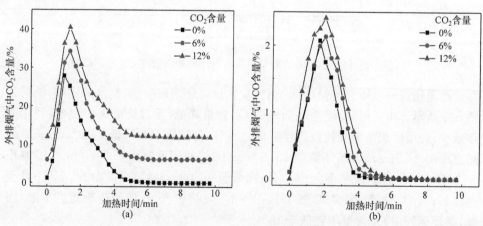

图 5.4　循环烟气中 CO_2 对燃料燃烧的影响(1300℃)

循环烟气中 CO_2 含量对烧结矿指标的影响如图 5.5 所示。由图可知,当循环烟气中 CO_2 含量从 0% 增至 6% 时,垂直烧结速率和利用系数逐渐增加,而烧结矿转鼓强度和成品率则逐渐降低,但幅度较小;当 CO_2 含量继续增加至 9%～12% 时,烧结矿的转鼓强度、成品率和利用系数等指标继续降低,且降幅较大,而垂直烧结速率则继续增加。综合可得,循环烟气中 CO_2 含量不宜超过 6%。

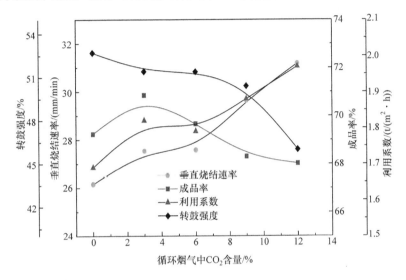

图 5.5　循环烟气中 CO_2 含量对烧结矿指标的影响

5.1.3　$H_2O(g)$ 含量的影响

循环烟气中 $H_2O(g)$ 含量对燃料燃烧的影响,如图 5.6 所示。由图可知,当循环烟气中 $H_2O(g)$ 含量从 0% 升高至 12% 时,燃料燃烧的 CO_x 峰值增大,但其燃烧

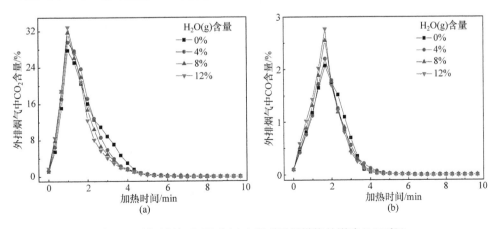

图 5.6　循环烟气中 $H_2O(g)$ 含量对燃料燃烧的影响(1300℃)

效率维持在 $92\%\sim93\%$,变化不明显,但水煤气反应$(H_2O+C \Longrightarrow H_2+CO)$的发生,加快了焦粉的燃烧速率,燃料的燃尽时间缩短,同时产生的 CO 和 H_2 进一步燃烧产生 CO_2 和 H_2O,因此,烟气中 CO_2 和 CO 含量均逐渐增加。

　　循环烟气中 $H_2O(g)$ 含量对烧结矿指标的影响,结果如图 5.7 所示。由图可知,当循环烟气中 $H_2O(g)$ 含量逐渐增加时,垂直烧结速率、成品率、转鼓强度和利用系数等指标呈现出先增加后降低的变化规律。当循环烟气中 $H_2O(g)$ 含量高于 8% 时,烧结各项指标急剧下降。因此,循环烟气中 $H_2O(g)$ 含量不宜超过 8%。

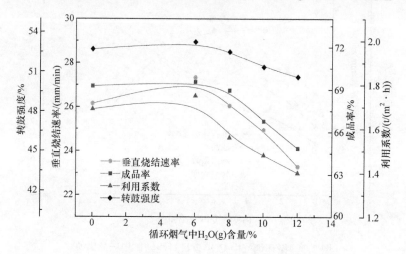

图 5.7　循环烟气中 $H_2O(g)$ 含量对烧结矿指标的影响

5.1.4　CO 含量的影响

　　循环烟气中 CO 含量对烧结矿指标的影响,如图 5.8 所示。由图可知,随着循环烟气中 CO 含量从 0% 增加到 2.0% 时,烧结矿转鼓强度得到明显改善,当 CO 含量为 2.0% 时,转鼓强度由 52.70% 提高到 57.45%;而垂直烧结速率、成品率和利用系数随 CO 含量增加无明显变化。综合可得,循环烟气中适宜含量的 CO 有利于辅助改善烧结矿产量、质量指标。

　　沿料层垂直方向(从上到下)等距离分为四层,分别检测在有(无)CO 条件下,各层烧结矿的成品率及转鼓强度,结果如图 5.9 所示。由图可知,与无 CO 的情况相比,CO 含量达 2.0% 时,第一、第二层烧结矿质量得到明显改善,如第一层烧结矿成品率由 55.15% 升高至 71.36%,而第一层烧结矿转鼓强度由 43.52% 升高至 55.31%;第三、第四层烧结矿质量虽也得到改善,但其改善效果并无第一、第二层明显[2]。

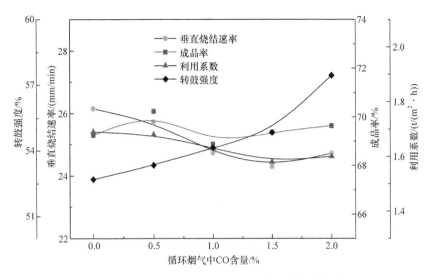

图 5.8　循环烟气中 CO 含量对烧结矿指标的影响

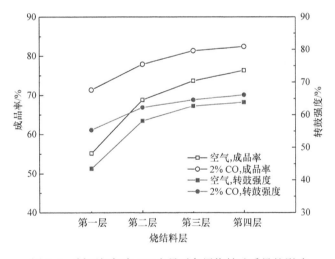

图 5.9　循环烟气中 CO 含量对各层烧结矿质量的影响

5.1.5　气体温度的影响

循环烟气温度对烧结矿指标的影响,如图 5.10 所示。循环烟气温度逐渐升高时,烧结矿转鼓强度得到改善,当烟气温度低于 200℃时,烧结各项指标均有不同程度的改善,而当烟气温度超过 200℃时,除烧结矿转鼓强度外其他烧结指标均开始下降,这主要是因为在等压条件下,根据理想气体状态方程($PV=nRT$),气体受热体积膨胀,导致通过料层的气体量减少[6]。

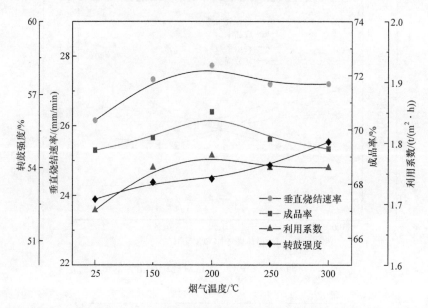

图 5.10　循环烟气温度对烧结矿指标的影响

　　在 150℃热风条件下,对烧结矿进行分层采样并分别检测各层烧结矿成品率及转鼓强度,结果如图 5.11 所示。与常规烧结相比,当导入 150℃热风时,可改善上部料层(第一、第二层)烧结矿的成品率和转鼓强度,对下部料层(第三、第四层)烧结矿质量的改善效果相对较小。循环烟气温度对各层烧结矿质量的影响与 CO 效果相似[3]。

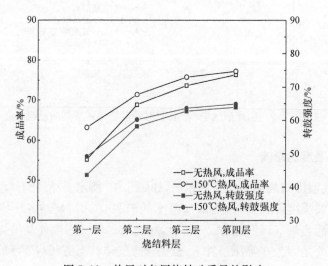

图 5.11　热风对各层烧结矿质量的影响

5.1.6　循环烟气的适宜组成

烟气循环工艺下,烧结气氛由室温空气转化为高温多组分循环烟气,总结循环烟气中 O_2、CO_2、CO、$H_2O(g)$ 等成分及烟气温度对烧结指标的影响,得出循环烟气品质调控原理图,如表 5.2 所示[1]。

表 5.2　循环烟气品质的调控原理

影响因素	范围	成品率 /%	转鼓强度 /%	烧结速率 /(mm/min)	利用系数 /(t/(m² · h))
O_2 含量	10%～21%	↘	↘	↘	↘
CO 含量	0%～2%	↗	↗	↗	↗
温度	室温～300℃	↗	↗	↗	↗
CO_2 含量	0%～12%	∧	↘	↗	↗
$H_2O(g)$ 含量	0%～16%	∧	↘	∧	∧

由表 5.2 可知, O_2 含量降低,会使燃料燃烧速率和效率降低,料层温度降低,烧结指标恶化。因此,采用烟气循环工艺时,应首先确保较充足的 O_2 含量。循环烟气中的显热(高温烟气)和潜热(CO 气体)应该被有效利用,两者的充分利用可提高料层温度、延长高温时间、降低冷却速率,提升烧结矿强度和改善成品率;循环烟气中适宜含量的 CO_2 和 $H_2O(g)$,不仅可避免引起料层过湿,导致烧结料层温度降低,影响烧结矿强度,还能在高温下与焦粉发生水煤气和歧化反应,加快燃烧速率,同时 CO_2 和 $H_2O(g)$ 气体的热容值较高于空气,亦能使传热前沿速率加快,提升烧结速率。

据此原则,这里分别研究了以褐铁矿为主、磁铁矿为主、赤铁矿为主的三种不同铁料结构所适用的循环烟气组成,结果如表 5.3 所示[1,3]。

表 5.3　不同铁料结构下循环烟气的适宜成分组成

铁料结构	O_2 含量/%	CO_2 含量/%	CO 含量	H_2O 含量/%	SO_2 含量/ppm	温度/℃
褐铁矿为主	>18	<4	高	<6	<200	>200
磁铁矿为主	>17	<6	高	<5	<250	～200
赤铁矿为主	>15	<6	高	<8	<250	～200

5.2　污染物在循环过程的反应行为

结合循环烟气成分对烧结指标的影响结果,在保障烟气循环烧结指标与常规烧结指标基本一致的前提下,本节设计了如表 5.4 所示的循环烟气组成(N_2 作为平衡气体），进行了烟气循环试验，对 CO_x、NO_x 和 SO_2 的反应行为进行研究[1,8]。

表 5.4　循环烟气成分及含量

O_2/%	CO/%	CO_2/%	$H_2O(g)$/%	SO_2/ppm	NO_x/ppm
18.00	0.45	4.0	4.3	450	350

5.2.1　反应热力学分析

　　根据烧结料层温度以及所发生的物理、化学反应，将烧结料层自上而下分为五个带：烧结矿带、燃烧带、干燥预热带、过湿带和原始混合料带，如表 5.5 所示。循环烟气也由上至下，途径烧结矿带和燃烧带参与烧结过程的相关反应[1,7,11]。

表 5.5　烧结料层五个带的基础特性

烧结料层	温度区间/℃	发生的反应	循环烟气的潜在影响
烧结矿带	250~1200	液相冷凝与结晶	烟气余热对烧结矿带热状态的影响，NO-CO 反应的发生
燃烧带	700~T_{max}~1200	燃料燃烧，物料软化、熔融及液相生成	循环烟气中 O_2、CO_2 和 $H_2O(g)$ 对燃料燃烧和物料成矿的影响
干燥预热带	100~700	水分蒸发，结晶水脱除	$H_2O(g)$ 和 CO_2 的生成，SO_2 在料层中的吸附
过湿带	60~100	$H_2O(g)$冷凝	循环烟气中 $H_2O(g)$ 的冷凝
原始混合料带	~60	—	—

　　烧结矿带主要发生的反应是烧结液相的冷凝与结晶，由于其具备一定的温度（20~1200℃），为 CO 的燃烧反应、CO-NO 的催化还原、NO 的氧化反应、SO_2 的吸附反应以及铁氧化物的氧化还原的发生提供了可能。因此，计算了相关反应的 ΔG-T 关系，结果如图 5.12 所示。当烧结矿带温度达到 650℃（923K）（CO 着火点）时，反应(5-1)开始发生，烧结矿带温度升高至 921℃（1194K）以上时，反应(5-5)被抑制，难以发生，当烧结矿带温度上升至 996℃（1269K）以上时，反应(5-7)向左侧进行，其他反应在烧结矿带继续发生[1]。

$$2CO(g)+O_2(g)\Longrightarrow 2CO_2(g),\quad \Delta G_T^\ominus=(-565928+172.8T)J \quad (5\text{-}1)$$

$$3Fe_2O_3(s)+CO(g)\Longrightarrow CO_2(g)+2Fe_3O_4(s),\quad \Delta G_T^\ominus=(-32970-53.85T)J \quad (5\text{-}2)$$

$$O_2(g)+4Fe_3O_4(s)\Longrightarrow 6Fe_2O_3(s),\quad \Delta G_T^\ominus=(-113756-76.992T)J \quad (5\text{-}3)$$

$$2NO(g)+O_2(g)\Longrightarrow 2NO_2(g),\quad \Delta G_T^\ominus=(-162424+17.824T)J \quad (5\text{-}4)$$

$$2NO(g)+2CO(g)\Longrightarrow 2CO_2(g)+N_2(g),\quad \Delta G_T^\ominus=(-746510+624.88T)J \quad (5\text{-}5)$$

$$2SO_2(g)+2CaO(s)+O_2(g)\Longrightarrow 2CaSO_4(s),\quad \Delta G_T^\ominus=(-500469.6+278.8T)J \quad (5\text{-}6)$$

$$SO_2(g)+CaO(s)\Longrightarrow CaSO_3(s),\quad \Delta G_T^\ominus=(-238519.8+181.5T)J \quad (5\text{-}7)$$

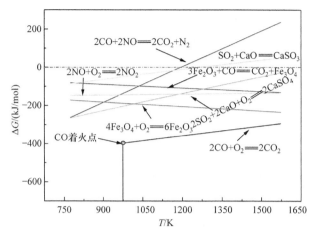

图 5.12 循环烟气在烧结矿带反应的 ΔG-T 关系

　　循环烟气通过烧结矿带后,即进入燃烧带。燃烧带,即燃料燃烧带,主要发生燃料燃烧反应,温度可达 $1200\sim1500$℃,是烧结烟气中 CO_2、SO_2 和 NO_x 等污染物的主要产生区域。燃烧带中混合料的软化、熔融及液相的形成,对烧结过程产量、质量指标影响很大。循环烟气在燃烧带的反应主要为参与燃料的燃烧,包括碳的燃烧反应(反应(5-8)和反应(5-9))、歧化反应(反应(5-10))、水煤气反应(反应(5-11))、H_2 燃烧反应、C-NO 还原反应(反应(5-13)和反应(5-14))以及碳酸盐分解反应(反应(5-15)),除此之外,还有反应(5-1)、反应(5-2)、反应(5-3)和反应(5-6),各反应的热力学曲线如图 5.13 所示[1]。

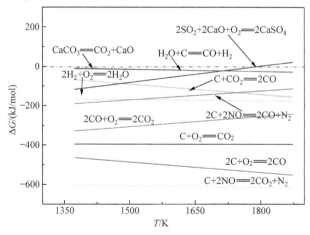

图 5.13 循环烟气在燃烧带反应的 ΔG-T 关系

$$C\,(s)+O_2(g)\!=\!=\!CO_2(g), \quad \Delta G_T^{\ominus}=(-394133-0.84T)\text{J} \qquad (5\text{-}8)$$

$$2C\,(s)+O_2(g)\!=\!=\!2CO\,(g), \quad \Delta G_T^{\ominus}=(-223426-175.31T)\text{J} \qquad (5\text{-}9)$$

$$C\,(s)+CO_2(g)\!=\!=\!2CO\,(g), \quad \Delta G_T^{\ominus}=(170707-174.47T)\text{J} \qquad (5\text{-}10)$$

$$H_2O(g)+C(s)\!=\!=\!CO(g)+H_2(g), \quad \Delta G_T^\ominus=(31378-31.971T)J \quad (5\text{-}11)$$
$$2H_2(g)+O_2(g)\!=\!=\!2H_2O(l), \quad \Delta G_T^\ominus=(-136630-21.234T)J \quad (5\text{-}12)$$
$$2NO(g)+2C(s)\!=\!=\!2CO(g)+N_2(g), \quad \Delta G_T^\ominus=(-401664+153.764T)J \quad (5\text{-}13)$$
$$2NO(g)+C(s)\!=\!=\!2CO_2(g)+N_2(g), \quad \Delta G_T^\ominus=(-574087-21.923T)J \quad (5\text{-}14)$$
$$CaCO_3(s)\!=\!=\!CaO(s)+CO_2(g), \quad \Delta G_T^\ominus=(42584-38.289T)J \quad (5\text{-}15)$$

5.2.2　CO 的燃烧行为

　　循环烟气中常含有少量 CO 和一定量的 CO_2,在循环烟气经过烧结矿带时,CO 在烧结矿余温的作用下,能够被燃烧降解,而 CO_2 基本不参与作用,CO 燃烧生成的 CO_2 与循环烟气中含有的 CO_2 一同进入燃烧带,参与后续反应。

　　CO 在烧结矿带不同温度条件下的燃烧行为,验证了 CO 在烧结矿带是否可被完全燃烧降解,结果如图 5.14 所示。

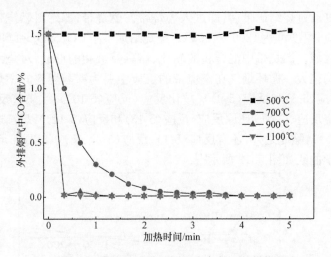

图 5.14　CO 在烧结矿带不同温度条件下的燃烧行为

　　由图 5.14 可知,当烧结矿温度为 500℃时,外排烟气中 CO 含量基本不变,当烧结矿温度升高到 700℃时,大部分 CO 已发生燃烧反应,继续升高温度至 900℃及以上时,CO 全部燃烧。因此,在烟气循环烧结过程中,由于烧结矿带的温度为 250~1200℃,循环烟气中的 CO 可在烧结矿带燃烧完全[5]。

5.2.3　NO_x 的催化还原

　　循环烟气 NO_x 含量较低,对烧结矿产、质量指标无明显影响。当含 NO_x、CO 的循环烟气进入烧结矿带时,由于烧结矿中的矿物成分主要有赤铁矿、磁铁矿、硅酸盐、铁酸钙($CaO \cdot Fe_2O_3$、$2CaO \cdot Fe_2O_3$、$CaO \cdot 2Fe_2O_3$)、钙铁橄榄石($CaO \cdot FeO \cdot SiO_2$)和铁橄榄石($2FeO \cdot SiO_2$)且具有一定温度,烧结矿中的 Fe_xO_y 被循环烟气中的 CO 还原生成 Fe,而金属 Fe 可将 NO$_x$ 进一步还原生成 N$_2$,同时,烧结矿中 Ca-Fe 氧化物亦可作为催化剂,利用 CO 直接将 NO$_x$ 还原成 N$_2$,如图 5.15 所示。由图可知,铁酸钙对 CO-NO 反应的催化作用强于钙铁橄榄石和铁橄榄石,这主要是因为铁酸钙更易被 CO 还原成低价铁氧化物,进而将 NO$_x$ 还原;同时,铁酸钙中 Ca/Fe 大于钙铁橄榄石和铁橄榄石,其催化作用较强[8,14]。

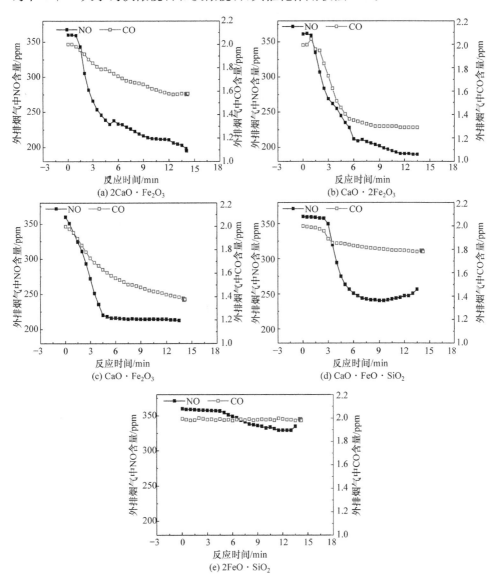

图 5.15　烧结矿中矿物种类对 CO-NO 反应的影响

    在烧结矿带,NO$_x$的催化还原除了受到催化剂种类的影响外,还受到温度和CO浓度的影响,如图5.16和图5.17所示[14]。由图5.16可知,在低温(≤500℃)下,烟气中NO$_x$含量无明显变化,此时,催化还原反应受化学反应控制;当烧结矿温度上升至600℃时,催化还原反应开始进行,烟气中NO$_x$含量明显降低,当温度升高至700℃时,烟气中NO$_x$还原率达到最大值8.6%,此时,还原反应速率受CO和NO扩散控制;烧结矿带温度继续升高至800℃以上时,循环烟气中的CO主

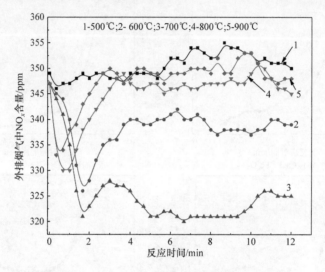

图5.16　烧结矿带温度对NO$_x$催化还原反应的影响

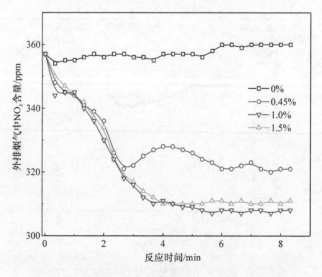

图5.17　烧结矿带CO含量对NO$_x$反应行为的影响

要发生燃烧反应,而 CO-NO 催化还原反应基本消失。循环烟气中 NO 氧化反应为放热反应,其氧化生成的 NO_2 比例随烧结矿带温度升高而降低。因此,当循环烟气通过烧结矿带时,循环烟气中的 CO 和 NO 在低温区($T \leqslant 500℃$)发生 NO 的氧化反应,在中温区($500℃ < T \leqslant 700℃$)发生 CO-NO 催化还原反应,而在高温区($T \geqslant 800℃$)发生 CO 的二次燃烧反应。由图 5.17 可知,随着循环烟气中 CO 含量的增加,外排烟气中 NO_x 含量明显降低,NO_x 的还原率增加;当循环烟气中 CO 由0%增加至 1.0%时,NO_x 的还原率达到 13.9%,继续升高循环烟气中 CO 含量至1.5%,外排烟气中 NO_x 含量与 1.0%CO 条件下 NO_x 含量一致。因此,当循环烟气中 CO 含量达到 1.0%时,继续增加 CO 含量,NO_x 的还原率变化不明显,这主要是受制于 CO-NO 催化还原过程中催化剂含量及表面活性等。

5.2.4　SO_2 的吸附反应

循环烟气中 SO_2 含量较低,对烧结矿产、质量无明显影响,但对烧结烟气中 SO_2 排放以及烧结矿残硫量有明显影响。循环烟气中 SO_2 含量对烧结矿残硫量的影响如图 5.18 所示,烧结矿中的残硫量随着循环气中 SO_2 含量的增加而增加,当循环烟气中 SO_2 含量为 1000ppm 时,S 在烧结矿中的残硫量达 0.008%,烧结矿的残硫量比常规烧结矿的残硫量升高了 6 倍[10]。

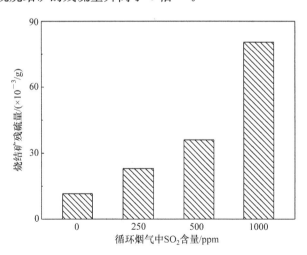

图 5.18　循环烟气中 SO_2 含量对烧结矿残硫量的影响

烧结矿中残硫量的提升来自烧结矿带对 SO_2 的吸附作用,在此体系中,吸附效果受温度和碱度影响。因此,本小节从这两方面研究烧结矿带对 SO_2 吸附的情况。烧结矿带温度对 SO_2 吸附的影响如图 5.19 所示。由图可知,当烧结矿带温度由 500℃上升至 900℃时,烟气中 SO_2 含量逐渐降低,烧结矿吸附 SO_2 气体量增加,且随着时间的延长,SO_2 在烧结矿的吸附逐渐达到平衡;当烧结矿带温度升高至 900℃以上时,烧结矿吸附的 SO_2 量开始减少[10,12]。

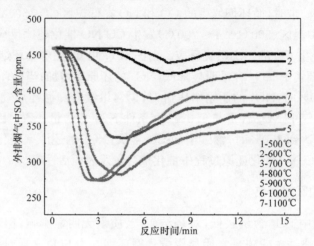

图 5.19　烧结矿带温度对 SO_2 吸附反应的影响

　　另外,本小节还分析了不同温度下吸附 SO_2 后烧结矿中的硫含量,结果如图 5.20 所示。

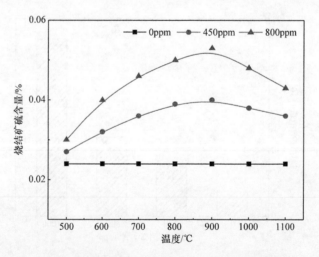

图 5.20　不同温度下烧结矿吸附 SO_2 后的硫含量

　　由图 5.20 可知,当循环烟气中 SO_2 含量保持不变时,烧结矿的硫含量随着烧结矿带温度的升高先增加后降低,且在 900℃时达到最大,这主要是因为 $CaSO_3$ 的分解温度为 996℃,当烧结矿带温度高于 1000℃时,烧结矿中的 $CaSO_3/CaSO_4$ 开始分解,重新释放出 SO_2,烧结矿硫含量开始减少;当烧结矿带温度保持不变时,烧结矿中硫含量随循环烟气中 SO_2 含量的增加而增加,当烧结矿带温度为 900℃时,在 800ppm SO_2 条件下,烧结矿中的硫含量从 0.024% 增加到 0.053%[1,7,10,12]。

在 900℃烧结矿带研究了烧结矿碱度对 SO_2 在烧结矿带吸附反应的影响,结果如图 5.21 所示。由图可知,随着烧结矿碱度的升高,烟气中 SO_2 含量逐渐降低,烧结矿吸附的 SO_2 含量增加;当烧结矿碱度为 2.5 时,循环烟气中 SO_2 的吸收率最大值可达 41.5%。这主要是因为烧结矿碱度升高,其含有的游离 CaO(f-CaO)含量增加, SO_2 容易与之反应($2CaO(s) + 2SO_2(g) + O_2(g) \Longrightarrow 2CaSO_4(s)$)而被吸附于烧结矿中。因此,在烟气循环工艺中,当烧结矿中有未矿化的 f-CaO 存在时,循环烟气中 SO_2 易被烧结矿吸附。

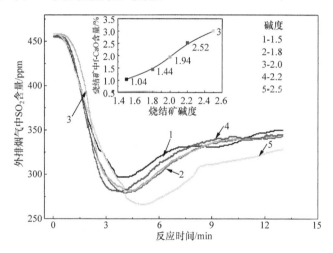

图 5.21　烧结矿碱度对 SO_2 在烧结矿带吸附行为的影响

另外,对 900℃条件下烧结矿吸附 SO_2 前后的硫物相进行了分析,结果如表 5.6 所示[10]。由表可知,当烧结矿碱度维持不变时,循环烟气中 SO_2 含量的升高,使得烧结矿中硫含量增加,且大部分以硫酸盐的形式存在;当循环烟气中 SO_2 含量维持不变时,提高烧结矿碱度,使得烧结矿中 f-CaO 含量增加,导致烧结矿中硫含量增加。因此,循环烟气中 SO_2 在烧结矿带的吸附反应主要是化学吸附,且吸附产物以 $CaSO_3/CaSO_4$ 为主,并残留于烧结矿中。

表 5.6　900℃条件下烧结矿吸附 SO_2 前后的硫物相分析

烧结矿碱度	烧结矿 f-CaO 含量/%	SO_2 含量/ppm	CaO 含量/%	硫含量/%	硫酸盐/%
1.8	1.5	0	9.03	0.0075	0.004
1.8	1.5	450	9.03	0.0250	0.021
1.8	1.5	800	9.03	0.0450	0.040
2.5	3.0	450	11.70	0.0380	0.035

5.2.5　与常规烧结工艺的对比

本小节对比了在常规烧结工艺和烟气循环烧结条件下,烧结矿带、燃烧带、干燥预热带、过湿带、原始混合料带的主要反应,如图 5.22 所示,其中加粗字体表示循环烟气带入的,而斜体表示烧结过程产生的[1-2]。

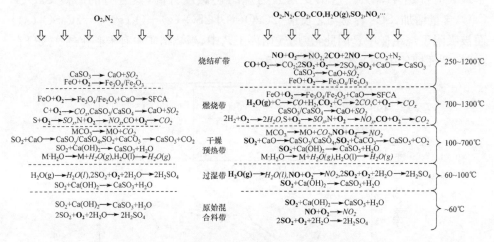

图 5.22　循环烟气在烧结料层各带的反应行为

(1) 在烧结矿带,对于循环烧结工艺,当温度低于 700℃时,循环烟气中的 NO 与 CO 在烧结矿的催化作用下发生还原反应,同时,循环烟气中的 NO 易被氧化生成 NO_2;当温度高于 700℃时,达到 CO 着火点,CO 优先发生二次燃烧反应,而 CO-NO 催化还原反应受到抑制。循环烟气中的 SO_2 在 500℃开始与烧结矿中的 f-CaO 发生反应而被吸附($SO_2 + CaO \rightleftharpoons CaSO_3$ 或 $2SO_2 + 2CaO + O_2 \rightleftharpoons 2CaSO_4$),并滞留于烧结矿中,且 SO_2 在烧结矿带的吸附反应随着烧结矿带温度的升高而增强,当温度达到 900℃时,烧结矿带硫含量达到最大值,温度继续升高至 1000℃以上,烧结矿带中的 $CaSO_3$ 会分解释放出 SO_2,对 SO_2 的吸附产生抑制。当烧结矿温度升高至 1000℃以上时,生成的液相发生冷凝和矿物析晶,参与 CO、NO 和 SO_2 等氧化反应后剩下的 O_2 将影响烧结物料的成矿行为;随着 O_2 含量的降低,烧结矿中赤铁矿含量减少,使得铁酸钙黏结相的生成量减少。而在常规烧结过程中,高温区(1000℃以上)主要发生的反应为烧结矿中 $CaSO_3$ 的分解和 FeO 的氧化。

(2) 在燃烧带,对于常规烧结工艺,当燃烧带温度由 700℃升至 800℃时,烧结原料(铁料和燃料等)中的 FeS_2 等含硫物质开始氧化而释放出 SO_2,同时,烧结燃料开始燃烧并释放热量,产生 CO_x、SO_x 和 NO_x,且随着燃烧带温度的升高,排放峰值增大；当燃烧带温度升高至 1000℃ 以上时，烧结料层中的不完全反应($2C+O_2$ ===2CO)和歧化反应($C+CO_2$ ===2CO)增强，产生的 CO 含量增加，同时烧结原料中 $CaSO_3/CaSO_4$ 开始分解继续释放出 SO_2。对于烟气循环烧结工艺，循环烟气(O_2、CO_2 和 $H_2O(g)$ 等)在燃烧带发生气-气反应和气-固反应，对燃料燃烧产生明显影响，其中 O_2 含量的降低对燃料燃烧速率和燃烧效率均产生明显恶化，但 CO 含量的增加，有利于减少燃烧过程 SO_2 和 NO_x 的生成。循环烟气适当含量 CO_2 和 $H_2O(g)$ 的存在，可作为弱氧化剂与焦粉发生歧化反应和水煤气反应，使燃料燃烧速率加快，但过高浓度的 CO_2 会对燃料燃烧效率产生不利影响。循环烟气低 O_2 及 NO_x、SO_x 存在的特性，可在一定程度上抑制燃料燃烧过程 NO_x 和 SO_x 的生成。

（3）在干燥预热带和过湿带，常规烧结工艺主要包括水汽冷凝和 SO_2 的吸附反应。在烟气循环工艺中，除了 NO 的氧化反应外，循环烟气在干燥预热带所发生的反应与常规烧结工艺下基本一致，且由于循环烟气中 SO_2、CO_2 和 $H_2O(g)$ 的存在，烧结气体中 $H_2O(g)$ 和 SO_2 含量明显增大，使得干燥预热带和湿料带的水分与硫含量明显高于常规工艺条件。

5.3　烟气循环对烧结成矿的影响

5.3.1　对烧结气氛的影响

烧结物料成矿与料层气氛密切相关，因此研究烟气循环对料层气氛的影响，有利于研究其对烧结物料成矿行为的影响。由于烧结物料的软化、熔融与液相生成反应主要发生在燃烧带($700℃\sim T_{max}\sim 1200℃$)，为详细研究烧结物料的成矿行为，将燃烧带划分为三个高温过程，分别是燃料燃烧($700\sim 1200℃$)、软化熔融($1200℃\sim T_{max}$)和冷凝结晶($T_{max}\sim 1200℃$)；经过高温过程后进入冷却氧化阶段($1200\sim 250℃$)，此时烧结矿中 FeO 继续氧化，矿物结晶在冷却过程中完成，表 5.7 所述为烧结物料成矿过程各阶段的特性。成矿过程首先经过燃料燃烧阶段，为烧结物料的软化与熔融提供热量，同时伴随着固相反应的发生；在软化熔融阶段，固相反应所生成的低熔点化合物在高温下开始熔融并形成液相；当进入冷凝结晶阶段时，料层温度开始下降，生成的液相开始凝固结晶，并与周边的未熔矿石黏结在一起；当料层温度下降至 1200℃ 以下时，烧结矿中 FeO 继续氧化，液相冷却结晶速率加快[1,12]。

表 5.7　烧结物料成矿过程各阶段的特性

成矿阶段	温度区间/℃	物理化学反应
燃料燃烧	$700 \sim 1200$	燃料燃烧、固相反应
软化熔融	$1200 \sim T_{max}$	固相反应、物料的软化与熔融
冷凝结晶	$T_{max} \sim 1200$	液相冷凝与结晶
冷却氧化	$1200 \sim 250$	FeO 氧化、结晶完成

　　常规烧结和烟气循环烧结条件下，100mm 料层处气体组成如图 5.23 所示，物料成矿各阶段的气氛对比见表 5.8。综合可知，与常规烧结相比，烟气循环条件下，各阶段的 O_2 含量明显较低，而 CO_2 和 CO 含量较高，气体成分中 N_2 作为平衡气体；除了湿料带持续时间缩短外，其他烧结料层各带的持续时间延长[1,12,15]。

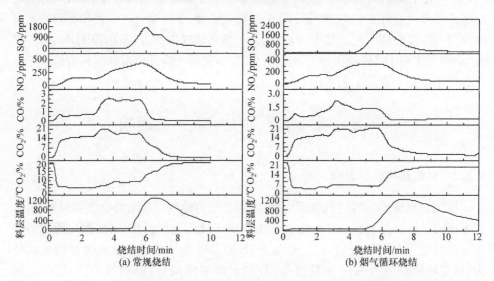

图 5.23　常规烧结和烟气循环烧结条件下烧结料层气氛的变化（100mm）

表 5.8　常规烧结和烟气循环烧结条件下烧结物料成矿各阶段的气氛比较

成矿阶段	温度区间/℃	常规烧结				烟气循环烧结			
		O_2 含量/%	CO_2 含量/%	CO 含量/%	N_2 含量/%	O_2 含量/%	CO_2 含量/%	CO 含量/%	N_2 含量/%
燃料燃烧	$700 \sim 1200$	9.40	14.50	1.34	74.76	7.20	17.60	1.93	73.27
软化熔融	$1200 \sim T_{max}$	14.70	7.10	0.11	78.09	13.40	8.30	0.08	78.22
冷凝结晶	$T_{max} \sim 1200$	18.20	2.80	0.05	78.95	15.50	5.60	0.04	78.86
冷却氧化	$1200 \sim 250$	21.00	—	0.05	79.00	18.00	4.00	0.45	77.55

5.3.2　对料层温度场的影响

循环烟气中 O_2 含量对料层(距离料面 185mm)温度的影响如图 5.24 所示。由图可知,常规烧结(O_2 含量为 21%)的料层最高温度为 1294℃,当循环烟气中 O_2 含量为 18% 时,料层最高温度为 1256℃,且料层温度曲线后移,烧结速率减慢;O_2 含量继续降低到 15% 时,料层温度曲线后移幅度增大,料层温度降低到 1220℃,且高温(>1200℃)持续时间显著缩短,对烧结矿强度产生不利影响[1-2]。

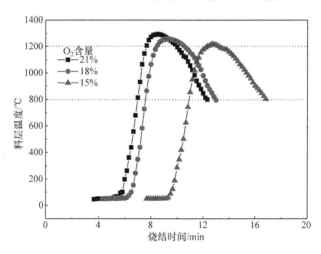

图 5.24　循环烟气中 O_2 含量对料层温度的影响

循环烟气中 CO_2 含量对料层温度的影响如图 5.25 所示。由图可知,循环烟气中 CO_2 含量增加,料层温度曲线前移,烧结速率加快;同时,当 CO_2 含量由 0% 上升至 6% 时,料层的最高温度从 1294℃ 下降至 1280℃,且高温持续时间缩短,继续提高 CO_2 含量至 12% 时,料层最高温度下降明显,不利于烧结过程物料成矿及冷凝结晶。由于同一温度下,CO_2 气体的体积比热容明显大于空气的体积比热容,循环烟气中 CO_2 的存在有利于料层的热传导,加快烧结速率,但过量的 CO_2 会导致料层温度降低,对烧结矿强度产生恶化影响[1]。

$H_2O(g)$ 含量对料层温度的影响如图 5.26 所示。由图可知,当 $H_2O(g)$ 含量由 0% 增加到 8% 时,料层的最高温度基本不变,且高温持续时间维持在 1.5min,而当 $H_2O(g)$ 含量继续增加到 12% 时,料层的温度曲线明显后移,且烧结料层的最高温度降低,高温持续时间缩短。产生此现象的主要原因是,当 $H_2O(g)$ 含量过高时,大量的水蒸气会在烧结料底层冷凝,料层出现过湿现象,对烧结料层透气性产生不利影响,同时烧结料层中水分的增加,会导致其受热蒸发所需的热量增加,使得料层温度降低[1]。

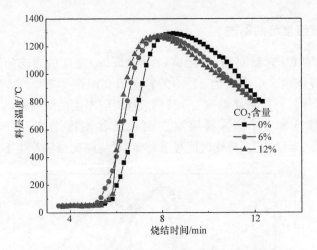

图 5.25　循环烟气中 CO_2 含量对料层温度的影响

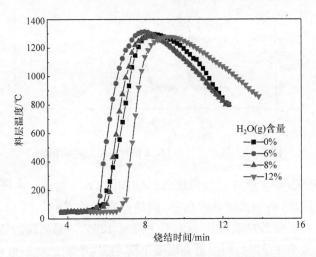

图 5.26　循环烟气中 $H_2O(g)$ 含量对料层温度的影响

　　将料层平均分为 4 层,在有(无)CO 气体条件下,烧结上部料层(第一、第二层)温度分布如图 5.27 所示。由图可知,当循环烟气中 CO 含量为 2% 时,第一层的料层最高温度由 1288℃ 提升至 1294℃,料层的高温持续时间由 1.3min 延长至 2.5min,且冷却速率降至 108℃/min。因此,循环烟气中 CO 的存在使得烧结料层温度的升高,有利于改善烧结矿质量[1,5]。

　　常规烧结过程中,在烧结矿冷却阶段,由于冷空气的直接抽入,表层烧结矿冷却速率过快,形成骸晶状赤铁矿和玻璃质等对烧结矿强度有负面影响的矿物,同时产生热应力也易使烧结矿形成裂纹,导致烧结矿强度降低。而当高温热废气循环至烧结料层表面时,可有效地改善表层烧结矿的热状态。热风温度对上部料层温

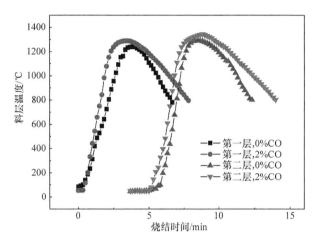

图 5.27　循环烟气中 CO 含量对料层温度的影响

度的影响,如图 5.28 所示。由图可知,当导入热风后,上部料层的温度提升,高温持续时间延长,料层冷却速率降低。当导入的热风温度提高至 150℃时,第一层料层最高温度由 1240℃升至 1262℃,表层烧结矿的高温持续时间延长 0.5min,且冷却速率可降低至 110℃/min 以下。因此,当引入热风后,可提高烧结上部料层温度,延长高温区间,进而改善烧结矿质量[6,20]。

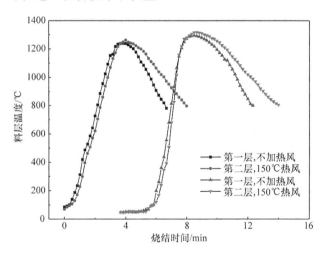

图 5.28　热风温度对料层温度的影响

5.3.3　对烧结矿物相组成的影响

通过 X 射线衍射分析,本小节对比研究了常规烧结和烟气循环烧结条件下,烧结物料成矿各阶段的物相变化,如图 5.29 所示[1,3]。

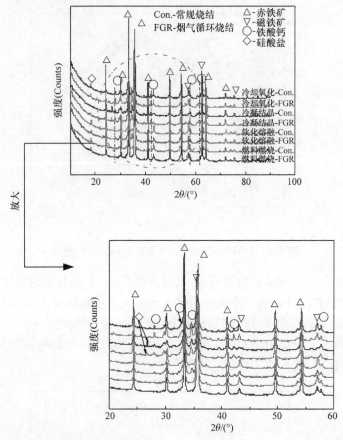

图 5.29　常规烧结和烟气循环烧结条件下烧结物料成矿各阶段的物相变化

总体而言,物料成矿各阶段的矿物组成包括赤铁矿、磁铁矿、铁酸钙和硅酸盐等,是否循环对烧结矿中主要物相无明显影响;随着成矿过程的进行,烧结矿中铁酸钙含量增加,相应的磁铁矿和硅酸盐含量降低;烧结矿中的液相主要为铁酸钙和硅酸盐类矿物,其液相量成分和含量在一定程度上决定了烧结矿质量。

另外,还对物料成矿各阶段的矿物组成含量变化进行了分析,如图 5.30 所示。在燃料燃烧阶段,烧结矿中黏结相(铁酸钙和硅酸盐)含量为 33%~35%,这主要是因为燃料燃烧阶段的温度区间为 700~1200℃,较低于其他阶段,同时,此阶段的 O_2 含量仅为 7%~9%,氧化性气氛较弱;随着成矿过程的进行,料层温度上升、氧化性气氛增强,这两者均有利于烧结矿中赤铁矿、铁酸钙相生成,而磁铁矿和硅酸盐相含量降低;当进入冷凝结晶阶段时,烧结矿中黏结相含量最大,达 36%~45%,且黏结相以铁酸钙相为主。烟气循环条件下烧结成矿过程各阶段的 O_2 含量较低,而 CO_2 和 CO 含量较高,使烧结矿中磁铁矿含量较高于常规烧结矿,而赤铁矿含量降低,导致烧结矿中黏结相含量降低[1,3]。

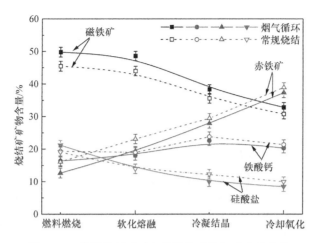

图 5.30 烧结物料成矿各阶段的矿物组成含量变化

5.3.4 对烧结矿微观结构的影响

本小节研究了烟气循环对各阶段(燃料燃烧、软化熔融、冷凝结晶和冷却氧化)烧结矿微观结构的影响,并与常规烧结矿的微观结构进行对比。

燃料燃烧阶段:常规烧结与烟气循环烧结条件下两种烧结矿微观结构的对比如图 5.31 所示。由图可知,两种工艺条件下烧结矿微观结构都呈现多孔薄壁的结构,烟气循环条件下,燃料燃烧阶段烧结矿的孔隙率高达 51.8%,明显高于常规条件下的 35.7%。这主要是因为在此阶段,燃料燃烧反应占主导地位,加之碳酸盐的分解和结晶水的脱除,使大量的孔洞产生;而与常规烧结相比,烟气循环条件下 O_2 含量降低,使得燃料燃烧释放的热量减少,导致烧结矿孔隙率明显增大[1,3]。

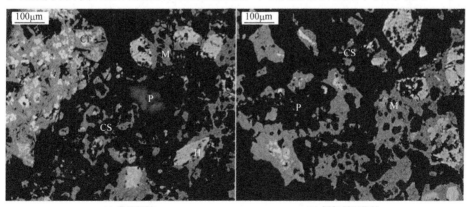

(a) 常规烧结   (b) 烟气循环烧结

CF-铁酸钙;M-磁铁矿;H-赤铁矿;CS-硅酸钙;P-孔洞
图 5.31 燃料燃烧阶段烧结矿微观结构

　　软化熔融阶段:低熔点化合物开始熔化形成液相,其液相生成量在一定程度上决定了烧结矿强度。图 5.32 是常规烧结与烟气循环烧结条件下烧结矿微观结构的比较,与燃料燃烧阶段相比,此阶段的烧结矿孔洞明显减少,常规条件下的孔隙率降至 18%,而烟气循环条件下的孔隙率降至 24.4%。软化熔融阶段的烧结矿微观结构整体呈现为铁酸钙晶粒和赤铁矿晶粒交织状,但烟气循环条件下矿物晶粒直径略小于常规烧结条件下的矿物晶粒直径[1,3]。

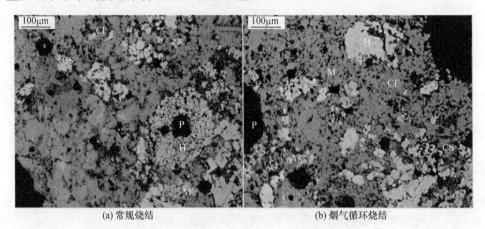

(a) 常规烧结　　　　　　　　　　　　　　(b) 烟气循环烧结

CF-铁酸钙;M-磁铁矿;H-赤铁矿;CS-硅酸钙;P-孔洞

图 5.32　软化熔融阶段烧结矿微观结构

　　冷凝结晶阶段:当料层温度开始下降时,软化熔融阶段所产生的液相开始冷凝结晶。常规烧结与烟气循环烧结条件下烧结矿微观结构如图 5.33 所示。在冷凝结晶阶段,部分黏结相开始从液相析出结晶,并与液相周围的赤、磁铁矿黏结成块,同时,铁酸钙晶粒直径逐渐增大,多以针、柱状铁酸钙存在于烧结矿中;然而,由于液相冷凝结晶,烧结矿中的孔隙率开始增加;在此阶段,常规烧结条件下孔隙率由 18.0% 增大至 20.8%,而烟气循环条件下孔隙率则从 24.4% 增大至 27.1%。与此同时,烟气循环条件下冷凝结晶阶段的 O_2 含量较低,导致烧结矿中的赤铁矿和铁酸钙含量减少[1,3]。

　　冷却氧化阶段:常规烧结与烟气循环烧结条件下冷却氧化阶段烧结矿微观结构如图 5.34 所示。与冷凝结晶阶段的烧结矿类似,此阶段烧结矿仍是铁酸钙和赤铁矿晶粒熔蚀状,但矿物晶粒直径明显增大,使得烧结矿中的孔洞增多;常规烧结条件下,冷却氧化阶段烧结矿孔隙率为 24.8%,而烟气循环条件下烧结矿孔隙率为 31.1%,而且常规烧结条件下冷却氧化阶段烧结矿中赤铁矿含量较多[1,3]。

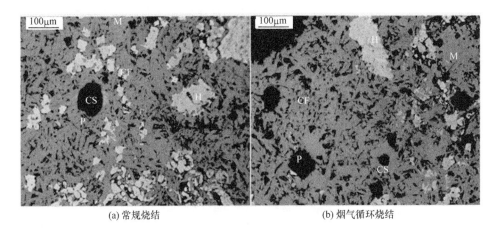

(a) 常规烧结　　　　　　　　　　　　　　(b) 烟气循环烧结

CF-铁酸钙；M-磁铁矿；H-赤铁矿；CS-硅酸钙；P-孔洞

图 5.33　冷凝结晶阶段烧结矿微观结构

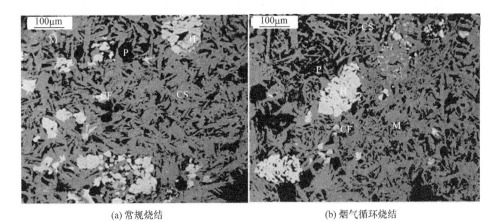

(a) 常规烧结　　　　　　　　　　　　　　(b) 烟气循环烧结

CF-铁酸钙；M-磁铁矿；H-赤铁矿；CS-硅酸钙；P-孔洞

图 5.34　冷却氧化阶段烧结矿微观结构

5.4　烟气循环模式的构建

　　烧结过程料层热量平衡、传热前沿速率与燃烧前沿速率相匹配可使烧结过程顺利进行。在烟气循环烧结工艺条件下，烧结气体中 O_2 含量降低，燃料的燃烧效率和燃烧速率降低，使得料层热平衡被破坏以及两个前沿速率不匹配，可通过调整循环烟气 CO、CO_2 和 $H_2O(g)$ 含量以及气体温度，使得料层达到热平衡、传热前沿速率与燃烧前沿速率相匹配。本节根据前述研究结果（烧结机各区的烟气排放特性和循环烟气对烧结过程的影响规律），制定烟气循环模式的构建原则，并根据烧结不同目标要求,研究制定基于污染物减排的高比例烟气循环烧结模式[11]。

5.4.1　烟气循环烧结设计原理

根据烧结机各区烟气排放规律及物料平衡原则[1],计算不同循环模式的烟气成分和温度,其假设条件如下。

(1) 以 1t 烧结混合料为研究对象,依据配料方案,计算 1t 混合料中的 C、H_2O、FeO 和碳酸盐的含量;在烟气循环过程,循环烟气中的 O_2 还参与 CO 的燃烧,由此计算出烧结过程 O_2 消耗量 $Q_{O_2消耗}$、CO_2 产生量 $Q_{CO_2产生}$、$H_2O(g)$ 产生量 $Q_{H_2O产生}$ 等。

$$Q_{O_2消耗} = Q_{C燃烧} + Q_{CO燃烧} + Q_{FeO氧化} \tag{5-16}$$

$$Q_{CO_2产生} = Q_{C燃烧} + Q_{碳酸盐分解} + Q_{CO燃烧} \tag{5-17}$$

$$Q_{H_2O产生} = Q_{游离水} + Q_{结晶水} \tag{5-18}$$

(2) 烟气循环过程,烧结气氛(温度和组成)发生变化,通过料层的气体热容发生改变。根据式(5-19)计算循环烧结过程 1t 混合料所需气体量 $Q_{循环}$,常规烧结过程 1t 混合料所需空气量 $Q_{常规}$ 可通过烧结杯试验检测获得,而烧结气体热容与气体温度和成分有关,可通过式(5-20)计算获得。

$$C_{循环} \cdot Q_{循环} = C_{常规} \cdot Q_{常规} \tag{5-19}$$

$$C_p = \sum n C_{pi}^0 \tag{5-20}$$

(3) CO_2 和 $H_2O(g)$ 在循环过程中基本不参与化学反应,可依据物质守恒定律,1t 混合料产生的 CO_2($H_2O(g)$)量等于排放的烟气中所含的 CO_2($H_2O(g)$)量。

(4) 循环烟气中 CO 气体循环到料层中被完全燃烧,并假设燃料的燃烧比不发生改变。

(5) 烟气循环到料层后,烧结过程不足的气体由兑入空气、环冷机热废气或纯氧补充;同时,选取环冷机热废气温度为 300~700℃ 区域的烟气,调控循环烟气温度。

目前,国内钢铁企业根据循环烟气抽取位置的不同,将烟气循环烧结工艺分为两类,即内循环模式和外循环模式。内循环模式是指循环烟气由主抽风机前的风箱或烟道烟气组成,如图 5.35(a)所示,而外循环模式是指循环烟气由主抽风机后的烧结烟气组成,如图 5.35(b)所示。

由于内循环节能效果优于外循环,目前烧结烟气循环技术以内循环为主流,在国内已有的 10 套烟气循环烧结应用报道中,内循环模式占了 8 套,烟气循环比例为 20%~30%,以循环机头 2 个或 3 个风箱和机尾 3~5 个风箱的烟气为主要模式。

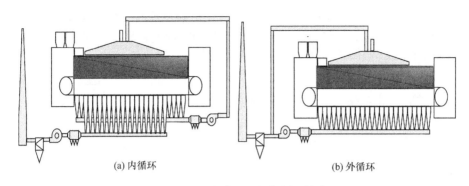

(a) 内循环　　　　　　　　　　　　　　(b) 外循环

图 5.35　国内典型的烟气循环模式

根据各风箱的烟气排放特性,将其分为 Ⅰ、Ⅱ、Ⅲ、Ⅳ、Ⅴ 区,如表 5.9 所示[1,12]。

表 5.9　不同区域风箱烟气排放特性

分区	风箱号*	烟气特性
Ⅰ	1、2	低温、高 O_2、低 $H_2O(g)$
Ⅱ	3~10	低温、高 NO_x、高 $H_2O(g)$、无 SO_2 释放
Ⅲ	11~14	低温、高污染物、低 $H_2O(g)$、低 SO_2
Ⅳ	15~20	高温、高污染物、高 SO_2
Ⅴ	21~24	高温、高 O_2、低 $H_2O(g)$

* 以烧结机 24 个风箱为例。

常规烟气循环烟气区域为 Ⅰ、Ⅴ 区,为进一步提高烟气循环比例,在选择 Ⅰ 和 Ⅴ 区域的基础上,选择性地循环 Ⅱ、Ⅲ 和 Ⅳ 区域其中某一区域的烟气,其循环比例可达 40%~50%。依据烧结 Ⅱ、Ⅲ 和 Ⅳ 区域的烟气特性和循环烟气对烧结过程的影响机理,调控 Ⅱ、Ⅲ 和 Ⅳ 三区域烟气与 Ⅰ、Ⅴ 两区域烟气的组合,保证烟气循环烧结过程的余热利用和烧结矿产量、质量指标。由于循环烟气 O_2 浓度影响烧结燃烧效率和速度,对烧结矿产量和质量影响显著,需优先选取 O_2 含量较高的烟气;另外,循环烟气中的 SO_2 会被烧结料层吸收,使烧结矿中 S 含量升高,增加高炉硫负荷,因此,循环烟气中 SO_2 浓度需严格控制,故提出了以下设计原则。

(1) 在循环 Ⅰ 和 Ⅴ 区域烟气的基础上,通过控制 Ⅱ、Ⅲ、Ⅳ 区域的烟气循环量提高烟气循环比例;结合此三区域的烟气特性可知,Ⅱ 区域烟气呈现高 NO_x、高 $H_2O(g)$ 特性,且烧结烟气中 $H_2O(g)$ 含量达到 18% 以上;Ⅲ 区域烟气呈现高污染物(NO_x、粉尘和二噁英等)、高 $H_2O(g)$ 特性,由于料层湿料带的逐渐消失,烧结烟气中的 $H_2O(g)$ 含量明显降低,小于 13%;Ⅳ 区域的烟气呈现高温、高污染物(SO_2、NO_x 和粉尘等)特性,特别是 SO_2 含量超过 500ppm。

（2）若循环使用Ⅱ区域烟气，烟气中高 $H_2O(g)$ 特性将对烧结矿质量有影响；若循环使用Ⅳ区域烟气，将对烧结矿残硫量有影响，因此在选择循环烟气时应遵循顺序Ⅲ→Ⅱ→Ⅳ。

（3）通过引入环冷机热废气使得循环烟气温度控制为 200℃ 左右，同时，为保证循环烟气 O_2 含量相对较高，烟气循环烟罩全覆盖于烧结台车。

图 5.36 为区域选择性烟气循环烧结工艺流程示意图，在此工艺中，选取了Ⅰ、Ⅲ和Ⅴ区域烟气，与环冷热废气经循环烟道进入烧结料层；通过鼓入空气，提升循环烟气 O_2 含量[16,19]。

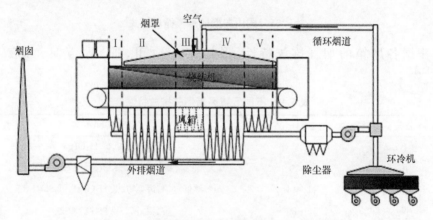

图 5.36　区域选择性烟气循环烧结工艺流程图

5.4.2　不同循环模式的循环烟气特性

不同区域选择性烟气循环烧结工艺下循环烟气品质如表 5.10 所示。

表 5.10　不同区域选择性烟气循环烧结工艺下的循环烟气品质[1]

循环比例/%	循环模式	循环烟气成分							烟气温度/℃	
		O_2 含量 /%	CO_2 含量 /%	CO 含量 /%	H_2O 含量 /%	N_2 含量 /%	SO_2 含量 /ppm	NO_x 含量 /ppm	循环烟罩	外排烟道
0	—	21.00	0	0	0	79.00	0	0	25	151
34.1	Ⅰ+Ⅴ	19.62	3.02	0.09	2.60	74.66	108	13	295	100
36.5	Ⅰ+1/4Ⅲ+Ⅴ	19.16	3.50	0.14	2.99	74.21	162	20	289	101
39.0	Ⅰ+1/2Ⅲ+Ⅴ	18.61	4.06	0.20	3.54	73.60	215	30	283	103
41.9	Ⅰ+3/4Ⅲ+Ⅴ	17.86	4.70	0.26	4.41	72.77	237	42	276	105
45.0	Ⅰ+Ⅲ+Ⅴ	16.94	5.45	0.33	5.65	71.63	252	56	269	107

续表

循环比例/%	循环模式	循环烟气成分							烟气温度/℃	
		O_2含量/%	CO_2含量/%	CO含量/%	H_2O含量/%	N_2含量/%	SO_2含量/ppm	NO_x含量/ppm	循环烟罩	外排烟道
37.9	I+1/8II+V	18.78	3.70	0.17	3.87	73.48	118	25	286	101
40.9	I+1/4II+V	17.99	4.31	0.23	5.05	72.42	124	37	278	104
44.9	I+3/8II+V	16.93	5.11	0.31	6.90	70.75	133	53	269	106
48.8	I+1/2II+V	15.67	6.04	0.39	9.10	68.81	143	72	260	110
53.1	I+5/8II+V	14.09	7.21	0.47	11.91	66.33	156	96	250	113
58.6	I+3/4II+V	11.63	8.98	0.56	16.35	62.48	177	134	238	117
67.5	I+7/8II+V	6.47	12.72	0.67	26.73	53.40	226	208	220	124
70.4	I+II+V	4.05	14.49	0.71	31.49	49.26	252	241	213	127
37.2	I+1/6IV+V	19.20	2.25	0.11	1.86	76.58	414	21	296	87
40.1	I+1/3IV+V	18.87	3.63	0.18	3.11	74.21	705	35	295	79
43.2	I+1/2IV+V	18.44	5.00	0.25	4.56	71.76	921	48	291	73
46.4	I+2/3IV+V	17.83	6.51	0.34	5.76	69.57	1102	63	285	72
50.0	I+5/6IV+V	17.11	7.87	0.40	7.16	67.46	1108	73	277	72
52.9	I+IV+V	16.52	8.85	0.44	8.19	65.99	1175	80	269	73

(1) 以机头、机尾结合模式,只循环 I 区域和 V 区域烟气时,循环比例为 34.1%,当风氧平衡后,循环烟气成分中 O_2 含量为 19.62%,而 CO_2 和 $H_2O(g)$ 含量分别为 3.02% 和 2.60%,且循环烟道烟气温度可达 284℃,有利于改善烧结矿质量,与此同时,烧结外排烟道烟气温度为 100℃,高于烟气露点温度。

(2) 在机头、机尾结合模式的基础上选择循环 II、III 和 IV 区域烟气,可构建出不同区域选择性烟气循环烧结模式。当烟气循环比例在 44%~47% 变化时,对应的烟气循环模式包括"I＋III＋V"、"I＋3/8II＋V"和"I＋2/3IV＋V"。前两种烟气循环模式下,循环烟气中 CO_2 和 $H_2O(g)$ 含量均在各自的适宜范围内,且循环烟气温度均超过 250℃,但循环烟气中 O_2 含量低于 17%,对烧结矿产质量产生明显的不利影响;"I＋2/3IV＋V"模式下,循环烟气 O_2 含量为 17.83%,且循环烟气温度为 285℃,但循环烟气中 CO_2 超过 6%,且循环烟气中 SO_2 含量达到 1102ppm,对烧结矿指标及其残硫量产生不利影响。

(3) 为保证烟气循环烧结过程烧结矿指标不被恶化,循环烟气中 O_2 含量需严格控制。当循环烟气中 O_2 含量控制在 18% 左右变化时,对应的循环模式包括"I＋3/4III＋V"、"I＋1/4II＋V"和"I＋2/3IV＋V"。"I＋3/4III＋V"模式下烟气循环比例为 41.9%,循环烟气中 CO_2 和 $H_2O(g)$ 含量为 4.70% 和 4.41%,而"Ⅰ+1/4Ⅱ+Ⅴ"模式下烟气循环比例为 40.9%,且循环烟气中 $H_2O(g)$ 含量为 5.05%,明显高于"Ⅰ+3/4Ⅲ+Ⅴ"模式;"Ⅰ+2/3Ⅳ+Ⅴ"模式下烟气循环比例仅为 46.4%,而循环烟气中 CO_2 含量超过 6%,且 SO_2 含量超过 1100ppm。

(4) 在区域选择性烟气循环工艺下,当循环比例低于 50% 时,循环烟气温度高于 250℃。选择性循环Ⅱ和Ⅲ区域烟气,烧结外排烟道烟气温度高于 100℃,而选择性循环Ⅳ区域烟气时,烧结外排烟道烟气温度低于 100℃,外排烟道腐蚀现象将加剧。

5.4.3　循环模式对烧结指标的影响

区域选择性烟气循环模式是在机头、机尾结合模式的基础上选择循环Ⅱ、Ⅲ、Ⅳ区域烟气而构建的,且根据表 5.10 中循环烟气特性结果,可得出循环不同区域烟气的适宜高比例烟气循环模式,即"Ⅰ+3/4Ⅲ+Ⅴ"、"Ⅰ+1/4Ⅱ+Ⅴ"和"Ⅰ+1/6Ⅳ+Ⅴ"。本小节对比研究了上述三种区域选择性烟气循环烧结工艺和常规工艺下的烧结矿指标,结果如表 5.11 所示。由表可知,采用区域选择性烟气循环模式时,烟气循环比例增加,烧结矿各项指标有所降低;"Ⅰ+3/4Ⅲ+Ⅴ"模式下,烟气循环比例可达 41.9%,此时,烧结速率为 25.95mm/min、成品率为 68.53%、转鼓强度为 51.40%、利用系数为 1.64t/(m²·h),仍与常规烧结处于同一水平;"Ⅰ+1/4Ⅱ+Ⅴ"模式下,烟气循环比例达到 40.9%,由于循环烟气中 O_2 含量较低,相比于常规烧结,烧结矿产量、质量指标开始恶化,主要体现在成品率和利用系数的降低;"Ⅰ+1/6Ⅳ+Ⅴ"模式下,烟气循环比例仅为 37.2%,与常规烧结相比,烧结矿产量、质量指标得到一定的改善。因此,区域选择性烟气循环烧结模式下适宜的最高烟气循环比例可达 41.9%[1,3]。

表 5.11　常规烧结与区域选择性烟气循环的烧结矿指标的比较

循环比例/%	循环模式	烧结速率/(mm/min)	成品率/%	转鼓强度/%	利用系数/(t/(m²·h))
0	—	26.15	69.24	52.70	1.69
41.9	Ⅰ+3/4Ⅲ+Ⅴ	25.95	68.53	51.40	1.64
40.9	Ⅰ+1/4Ⅱ+Ⅴ	25.64	68.12	51.70	1.60
37.2	Ⅰ+1/6Ⅳ+Ⅴ	26.57	69.58	52.10	1.72

5.4.4　循环模式对烧结矿微观结构的影响

将烧结杯沿垂直方向由上向下平均分成 4 层,并分别取样制片,检测三种区域选择性烟气循环烧结工艺下烧结矿的微观结构,结果如图 5.37~图 5.39 所示。

由图可知,同一工艺条件下,随着烧结料层厚度的增加,烧结矿中孔洞减少,结构更加紧密,所产生的铁酸钙矿物含量逐渐增加;当采用区域选择性烟气循环工艺后,同一料层高度的烧结矿,"Ⅰ＋3/4Ⅲ＋Ⅴ"模式比其他两种模式的烧结矿中孔洞和裂痕有所减少,但整体结构基本相近[1,3]。

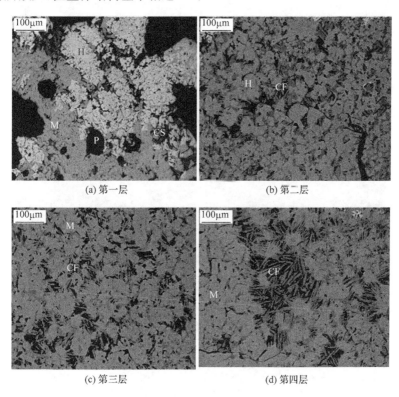

(a) 第一层

(b) 第二层

(c) 第三层

(d) 第四层

CF-铁酸钙;M-磁铁矿;H-赤铁矿;CS-硅酸钙;P-孔洞

图 5.37　不同料层烧结矿微观结构("Ⅰ＋3/4Ⅲ＋Ⅴ")

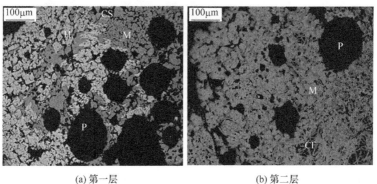

(a) 第一层

(b) 第二层

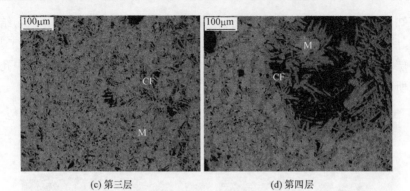

(c) 第三层　　　　　　　　　　　　(d) 第四层

CF-铁酸钙；M-磁铁矿；H-赤铁矿；CS-硅酸钙；P-孔洞

图 5.38　不同料层烧结矿微观结构("Ⅰ+1/4Ⅱ+Ⅴ")

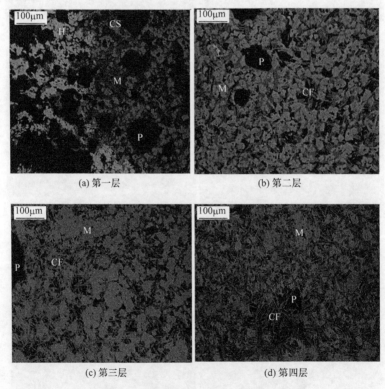

(a) 第一层　　　　　　　　　　　　(b) 第二层

(c) 第三层　　　　　　　　　　　　(d) 第四层

CF-铁酸钙；M-磁铁矿；H-赤铁矿；CS-硅酸钙；P-孔洞

图 5.39　不同料层烧结矿微观结构("Ⅰ+1/6Ⅳ+Ⅴ")

　　另外,还对比了四种工艺条件下烧结矿 X 射线衍射分析(XRD)结果,如表 5.12 和图 5.40 所示。由图可知,当采用区域选择性烟气循环烧结工艺后,相比常规烧结,其烧结矿中的磁铁矿含量增加,赤铁矿含量减少,相应的铁酸钙含量也减少,同时烧结矿中的硅酸盐含量有所增加,这主要是因为低氧条件下,烧结矿中的赤铁矿和硅酸盐含量基本与常规烧结矿相当。

表 5.12　区域选择性烟气循环烧结矿的矿物组成

工艺	矿物组成/%			
	磁铁矿	赤铁矿	硅酸盐	铁酸钙
常规烧结	32.66	34.64	8.30	24.40
Ⅰ+3/4Ⅲ+Ⅴ	43.52	28.48	6.85	21.15
Ⅰ+1/4Ⅱ+Ⅴ	45.23	26.65	5.53	22.59
Ⅰ+1/6Ⅳ+Ⅴ	39.71	29.39	7.52	23.38

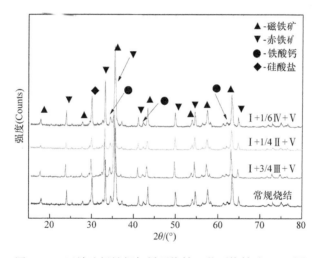

图 5.40　区域选择性烟气循环烧结工艺下烧结矿 XRD 图

5.4.5　循环模式对烧结矿冶金性能的影响

本小节对比分析了区域选择性烟气循环烧结工艺下三种烧结矿的化学成分和冶金性能(还原度、低温还原粉化性)。三种区域选择性烟气循环烧结工艺的烧结矿化学成分如表 5.13 所示。与常规烧结矿相比,当采用区域选择性烟气循环工艺后,烧结矿中 FeO 含量略有升高,其含量由 8.49% 上升至 9.0% 以上,其他化学成分含量变化不明显。

表 5.13　区域选择性烟气循环烧结矿的化学成分　　（单位：%）

工艺	TFe	FeO	SiO$_2$	Al$_2$O$_3$	CaO	MgO
常规烧结	57.60	8.49	4.87	1.98	9.02	1.50
Ⅰ＋3/4Ⅲ＋Ⅴ	57.70	10.28	4.85	1.86	8.96	1.47
Ⅰ＋1/4Ⅱ＋Ⅴ	57.71	9.48	4.95	1.87	8.93	1.44
Ⅰ＋1/6Ⅳ＋Ⅴ	57.91	9.24	4.98	1.84	8.93	1.46

　　另外,还对比研究了四种不同烧结矿的冶金性能（RDI 和 RI）,结果如表 5.14 所示。由表可知,区域选择性烟气循环烧结条件下获得的烧结矿,其 RDI$_{+3.15}$ 和 RI 值相比常规烧结矿略有降低,但仍达到高炉炉料要求；"Ⅰ＋3/4Ⅲ＋Ⅴ"模式下获得的烧结矿的冶金性能中 RDI$_{+3.15}$ 值达到 69.5%,RI 值为 85.5%。

表 5.14　区域选择性烟气循环烧结矿 **RDI** 和 **RI** 指标的影响

工艺	RDI 和 RI 指标/%			
	RDI$_{+6.3}$	RDI$_{+3.15}$	RDI$_{-0.5}$	RI
常规烧结	41.0	71.4	6.4	87.2
Ⅰ＋3/4Ⅲ＋Ⅴ	37.1	69.5	7.5	85.5
Ⅰ＋1/4Ⅱ＋Ⅴ	35.6	68.7	7.4	84.0
Ⅰ＋1/6Ⅳ＋Ⅴ	39.4	71.0	5.4	86.2

5.4.6　循环模式对烧结烟气排放的影响

　　常规烧结与区域选择性烟气循环烧结烟气排放的平均浓度如表 5.15 所示。由表可知,当采用区域选择性烟气循环烧结工艺时,烧结烟气中的 O$_2$ 含量逐渐降低,而其他烧结烟气成分均有一定的富集[12,16]。

表 5.15　常规烧结与区域选择性烟气循环烧结烟气排放的平均浓度

循环比例/%	循环模式	O$_2$ 含量/%	CO$_2$ 含量/%	CO 含量/%	NO$_x$ 含量/ppm	SO$_2$ 含量/ppm
0	—	12.95	9.41	0.92	272	233
41.9	Ⅰ＋3/4Ⅲ＋Ⅴ	9.09	14.29	1.19	334	368
40.9	Ⅰ＋1/4Ⅱ＋Ⅴ	9.34	13.69	1.15	323	378
37.2	Ⅰ＋1/6Ⅳ＋Ⅴ	10.40	11.47	1.12	311	350

　　区域选择性烟气循环烧结工艺下,烧结过程烟气减排量以及 CO、NO$_x$ 和 SO$_2$ 减排效率如图 5.41 所示。由图可知,当采用区域选择性烟气循环工艺后,烧结烟气外排量可减少 35% 以上,且烧结烟气中的 CO、NO$_x$ 和 SO$_2$ 排放总量得到明显减排；当采用"Ⅰ＋3/4Ⅲ＋Ⅴ"模式时,烧结过程 SO$_2$ 减排效率达到最大值（8.2%）；当采用"Ⅰ＋1/4Ⅱ＋Ⅴ"模式时,烧结过程中 CO 和 NO$_x$ 减排效率达到

最大值,分别为 26.1% 和 29.8%;而当采用"Ⅰ+1/6Ⅳ+Ⅴ"模式时,烧结烟气中 CO、NO_x 和 SO_2 减排效率有所降低,但能同时有效地减少烧结烟气中粉尘、二噁英类及重金属等污染物。

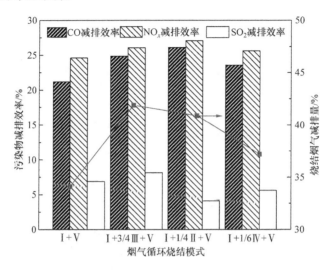

图 5.41　区域选择性烟气循环烧结过程烟气减排量以及 CO、NO_x 和 SO_2 减排效率

5.4.7　烟气循环工艺比较

烟气循环工艺有 EOS、LEEP、EPSOINT 等模式。EOS 和 LEEP 有相对较高的烟气循环比例(均高于 40%),但通常是以牺牲烧结矿产量、质量为代价而实现的,不具备经济适用性;EPSOINT 以减少污染物排放为目的,多选择循环污染物浓度较高区域的烟气,但循环比例相对较低,且易导致烧结过程中 SO_2 富集[1-3]。

近年来,为适应我国环保要求和钢铁企业自身的发展,烧结废气循环技术在国内也得到推广和快速发展。目前,国内已有数套烧结废气循环技术应用的报道,如表 5.16 所示。总体而言,已应用烟气循环工艺的钢铁厂多采用的是区域性废气循环模式,即选择性循环机头、机尾风箱中的烟气,通常循环比例为 20%~30%。

表 5.16　国内烧结烟气循环应用现状[22]

工程名称	循环方法	循环比例/%	备注
宁钢 486m² 烧结机	22 号、23 号风箱; 1~5 号、20 号、21 号切换	30	生产和产品质量基本无影响; 脱硫装置投资减少 900 万元,脱硫耗电每年减少 $1×10^7$ kW·h; 工序能耗降低约 5%

续表

工程名称	循环方法	循环比例/%	备注
沙钢 360m² 烧结机	最后一个和头部 5 个风箱进行循环	20	生产过程和产品质量无影响； 脱硫装置投资减少 600 万元，脱硫耗电减少 $0.7×10^7$kW·h/a； 工序能耗降低约 5.5%
三钢 130m² 烧结机	头部 1～4 号和尾部 14～15 号	30	生产过程和产品质量无影响； 提高烧结余热发电量，从 17～18kW·h/t 提高至 19～20kW·h/t
永钢 450m² 烧结机	头部和尾部风箱	30	生产过程和产品质量有一定影响； 重点注重烟气减排效果； 活性焦节省投资 20%～25%
安钢 360m² 烧结机	头部 1～4 号、尾部 22 号、23 号	30	设计调试阶段

　　以宁波钢铁公司 486m² 烧结机烟气循环系统为例[23]。该烧结机共有 23 个风箱，烟气循环系统将烧结机前部 1～5 号风箱和后部 20～23 号风箱烟气混合后，返回至烧结机中部进行循环，其中 22 号、23 号风箱烟气全部用于循环，1～5 号和 20号、21 号风箱烟气可根据烧结工艺变化选择性循环或外排，如图 5.42 所示。烟气循环率约为 30%，循环烟气温度不低于 200℃，可减少固体燃料消耗。循环烟气的除尘采用多管除尘器，以减轻静电除尘器负荷。同时，该工艺还显著降低了烟气中有害组分的排放总量，如表 5.17 所示。假设该烧结机的运行时间为 8000h，则各种污染物的减排量为：CO_2 43896.62t/a；CO 534.71t/a；NO_x 1001.19t/a；SO_2 613.18t/a；在此情况下，每年可节约固体燃料 1.284 万 t[23]。

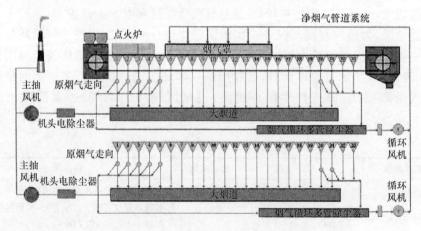

图 5.42　宁钢烧结烟气循环工艺示意图

表 5.17　宁钢年烟气减排数据核算[23]

项目		单位	实测数据	
			烟气循环	烟气不循环
烟气总排量		万 Nm³/a	311108.83	—
		Nm³/t	620.23	—
减排率		%	22.32	—
循环率		%	24.63	0
烟气有害成分年度排放量	CO₂	t/a	1247657.46	1291554.08
	CO	t/a	72567.06	73101.77
	NOₓ	t/a	2228.21	3229.40
	SO₂	t/a	4128.42	4741.60
烟气有害成分年度减排量	CO₂	t/a	43896.62	—
	CO	t/a	534.71	—
	NOₓ	t/a	1001.19	—
	SO₂	t/a	613.18	—

本章所提出的选择性烟气循环模式是以区域选择性烟气循环烧结工艺为基础的,即在机头、机尾结合模式的基础上,进一步提高烟气循环比例,选择性循环中间区域的烟气。依据烧结机中间区域的烟气特性和循环烟气对烧结过程的影响机理,调节该区域烟气与机头、机尾两区域烟气的组合,保证烟气循环烧结过程的余热利用和烧结矿产量、质量指标,其适宜烟气循环模式的循环比例可达 41.9%,对应的烧结过程 CO、NO_x 和 SO_2 的减排率分别达到 24.8%、28.7%和 8.2%。

5.5　本 章 小 结

本章研究了不同烧结阶段烟气污染物排放规律及浓度变化范围,揭示了烧结过程烟气污染物的排放特性;研究了循环烟气在烧结料层的反应行为以及对物料成矿的影响,揭示了烟气循环对烧结过程的影响机理以及烟气污染物在循环过程中的减排特征;进而制定了烟气循环模式的构建原则,并根据烧结不同目标的要求,研究制定了高比例烟气循环烧结模式。主要结论如下。

(1) 烧结过程烟气污染物的排放特性表明,烧结烟气中各气体的含量分别为:O_2 9.7%~14.0%、CO_2 8.5%~12.9%、CO 0.9%~1.2%、$H_2O(g)$ 10%~15%、NO_x 220~350ppm、SO_2 140~450ppm,温度 100~150℃,并根据烧结风箱中烟气温度曲线及烟气排放特点,将烧结机沿长度方向划分为五个区域,分别定义为Ⅰ、Ⅱ、Ⅲ、Ⅳ、Ⅴ区域。Ⅰ区域为烧结点火段,烧结烟气呈现高 O_2 低 $H_2O(g)$;Ⅱ区域为点火结束后至烧结风箱中开始出现 SO_2 释放,烧结烟气呈现高 NO_x 含量、高

CO_x 和高 $H_2O(g)$ 特点；Ⅲ区域为 SO_2 开始释放至浓度小于 500ppm，烟气中 H_2O(g)和污染物浓度较高；Ⅳ区域是烧结烟气中 SO_2 含量大于 500ppm 的区域，烧结烟气温度开始上升，粉尘、SO_2 等污染物释放量增加；Ⅴ区域为机尾高温烟气，从 SO_2 含量降至 500ppm 开始，直至烧结结束。

（2）烟气循环条件下循环烟气对烧结矿指标的影响表明，随着循环烟气 O_2 含量降低，料层温度降低，烧结矿指标逐渐恶化。循环烟气显热（高温烟气）和潜热（CO 气体）可提高料层温度，有利于改善烧结矿强度和成品率；循环烟气中适宜含量的 CO_2 和 $H_2O(g)$，使传热前沿速率加快，有利于提高烧结速率。根据烧结原料结构的不同，循环烟气各组分含量适宜范围分别为 $O_2 \geqslant 15\% \sim 18\%$、$CO_2 \leqslant 6\%$、$H_2O(g) \leqslant 5\% \sim 8\%$、$NO_x \leqslant 500ppm$、$SO_2 \leqslant 500ppm$，温度 200～250℃，而 CO 含量在安全操作范围内越高越好。

（3）循环烟气通过烧结料层时，主要在烧结矿带和燃烧带发生气-气反应和气-固反应。循环烟气在烧结矿带发生的反应有：CO-NO 催化还原、CO 的二次燃烧、SO_2 的吸附反应等；循环烟气在燃烧带主要影响燃料燃烧，反应包括碳的燃烧、气化反应、水煤气反应等，以及局部高温还原区域的 NO_x 和 SO_2 还原反应，有利于减少燃烧过程 SO_2 和 NO_x 的生成量。

（4）与常规烧结条件相比，烟气循环条件下烧结物料成矿过程各阶段的 O_2 含量明显较低，烧结矿中磁铁矿含量升高，且烧结矿孔隙率增大。燃料燃烧阶段 O_2 含量由常规烧结的 9.4% 降低至 7.2%，燃烧释放热量减少，液相量减少，烧结矿孔隙率由 35.7% 增大至 51.8%；软化熔融与冷凝结晶阶段，低熔点化合物经熔化、冷凝再结晶过程后，烧结矿孔隙率由 51.8% 减小至 24.4%，但该阶段 O_2 含量为 13.5%～15.5%，低于常规烧结的 14.7%～18.2%；冷却氧化阶段 O_2 含量为 18%，在循环热风的作用，该阶段冷却速率降低，有利于烧结矿 FeO 的氧化和结晶完全，可在一定程度上改善烧结矿强度。

（5）基于烟气循环模式的构建原则，并依据烧结不同目标要求，研究制定了区域选择性烟气循环烧结工艺，即在循环 Ⅰ、Ⅴ 两区域烟气的基础上，选择性循环Ⅱ、Ⅲ和Ⅳ三区域烟气，其适宜的烟气循环模式为"Ⅰ＋3/4Ⅲ＋Ⅴ"，烟气循环比例可达 41.9%，烧结过程 CO、NO_x 和 SO_2 的减排率分别达到 24.8%、28.7%和 8.2%。

参 考 文 献

[1] 余志元. 高比例烟气循环铁矿烧结的基础研究. 长沙：中南大学，2016

[2] 陈强. 循环烟气在铁矿烧结料层各带的行为研究. 长沙：中南大学，2014

[3] 黄云松. 铁矿烟气循环烧结过程的成矿行为研究. 长沙：中南大学，2015

[4] Fan X H, Yu Z Y, Gan M, et al. Influence of O_2 content in circulating flue gas on iron ore sintering. Journal of Iron and Steel Research, International, 2013, 20(6): 1-6

[5] Fan X H,Yu Z Y,Gan M,et al. Combustion behavior and influence mechanism of CO on iron ore sintering with flue gas recirculation. Journal of Central South University,2014,21：2391-2396

[6] Fan X H,Yu Z Y,Gan M,et al. Appropriate technology parameters of iron ore sintering process with flue gas recirculation. ISIJ International,2014,54(11):2541-2550

[7] Fan X H,Yu Z Y,Gan M,et al. Flue gas recirculation in iron ore sintering process. Ironmaking & Steelmaking,2016,43(6):403-410

[8] Fan X H,Yu Z Y,Gan M,et al. Elimination behaviors of NO_x in the sintering process with flue gas recirculation. ISIJ International,2015,55(10):2084-2091

[9] Fan X H,Yu Z Y,Gan M,et al. Mineralization behaviors of iron ore fines in sintering bed with flue gas recirculation. Ironmaking & Steelmaking,2016,43(9):1-8

[10] Yu Z Y,Fan X H,Gan M,et al. Reaction behavior of SO_2 in the sintering process with flue gas recirculation. Journal of the Air & Waste Management Association,2016,66(7):687-697

[11] 范晓慧,余志元,甘敏,等. 铁矿烧结节能减排现状及发展方向. 2011 年度全国烧结球团技术交流年会,张家界,2011:1-4

[12] 范晓慧,余志元,甘敏,等. 循环烟气性质影响铁矿烧结的规律研究. 2013 年全国烧结烟气综合治理技术研讨会,大同,2013:54-62

[13] 范晓慧,余志元,甘敏,等. 烟气循环烧结的应用现状与研究进展. 2014 年度全国烧结球团技术交流年会,厦门,2014:152-156

[14] Yu Z Y,Fan X H,Gan M,et al. NO_x reduction in the iron ore sintering process with flue gas recirculation. JOM,2017,69(9):1570-1574

[15] Chen X L,Fan X H,Gan M,et al. Sintering behaviours of iron ore with flue gas circulation. Ironmaking & Steelmaking,2018,45(5):1-8

[16] 范晓慧,甘敏,余志元,等. 一种铁矿烧结烟气污染物的综合处理方法:ZL201510475232.7. 2017-10-31

[17] 甘敏,范晓慧,陈许玲,等. 高比例烟气循环条件下烧结气体中 $H_2O(g)$ 的控制方法:ZL201510533920.4. 2017-7-21

[18] 甘敏,范晓慧,陈许玲,等. 铁矿烧结烟气中二氧化碳的富集回收方法:ZL201410789581.1. 2016-11-9

[19] 甘敏,范晓慧,陈许玲,等. 一种铁矿烧结烟气分段循环的方法:ZL201310443223.0. 2015-4-8

[20] 范晓慧,甘敏,姜涛,等. 利用废气余热强化高比例褐铁矿烧结的方法:ZL201310418454.6. 2015-4-8

[21] 范晓慧,甘敏,姜涛,等. 一种高硫铁矿烧结的烟气污染物减排方法:ZL201310443463.0. 2015-8-20

[22] 苏步新,张标,邵久刚. 我国烧结烟气循环技术应用现状及分析. 冶金设备,2016(6):55-59

[23] 贾秀凤,喻波. 宁钢烧结烟气循环系统的节能减排效果. 烧结球团,2015,40(4):51-54

第6章 烧结 PM_{10} 和 $PM_{2.5}$ 特性及控制技术

烧结工序产物是钢铁行业 PM_{10} 和 $PM_{2.5}$ 的主要排放源,该工序排放量占行业总量的 40% 左右。PM_{10} 和 $PM_{2.5}$ 比表面积大、表面活性强,能富集烧结过程脱除的重金属、碱金属和有机物污染物等有毒有害物质,因此控制烧结工序 PM_{10} 和 $PM_{2.5}$ 的排放对于减少钢铁行业超细颗粒污染物排放、实现钢铁工业绿色发展意义重大。

目前,烧结过程 PM_{10} 和 $PM_{2.5}$ 的研究尚处于起步阶段,已有报道主要介绍除尘前后烟气中 TSP(总悬浮颗粒物)的化学组成、形貌特征等理化特性,以及烧结过程 TSP 或粒径较大颗粒($>10\mu m$)的形成和排放特征,很少深入研究随烧结进行过程的 PM_{10} 和 $PM_{2.5}$ 排放特性、形成机理、迁移行为等,这也制约了铁矿烧结烟气 PM_{10} 和 $PM_{2.5}$ 减排技术的开发。同时,我国铁矿烧结原料复杂、过程高温、氧化和还原气氛并存、污染物复杂多样,且随烧结烟气排放具有阶段性特点,因此 PM_{10} 和 $PM_{2.5}$ 生成和排放行为更为复杂,为 PM_{10} 和 $PM_{2.5}$ 的控制增加了难度。

本章通过系统研究烧结过程不同阶段烟气中 PM_{10} 和 $PM_{2.5}$ 的理化特征,查明烧结烟气 PM_{10} 和 $PM_{2.5}$ 的基础特性;通过研究 PM_{10} 和 $PM_{2.5}$ 在干燥预热带、燃烧带的生成行为,揭示 PM_{10} 和 $PM_{2.5}$ 在烧结过程的形成机理;通过研究 PM_{10} 和 $PM_{2.5}$ 在湿料带迁移过程的吸附行为和解吸行为,揭示 PM_{10} 和 $PM_{2.5}$ 在料层中的迁移机制,并建立 PM_{10} 和 $PM_{2.5}$ 排放规律与其形成、迁移的关联性。在此基础上,开发分层布料调控 PM_{10} 和 $PM_{2.5}$ 排放与黏结剂调控 PM_{10} 和 $PM_{2.5}$ 迁移的技术,将 PM_{10} 和 $PM_{2.5}$ 进一步集中在烧结升温段释放,为 PM_{10} 和 $PM_{2.5}$ 经济、高效治理奠定基础。

6.1 烧结烟气 PM_{10}、$PM_{2.5}$ 理化特性

将烧结过程产生的 PM_{10} 和 $PM_{2.5}$ 分阶段捕集并对其特性进行分析,以查明烧结过程不同阶段 PM_{10} 和 $PM_{2.5}$ 的理化特性。烧结过程从点火至烧结终点可划分为 I 区、II 区(细分为 II-1 区、II-2 区)、III 区、IV 区、V 区,划分原则如表 6.1 和图 6.1 所示。I 区为烧结点火过程;II-1 区为废气温度逐渐上升至稳定阶段;II-2 区为废气温度稳定阶段;III 区为废气温度上升前 4min 的阶段,此阶段湿料带开始消失;IV 区为废气升温过程前半段;V 区为废气升温过程后半段。

表 6.1　烧结过程阶段划分

采样阶段	烧结杯试验阶段划分	湿料带的状态
Ⅰ区	整个点火过程	
Ⅱ-1区	废气温度逐渐上升至稳定阶段	湿料带厚度逐步减小
Ⅱ-2区	废气温度稳定阶段	
Ⅲ区	废气温度上升前 4min 阶段	湿料带开始消失
Ⅳ区	废气升温过程前半段	湿料带完全消失
Ⅴ区	废气升温过程后半段	

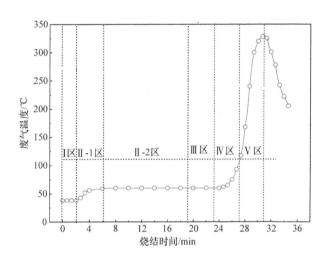

图 6.1　烧结过程废气温度的变化规律及对应的 PM₁₀ 和 PM₂.₅ 采样阶段

本节分析烧结过程不同阶段排放的 PM₂.₅ 形貌特征,烧结杯试验检测结果如图 6.2 所示。由图可知,烧结过程不同阶段排放的 PM₂.₅ 形貌特征差异较大[1-2]。

(1) Ⅰ区烟气排放的 PM₂.₅ 主要为规则球形颗粒(图 6.2(a)),少量为片状颗粒物;球形颗粒物主要由 Fe、Ca、O 组成,含量分别达 40.5%、14.2%、22.8%,其物质的量比约为 2∶1∶4,故以 CaO·Fe₂O₃ 的形式存在;此外,球形颗粒也含有少量有害元素,其中含量较高的 K、Pb、Cl 分别为 0.8%、0.7%、3.8%。

(2) Ⅱ-1区、Ⅱ-2区烟气排放的 PM₂.₅ 形貌较为类似(图 6.2(b)),大部分为规则球形,少量颗粒呈规则柱状多面体;球形颗粒与 Ⅰ区排放的类似,Fe、Ca 含量高,但其 K、Pb、Cl 含量明显升高,分别为 3.8%、8.7%、8.0%;柱状颗粒主要由 Pb、Cl 组成,含量分别达 65.3%、24.8%,物质的量比约为 1∶2.2,故以 PbCl₂ 的形式存在,部分 Cl 与 K 结合。

(3) Ⅲ区烟气排放的 PM₂.₅ 除多数为规则球形颗粒外,还有一些为多面体柱状颗粒和片状颗粒。柱状颗粒主要为高 Pb、Cl 颗粒(图 6.2(c)),含量分别高达

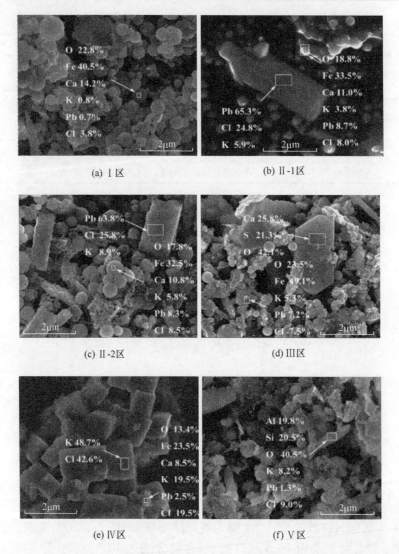

图 6.2　烧结杯试验烧结过程不同阶段 $PM_{2.5}$ 的形貌特征与典型颗粒化学组成

63.8%、25.8%，故主要以 $PbCl_2$ 形式存在；也有主要由 Ca、S、O 组成的柱状颗粒（图 6.2(d)），含量分别高达 25.8%、21.3%、42.1%，物质的量比约为 1:1:4，故以 $CaSO_4$ 的形式存在；片状颗粒物中 Fe 含量高达 49.1%，为铁矿颗粒。

（4）与前四个阶段相比，Ⅳ区烟气排放的 $PM_{2.5}$ 主要为规则的方块状颗粒，少量为规则球形颗粒（图 6.2(e)），其中方块状颗粒主要由 K、Cl 组成，含量分别达 48.7%、42.6%，物质的量比约为 1:1，故以 KCl 的形式存在。

(5) V 区烟气排放的 PM$_{2.5}$中 Al、Si、O 含量较高,分别达到 19.8％、20.5％、40.5％,呈片状颗粒物(图 6.2(f)),三者的物质的量比约为 2:2:7,故以 Al$_2$O$_3$·2SiO$_2$ 的形式存在。

这里以烧结过程Ⅳ区、V 区烟气排放的颗粒物为对象,研究各粒径颗粒物的形貌特征及其化学组成,结果如图 6.3 所示。由图可知,—0.7μm 和 0.7~1.4μm 颗粒物主要为表面光滑的不规则粒状颗粒或规则的方块状颗粒,由 K、Cl 组成(图 6.3(a)和(b))。5.1~6.9μm 的颗粒物主要为方块状、小颗粒团聚体以及不规则块状颗粒(图 6.3(c)),其中方块状颗粒的成分主要为 K、Cl,总含量超过 90％;小颗粒聚集体的主要成分为 Al、Si,总量达到 44.3％;不规则块状颗粒主要由 Fe 组成,含量高达 60％以上,还有少许块状颗粒主要由 Ca 组成,含量高达 62％以上。10~16.1μm 的较大颗粒形貌更加不规则,包括不规则块状、团聚状颗粒(图 6.3(d)),主要为高 Fe 含量和高 Ca 含量颗粒,表面黏附主要由 K、Cl 组成的细小颗粒[3-4]。

图 6.3　不同粒径颗粒物形貌特征及典型颗粒化学组成

图 6.4 给出了 0.7~1.4μm 颗粒物中主要组分的分布特性。由图可知,K、Pb 与 Cl 的分布区域重叠性良好,表明 K、Pb 以氯化物的形式存在。

图 6.5 给出了 5.1~6.9μm 颗粒物中主要组分的分布特性。由图可知,K 与 Cl 在规则方块状颗粒中的分布呈现很好的重叠性;Al、Si、O 在小颗粒聚集体中有

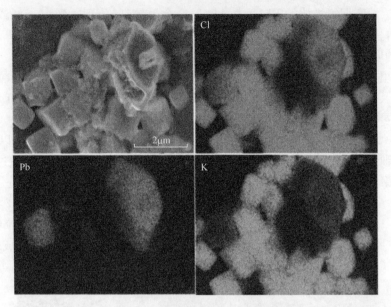

图 6.4　0.7~1.4μm 颗粒物典型区域主要元素面分布

很好的重叠性;Fe 与 O 在不规则块状颗粒中的重叠性较好;Ca 主要与 O 的分布有良好的重叠性,也与部分 S 的分布区域有良好的重叠性。

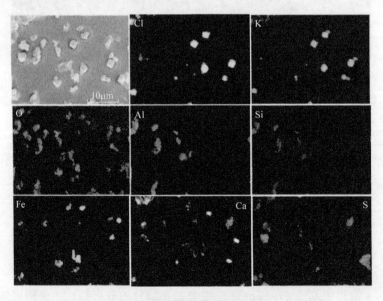

图 6.5　5.1~6.9μm 颗粒物典型区域主要元素面分布

6.2 影响烧结烟气 PM$_{10}$、PM$_{2.5}$ 排放的因素

6.2.1 水分的影响

在焦粉配比为 5.0%、制粒时间为 4.5min 的条件下,研究了混合料水分对 PM$_{10}$ 和 PM$_{2.5}$ 排放浓度的影响,结果如图 6.6 所示。由图 6.6(a)可知,各粒径超细 颗粒物的排放浓度随混合料水分的增加逐渐降低,其中 0.7~1.4μm、1.4~2.5μm 的颗粒物排放浓度降低幅度较大。从图 6.6(b)也可以看出,PM$_{10}$、PM$_{2.5}$ 浓度均随 水分提高而降低,且当混合料水分由 7.0% 提高到 7.5% 时,排放浓度由 74.7mg/m³、 45.5mg/m³ 降低至 54.5mg/m³、25.9mg/m³,继续提高混合料水分至 8.5% 时,排 放浓度分别降低为 19.6mg/m³、9.3mg/m³。

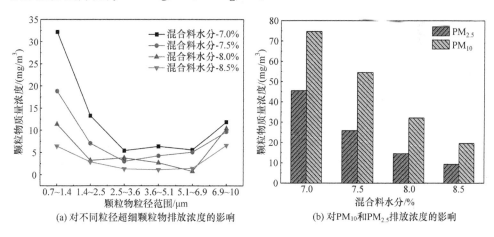

(a) 对不同粒径超细颗粒物排放浓度的影响   (b) 对PM$_{10}$和PM$_{2.5}$排放浓度的影响

图 6.6   混合料水分对 PM$_{10}$ 和 PM$_{2.5}$ 排放浓度的影响

6.2.2 焦粉配比的影响

在混合料水分为 7.5%、制粒时间为 4.5min 的条件下,研究了焦粉配比对 PM$_{10}$ 和 PM$_{2.5}$ 排放浓度的影响,结果如图 6.7 所示。由图 6.7(a)可知,提高焦粉配 比会增加各种粒径超细颗粒物的排放浓度,尤其是粒径较小的颗粒物;当焦粉配比 由 4.7% 提高到 5.0% 时,0.7~1.4μm、1.4~2.5μm 颗粒物排放浓度由 8.7mg/m³、 2.3mg/m³ 分别增加至 18.8mg/m³、7.0mg/m³。从图 6.7(b)可知,当焦粉配比由 4.7% 提高到 5.0% 时,PM$_{10}$、PM$_{2.5}$ 的排放浓度由 25.3mg/m³、11.0mg/m³ 分别增 加至 54.5mg/m³、25.9mg/m³,继续提高焦粉配比至 5.3% 时,排放浓度进一步增 加至 60.9mg/m³、31.3mg/m³。

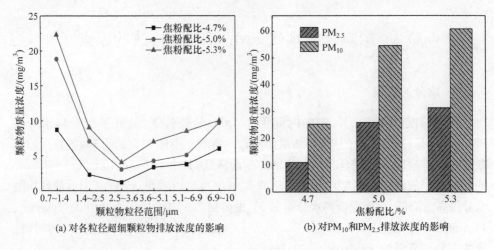

(a) 对各粒径超细颗粒物排放浓度的影响　　(b) 对PM₁₀和PM₂.₅排放浓度的影响

图 6.7　焦粉配比对 PM₁₀ 和 PM₂.₅ 排放浓度的影响

　　另外,还分析了焦粉配比对 PM₂.₅ 化学组成及有害元素脱除率的影响,结果分别如图 6.8 和图 6.9 所示。由图可知,提高焦粉配比后,PM₂.₅ 中 Fe、Ca、Al、Si 含量逐渐降低,K、Pb、Cl 等含量逐渐增加,表明提高焦粉配比能使更多有害元素转化为超细颗粒物,这是其排放量增加的主要原因。这一特性可结合图 6.9 中示出的焦粉配比对 K、Na、Pb 等有害元素脱除率的影响进行说明,K、Na、Pb 等元素的脱除率随着焦粉配比的增加而明显提高,增加了有害元素向超细颗粒物的转化量,从而提高其排放浓度。此外,在烧结过程中,焦粉燃烧后会使周围颗粒在燃烧区形成流态化,这些颗粒容易脱落进入烟气。因此,提高焦粉配比会产生更多流态化颗粒,增加超细颗粒物排放量[5]。

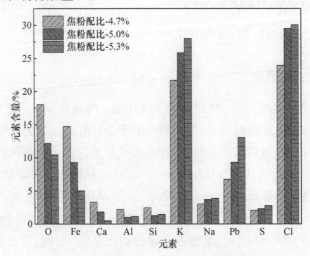

图 6.8　焦粉配比对 PM₂.₅ 化学组成的影响

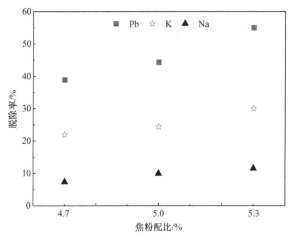

图 6.9 焦粉配比对烧结过程 K、Na、Pb 脱除率的影响

6.2.3 制粒时间的影响

在混合料水分为 7.5%、焦粉配比为 5.0% 的条件下,研究了制粒时间对 PM_{10} 和 $PM_{2.5}$ 排放浓度的影响,结果如图 6.10 所示。由图可知,各粒径超细颗粒物的排放浓度随制粒时间的延长不断降低,其中 $0.7\sim1.4\mu m$ 颗粒物的排放浓度降低最为明显,当制粒时间由 2.5min 延长至 4.5min 时,其排放浓度由 $30.4mg/m^3$ 降低至 $18.8mg/m^3$,继续延长制粒时间至 6.5min,降低至 $10.1mg/m^3$。由图 6.10(b) 可以看出,当制粒时间由 2.5min 增加至 4.5min 时,PM_{10}、$PM_{2.5}$ 的排放浓度由 $65.8mg/m^3$、$39.4mg/m^3$ 分别降低至 $54.5mg/m^3$、$25.9mg/m^3$,继续延长制粒时间至 6.5min 时,进一步降低至 $23.6mg/m^3$、$12.6mg/m^3$。

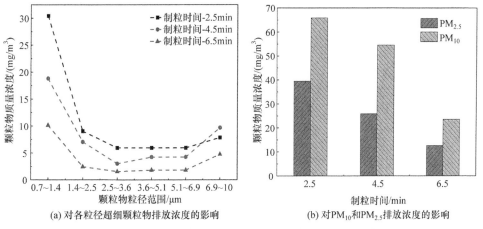

(a) 对各粒径超细颗粒物排放浓度的影响   (b) 对 PM_{10} 和 $PM_{2.5}$ 排放浓度的影响

图 6.10 制粒时间对 PM_{10} 和 $PM_{2.5}$ 排放浓度的影响

由制粒时间对 $PM_{2.5}$ 化学组成的影响(图 6.11)可知,制粒时间由 2.5min 延长至 4.5min 时,$PM_{2.5}$ 中 K、Na、Pb、S、Cl 等有害元素含量均降低,原因在于延长制粒时间会降低 K、Na、Pb 的脱除率(图 6.12),从而减少它们向超细颗粒物转化,这是降低其排放浓度的原因之一。此外,制粒时间延长有利于提高制粒小球强度,减少颗粒物脱落。

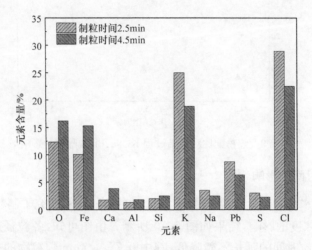

图 6.11　制粒时间对烧结烟气排放的 $PM_{2.5}$ 化学组成的影响

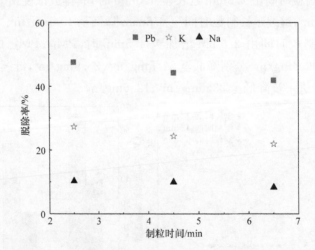

图 6.12　制粒时间对烧结过程 K、Na、Pb 脱除率的影响

6.2.4　原料条件的影响

通过铁矿石配矿,本小节设计了三种不同有害元素含量(S、K、Na、Pb、Zn、Cl)的方案(记为方案 1、方案 2、方案 3),并研究了不同原料条件对烧结过程 PM_{10} 和

$PM_{2.5}$ 排放规律的影响。从方案 1 到方案 3，其有害元素 S、K、Na、Pb、Zn、Cl 含量逐渐降低。三个方案的混合料化学组成如表 6.2 所示。

表 6.2　不同原料条件下混合料的化学组成及烧损　　　　（单位：%）

方案	Fe	SiO_2	CaO	MgO	Al_2O_3	K	Na	Pb	Zn	Cl	S	LOI
1	48.85	4.33	7.44	1.75	2.07	0.064	0.030	0.011	0.030	0.026	0.109	13.18
2	51.34	4.46	8.48	1.79	1.89	0.032	0.018	0.004	0.008	0.011	0.050	9.24
3	49.89	4.49	8.08	1.36	1.54	0.013	0.013	0.002	0.003	0.003	0.035	12.14

原料中有害元素含量增加对烧结各阶段 PM_{10} 和 $PM_{2.5}$ 排放浓度的影响如图 6.13 所示。由图可知，三种方案下，PM_{10} 与 $PM_{2.5}$ 在烧结不同阶段的排放规律类似，在 Ⅰ 区、Ⅱ-1 区及 Ⅱ-2 区烟气中的排放浓度较低，在 Ⅲ 区、Ⅳ 区、Ⅴ 区高浓度排放至烧结烟气；随原料中有害元素含量增加，PM_{10} 与 $PM_{2.5}$ 排放浓度呈现升高的趋势，且在 Ⅲ 区、Ⅳ 区提高的幅度最大[6]。

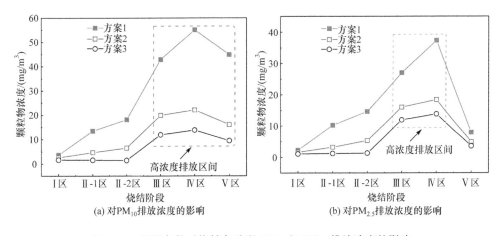

(a) 对 PM_{10} 排放浓度的影响　　　　　　(b) 对 $PM_{2.5}$ 排放浓度的影响

图 6.13　原料条件对烧结各阶段 PM_{10} 和 $PM_{2.5}$ 排放浓度的影响

另外，还研究了不同原料条件下烧结过程各阶段排放的 $PM_{2.5}$ 化学组成，结果如图 6.14 所示。由图可知，各原料条件下：

(1) Ⅰ 区、Ⅱ-1 区、Ⅱ-2 区烟气排放的 $PM_{2.5}$ 均呈现出 Fe、Ca 含量高的现象，随原料中有害元素含量增加（从方案 3 至方案 1），$PM_{2.5}$ 中 K、Pb、Cl 等含量不断升高。

(2) Ⅳ 区烟气排放出来的 $PM_{2.5}$ 有害元素含量均较高，以 K、Cl 为主，且随原料中有害元素含量增加，$PM_{2.5}$ 中 K、Cl 含量由 14.3%、9.8% 提高至 38.4%、39.5%；Ⅴ 区烟气排放的颗粒物中 Fe、Al、Si 含量相对较高，从方案 3 至方案 1，它们的含量逐渐降低，但 K、Cl 等有害元素含量增加。

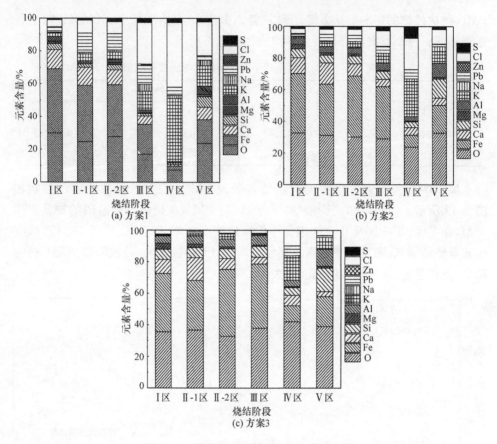

图 6.14　烧结过程排放的 $PM_{2.5}$ 化学组成

以 Ⅱ-1 区、Ⅳ 区烟气排放的超细颗粒物样品为代表,分析了不同原料条件下 $PM_{2.5}$ 的形貌特征(图 6.15)。

(a)方案3中Ⅱ-1区排放的$PM_{2.5}$　　(b) 方案2中Ⅱ-1区排放的$PM_{2.5}$　　(c) 方案1中Ⅱ-1区排放的$PM_{2.5}$

(d) 方案3中Ⅳ区排放的PM$_{2.5}$　　　　(e) 方案2中Ⅳ区排放的PM$_{2.5}$　　　　(f) 方案1中Ⅳ区排放的PM$_{2.5}$

图 6.15　不同原料条件下 PM$_{2.5}$ 形貌特征和典型颗粒化学组成

由图 6.15 可知,随原料中有害元素含量升高:①Ⅱ-1 区烟气排放的 PM$_{2.5}$ 均以富含 Fe、Ca 的球形颗粒为主,少量为片状颗粒和块状颗粒,但随原料中有害元素含量增加,排放的球形颗粒中 K、Pb、Cl 等有害元素含量逐渐升高,其中 K 从 1.1% 增加至 4.5%,Pb 从 0.3% 增加到 7.2%,Cl 从 2.5% 增加到 8.5%;②Ⅳ区烟气排放的 PM$_{2.5}$ 中球形颗粒减少,富含 K、Cl 的方块状颗粒增加,尤其是方案 1 中 PM$_{2.5}$ 主要为方块状颗粒,说明原料中有害元素越高,由有害元素形成的超细颗粒物比例越高。烧结过程各区排放的 PM$_{2.5}$ 化学组成如表 6.3 所示。

表 6.3　烧结过程排放的 PM$_{2.5}$ 化学组成　　　　　（单位:%）

元素	方案 1					
	Ⅰ区	Ⅱ-1 区	Ⅱ-2 区	Ⅲ区	Ⅳ区	Ⅴ区
Fe	39.1	34.4	31.7	18.3	2.4	14.6
Ca	11.7	10.9	9.0	5.1	0.9	7.6
Si	3.7	2.1	3.1	1.5	1.1	6.4
Mg	1.4	0.0	1.3	0.3	0.0	1.1
Al	2.9	1.3	1.9	1.8	0.9	5.1
K	2.1	4.9	4.7	11.5	38.4	12.6
Na	0.5	1.0	1.2	4.2	1.9	3.3
Pb	2.9	11.7	10.0	11.4	4.9	2.2
Zn	0.4	0.0	0.0	0.9	0.0	0.6
Cl	4.3	7.9	7.2	25.4	39.5	20.7
S	1.0	1.2	2.2	2.6	2.6	2.2

元素	方案 2					
	Ⅰ区	Ⅱ-1区	Ⅱ-2区	Ⅲ区	Ⅳ区	Ⅴ区
Fe	37.6	32.4	38.5	33.0	7.6	17.5
Ca	9.9	13.3	7.7	4.6	4.7	4.7
Si	5.5	4.9	4.9	5.1	3.6	11.9
Mg	3.0	1.5	1.3	0.6	0.5	1.1
Al	4.1	3.8	3.8	4.5	2.9	8.9
K	0.8	2.2	2.7	4.4	22.3	7.4
Na	0.3	1.0	1.5	1.8	1.5	3.0
Pb	1.3	4.8	3.9	4.1	5.9	1.5
Zn	0.3	0.0	0.0	0.3	0.0	0.2
Cl	3.1	3.2	3.8	9.9	19.7	9.3
S	1.5	1.8	1.8	2.7	7.5	1.8

元素	方案 3					
	Ⅰ区	Ⅱ-1区	Ⅱ-2区	Ⅲ区	Ⅳ区	Ⅴ区
Fe	36.8	31.4	42.5	40.7	10.1	19.0
Ca	9.0	14.5	7.0	4.4	6.6	3.2
Si	6.4	6.3	6.0	6.9	4.8	14.8
Mg	3.8	2.2	1.3	0.7	0.7	1.1
Al	4.6	5.1	4.9	6.0	3.9	10.9
K	0.2	0.0	1.6	0.7	14.3	4.7
Na	0.3	1.1	1.7	0.5	1.3	2.8
Pb	0.5	1.2	0.4	0.3	6.3	1.2
Zn	0.2	0.0	0.0	0.0	0.0	0.1
Cl	2.5	0.6	1.9	1.9	9.8	3.2

6.3　烧结过程 PM_{10}、$PM_{2.5}$ 的生成机理

烧结烟气排放的 PM_{10} 和 $PM_{2.5}$ 化学组成复杂（Fe、Ca、Al、Si、K、Pb、Cl 等）、形貌特征各异（球形、多面体柱状、方块状、片状等），这些特点决定了其形成途径的多样性及机理的复杂性。目前本领域主要研究烧结过程产生的总颗粒物及粒径较大（>10μm）颗粒物的来源，尚未开展 PM_{10} 和 $PM_{2.5}$ 形成机理的研究，且烧结过程 PM_{10} 和 $PM_{2.5}$ 的排放浓度与理化特征随烧结的进行均存在明显差异，需解析它们在烧结过程的生成机理。PM_{10} 和 $PM_{2.5}$ 主要在燃烧带和干燥预热带生成，为此主要研究烧结物料在燃烧预热（60～700℃）、燃烧（前期 700～1200℃、后期 1200℃～ T_{max}）、熔融过程（≥1200℃）PM_{10} 和 $PM_{2.5}$ 的生成行为。

6.3.1　在干燥预热阶段的生成行为

本小节研究了干燥预热过程（60~700℃）产生的烟气中 $PM_{2.5}$、PM_{10} 的化学组成以及烧结物料中 K、Na、Pb、Zn、Cl、S 等元素的脱除率，结果分别如图 6.16 和图 6.17 所示。由图 6.16 可知，干燥预热过程产生的 $PM_{2.5}$、PM_{10} 主要含 Fe、Ca，分别占 $PM_{2.5}$、PM_{10} 总质量的 39.2%、15.1% 和 44.1%、18.0%。而 K、Na、Pb、Zn、S、Cl 只占 $PM_{2.5}$、PM_{10} 总质量的 2.8%、1.2%，主要是由于这些元素在干燥预热过程的脱除率均较低（图 6.17）。

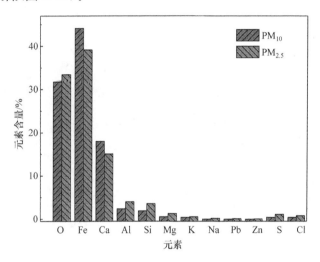

图 6.16　干燥预热过程形成 $PM_{2.5}$ 和 PM_{10} 的化学组成

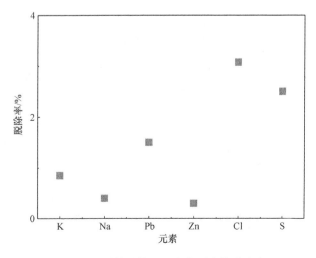

图 6.17　干燥预热过程有害元素的脱除率

　　干燥预热过程产生的 $PM_{2.5}$ 和 PM_{10} 的形貌特征如图 6.18 所示。$PM_{2.5}$ 的主要元素面分布如图 6.19 所示。由图可知,干燥预热过程形成的 $PM_{2.5}$、PM_{10} 形貌较为不规则,主要呈现为片状、块状、长条状的单颗粒以及大量细小颗粒的聚集体。结合颗粒物中主要元素分布特征可以看出(图 6.19),干燥预热过程产生的 $PM_{2.5}$ 以富含 Fe 或 Ca 的颗粒为主,图 6.18(a)中颗粒-1、颗粒-2 的 Fe 含量均高达 60% 左右(表 6.4),颗粒-3、颗粒-4 的 Ca 含量高达 50% 以上(表 6.4)。此外,还含少量富含 Al、Si 的颗粒,颗粒-5、颗粒-6 为细小的铝硅酸盐类脉石颗粒,Al 和 Si 总量高达 40% 左右(表 6.4);PM_{10} 也主要为富含 Fe、Ca 的颗粒,颗粒-7 的 Fe 含量高达 58.5%,颗粒-8 的 Ca 含量高达 54.2%(表 6.4);从图 6.18 还可以发现,$PM_{2.5}$ 中 Fe、Ca 的分布区域相对独立,重叠较少,表明来自于含铁原料或熔剂的微细颗粒。

(a) $PM_{2.5}$　　　　　　　　　　　　　　(b) PM_{10}

图 6.18　干燥预热过程形成的 $PM_{2.5}$、PM_{10} 形貌特征

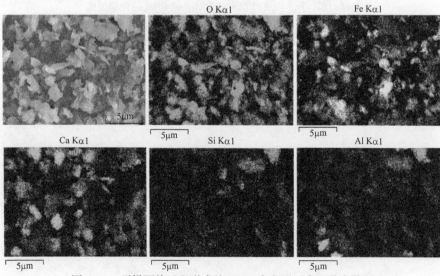

图 6.19　干燥预热过程形成的 $PM_{2.5}$ 中主要元素面分布特征

表 6.4　特征颗粒化学组成　　　　　　　　　　（单位：%）

元素	颗粒-1	颗粒-2	颗粒-3	颗粒-4	颗粒-5	颗粒-6	颗粒-7	颗粒-8
O	31.3	32.1	33.3	33.8	42.6	42.6	32.1	30.9
Fe	61.0	59.6	2.9	2.8	2.4	3.1	58.5	2.5
Ca	3.1	2.8	54.4	55.9	1.3	1.9	2.1	54.2
Al	2.8	2.1	2.8	3.2	18.8	12.8	2.9	2.5
Si	1.0	1.5	1.8	1.7	20.3	27.2	2.4	2.8
Mg	0.2	0.4	0.5	0.6	1.2	1.3	0.9	2.7
K	—	0.2	0.4	0.3	3.4	3.3	0.1	0.4
Na	0.1	0.4	0.4	0.3	0.8	0.4	0.1	0.3
Pb	—	—	0.2	0.2	1.3	1.4	—	0.2
Zn	—	—	0.1	0.2	0.2	0.2	—	0.1
S	0.2	0.3	1.8	0.8	0.7	0.9	0.2	1.5
Cl	0.3	0.3	0.8	0.5	0.3	0.5	0.3	0.9

　　据此可知,干燥预热过程产生的 PM₁₀和 PM₂.₅主要来源于含铁原料和熔剂中的微细粒级颗粒,由制粒小球表面黏附粉脱落后进入烧结烟气。

6.3.2　在燃烧前期的生成行为

　　燃烧前期(700～1200℃)产生的 PM₂.₅、PM₁₀化学组成如图 6.20 所示。由图可知,燃烧前期产生的 PM₂.₅、PM₁₀主要由 Fe、Ca 组成,含量分别高达 28.4%、

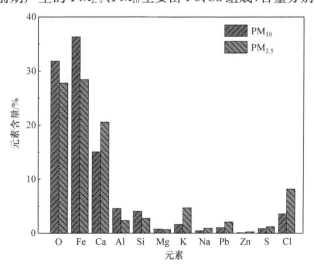

图 6.20　燃烧前期产生的 PM₂.₅、PM₁₀的化学组成

20.5%和36.3%、15.0%。此外,$PM_{2.5}$、PM_{10}中 K、Na、Pb、Cl 等有害元素总含量分别为 17.2%、7.5%,其中 K、Cl、Pb 含量相对较高,在 $PM_{2.5}$ 中分别达到 4.7%、8.1%、2.1%,均高于它们在干燥预热过程所产生 $PM_{2.5}$ 中的含量,原因为烧结物料中 K、Pb、Cl 等元素在燃烧前期的脱除率分别为 6.3%、14.3%、30.7%,明显高于其在干燥预热过程的脱除率(图 6.21)。

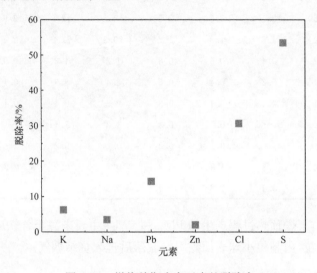

图 6.21　燃烧前期有害元素的脱除率

　　燃烧前期产生的 $PM_{2.5}$、PM_{10} 形貌特征及其化学组成如图 6.22 所示。由图可知,$PM_{2.5}$ 的形貌特征主要表现为三种类型:①树枝状颗粒(图 6.22(a));②较为规则的方块状颗粒(图 6.22(b));③大量细小颗粒形成的聚集体(图 6.22(a))。PM_{10} 主要为不规则块状颗粒,少量为片状颗粒(图 6.22(e)和(f))。由图 6.22(c)可知,树枝状颗粒主要由 Ca、Fe、O 组成,含量分别为 52.1%、8.0%、25.8%,并含有少量的 K、Pb、Cl 等,表明树枝状颗粒主要来源于熔剂,表面吸附少量有害元素,该颗粒 Fe 含量较高的原因可能为颗粒表面发生固相反应形成 $x\mathrm{CaO} \cdot y\mathrm{Fe_2O_3}$。图 6.22(d)中方块状颗粒的主要成分为 Ca、O,含量分别高达 63.7%、26.5%,其物质的量的比接近 1∶1,说明其为 CaO 颗粒,表面也吸附了少量 K、Pb、Cl 等有害元素。图 6.22(c)和(d)中的小颗粒聚集体均主要由 Fe、Ca、O 组成,Fe、Ca 含量分别为 50%、10%左右,说明它们的基体为铁矿颗粒,高钙含量可能因固相反应在颗粒表层形成 $x\mathrm{CaO} \cdot y\mathrm{Fe_2O_3}$;图 6.22(e)和(f)中块状颗粒的主要成分为 Fe、O 或 Ca、O,表明其来自于微细铁矿、熔剂颗粒,片状颗粒的主要成分为 Al、Si、O,很可能来自于焦粉燃烧产生的飞灰。此外,它们均含有少量 K、Pb、Cl 等有害元素。

图 6.22　燃烧前期产生的 $PM_{2.5}$、PM_{10} 形貌特征及典型颗粒的化学组成

　　为进一步证实这些颗粒的来源,这里分析了方块状、树枝状颗粒中主要成分的面分布,如图 6.23 所示。由图可以看出,Ca、O 在方块状及树枝状熔剂颗粒中均展现出了很好的重叠性,且 Ca、Fe 在树枝状颗粒中的分布区域明显重叠,从而证明颗粒表面形成了 xCaO · yFe$_2$O$_3$。

　　综上所述,燃烧前期形成的 PM_{10} 和 $PM_{2.5}$ 主要来源于微细铁矿、熔剂颗粒,其中 xCaO · yFe$_2$O$_3$ 颗粒因微细粒熔剂、含铁原料表面发生固相反应形成;原料中脱除的 K、Pb、Cl 向超细颗粒物转化也是此过程 PM_{10} 和 $PM_{2.5}$ 的重要来源。

6.3.3　在燃烧后期的生成行为

　　燃烧后期($1200℃\sim T_{max}$)形成的 $PM_{2.5}$、PM_{10} 化学组成如图 6.24 所示。由图可知,Fe、Ca 在 $PM_{2.5}$、PM_{10} 中含量较高,分别为 29.1%、9.8% 和 36.4%、12.9%;此外,有害元素 K、Na、Pb、Zn、Cl、S 等在 $PM_{2.5}$、PM_{10} 中的总含量分别为 31.5%、18.3%,其中 K、Pb、Cl 含量较高,在 $PM_{2.5}$ 中分别为 8.7%、3.0%、16.8%。

　　由图 6.25 可知,烧结物料中 Cl、S 在燃烧后期的脱除率较高,分别达 82.5%、90.8%,K、Pb 的脱除率也分别达 20.5%、47.1%,均明显高于它们在燃烧前期的脱除率,表明在燃烧后期有更多的有害元素向超细颗粒物转化,这也是该过程产生的 $PM_{2.5}$ 中有害元素含量较高的原因。尽管 S 的脱除率超过 90%,但 $PM_{2.5}$ 中 S 含量却明显低于 Cl,表明脱除的 S 主要以 SO_2 的形式脱除,少量转化为超细颗粒物。

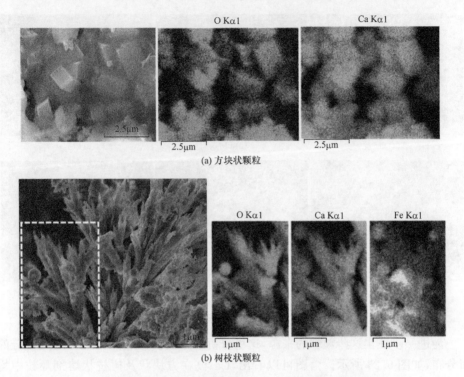

(a) 方块状颗粒

(b) 树枝状颗粒

图 6.23　燃烧前期形成的 $PM_{2.5}$ 中主要元素分布特征

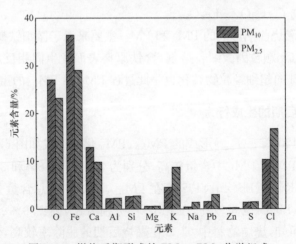

图 6.24　燃烧后期形成的 $PM_{2.5}$、PM_{10} 化学组成

燃烧后期形成的 $PM_{2.5}$、PM_{10} 形貌特征及其化学组成如图 6.26 所示。由图可知,与干燥预热过程、燃烧前期相比,燃烧后期形成的 $PM_{2.5}$、PM_{10} 形貌特征差别较大,$PM_{2.5}$ 主要为光滑的规则球形颗粒(图 6.26(a)和(b)),此外还包含一些表面光滑的块状颗粒(图 6.26(c));PM_{10} 主要由表面光滑的无棱角块状颗粒组成,含有少

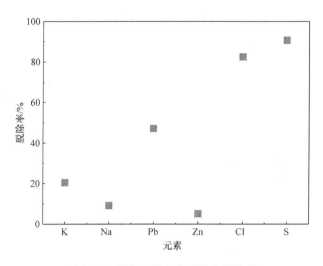

图 6.25　燃烧后期有害元素的脱除率

量立方体颗粒(图 6.26(d))。

(a) PM$_{2.5}$　　　　　　　　　(b) PM$_{2.5}$

(c) PM$_{2.5}$　　　　　　　　　(d) PM$_{10}$

图 6.26　燃烧后期形成的 PM$_{2.5}$、PM$_{10}$ 形貌特征及典型颗粒化学组成

由典型颗粒化学组成可知,球形颗粒和无棱角块状颗粒均主要由 Fe、Ca、O 组

成,含量分别为 36.3%、12.5%、20.5% 和 40.5%、14.2%、23.5%,物理的量比约为 2 : 1 : 4,为 $CaO \cdot Fe_2O_3$ 颗粒。$PM_{2.5}$ 中的光滑块状颗粒和 PM_{10} 中立方体颗粒均主要由 K、Cl 组成,含量为 44.5%、43.1% 和 51.5%、46.6%,物理的量比为 1 : 1,为 KCl 颗粒。这类颗粒的形成与燃烧后期 K、Cl 等元素的高脱除率密切相关,大量 K、Cl 蒸气进入烟气后在冷却过程中达到饱和而经由均相冷凝形成 KCl 颗粒。

综上可知,燃烧后期 PM_{10} 和 $PM_{2.5}$ 的主要来源为:原料中 K、Na、Pb、Cl 等元素大量脱除并向超细颗粒物转化,含铁原料、熔剂在高温下形成球形或光滑无棱角块状 $CaO \cdot Fe_2O_3$ 颗粒物。

6.3.4　在熔融阶段的生成行为

燃烧后期发生的矿物熔融过程形成的 $PM_{2.5}$、PM_{10} 的化学组成和形貌特征,分别如图 6.27 和图 6.28 所示。由图可知,熔融过程产生的 $PM_{2.5}$、PM_{10} 主要由 Fe、Ca 组成,且 Fe、Ca 含量分别达 46.8%、15.7% 和 45.9%、16.4%(图 6.27)。

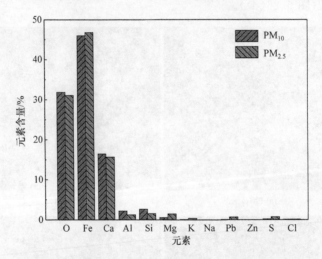

图 6.27　熔融过程形成的 $PM_{2.5}$、PM_{10} 的化学组成

$PM_{2.5}$ 主要为规则球形颗粒,大小比较均匀,粒径在 $1\mu m$ 以下,此外有些球形颗粒相互黏连,形成较大颗粒,而 PM_{10} 主要为光滑无棱角块状颗粒(图 6.28),它们均主要由 Fe、Ca、O 组成,含量分别为 $42\% \sim 46\%$、$14\% \sim 17\%$、$30\% \sim 32\%$(表 6.5),减去与 Al、Si、Mg 结合的 O,三者的物理的量比约为 2 : 1 : 4。因 Fe、Ca、O 在球形颗粒中的分布区域表现出了很好的重叠性(图 6.29),表明 Fe、Ca、O 在球形颗粒中以铁酸钙($CaO \cdot Fe_2O_3$)的形式存在。

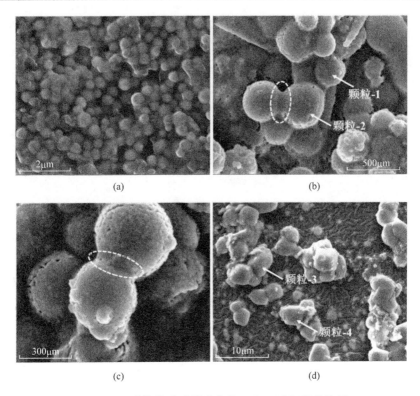

图 6.28　矿物熔融过程形成的 $PM_{2.5}$、PM_{10} 形貌特征

表 6.5　典型球形颗粒的元素组成　　　　　　（单位:%）

颗粒编号	O	Fe	Ca	Al	Si	Mg
1	31.3	43.4	14.9	2.5	3.2	1.2
2	30.2	42.8	15.4	2.1	2.7	0.7
3	30.8	45.5	16.1	1.8	2.4	0.8
4	30.3	44.8	15.9	2.1	2.2	0.6

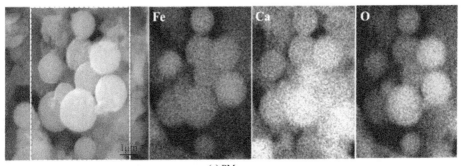

(a) $PM_{2.5}$

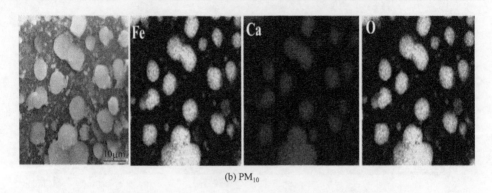

(b) PM$_{10}$

图 6.29　矿物熔融过程形成的特征颗粒主要元素的分布特性

　　球形颗粒或光滑无棱角块状颗粒是 PM$_{10}$ 和 PM$_{2.5}$ 中的一种典型类型,在矿物熔融过程中烧结原料经由固相反应形成的铁酸钙矿物在高温下熔融,因表面张力作用成球形液滴,随着温度的降低,球形熔融体直接形成球形颗粒,而熔融矿物发生聚合后会形成粒径较大的熔融体,在温度降低后形成光滑无棱角块状颗粒。此反应在煤燃烧过程铝硅酸盐发生熔融过程中也得到了证实。

6.3.5　PM$_{10}$、PM$_{2.5}$ 的生成机理

　　混合料连续经过干燥预热—燃烧—熔融过程产生的 PM$_{2.5}$、PM$_{10}$ 的化学组成,如图 6.30 所示。由图可知,连续高温过程产生的 PM$_{2.5}$、PM$_{10}$ 主要由 Fe、Ca 组成,含量分别达 33.7%、11.6% 和 37.4%、14.9%。此外,K、Na、Pb、Zn、S、Cl 等有害元素总含量分别达 23.1%、11.8%,其中 K、Pb、Cl 含量较高,在 PM$_{2.5}$ 中分别为 7.7%、2.8%、10.5%。

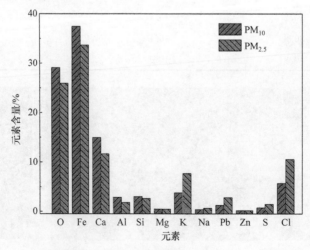

图 6.30　连续干燥预热—燃烧—熔融过程产生的 PM$_{2.5}$、PM$_{10}$ 的化学组成

以 PM₂.₅为例,分析连续高温过程产生的 PM₂.₅的形貌特征及典型颗粒的主要元素组成,结果如图 6.31 所示。由图可知,PM₂.₅主要为富含 Fe、Ca 的规则球形颗粒(图 6.31(a)),此外还包括一部分富含 Ca 和 Fe 的树枝状颗粒(图 6.31(a))、富含 Ca 的方块状颗粒(图 6.31(b))、富含 Fe 的不规则块状颗粒(图 6.31(c))、富含 K 和 Cl 的光滑块状颗粒(图 6.31(d)),这些颗粒产生于干燥预热过程、燃烧前期和燃烧后期。由此可知,烧结高温过程 PM₁₀和 PM₂.₅的主要形成途径为:①铁矿、熔剂中微细粒级颗粒脱落后带入烟气;②铁酸钙矿物熔融过程形成超细颗粒物;③原料中有害元素脱除到烟气通过异相或均相凝结途径形成超细颗粒物。

图 6.31　连续干燥预热—燃烧过程产生的 PM₂.₅形貌及典型颗粒化学组成

干燥预热过程、燃烧前期、燃烧后期、熔融过程及连续高温过程形成的 PM₂.₅、PM₁₀的化学组成,如图 6.32 所示。由图可知,不同高温过程产生的 PM₂.₅、PM₁₀中 Fe、Ca 含量均较高,表明含铁原料、熔剂是 PM₂.₅、PM₁₀形成的主要物质基础;原料中脱除的 K、Na、Pb、Zn、Cl、S 等有害元素在不同高温过程形成的 PM₂.₅、PM₁₀中所占比例有差异,从干燥预热过程至燃烧后期,PM₂.₅、PM₁₀中 K、Na、Pb、Zn、Cl、S 等所占比例不断升高,总含量分别从 2.8%、1.2%大幅提高至 31.5%、

18.3%,表明有害元素气化-冷凝所形成的颗粒物是燃烧后期 $PM_{2.5}$、PM_{10} 形成的主要来源。

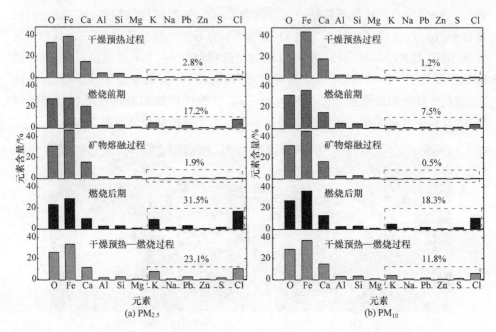

图 6.32　烧结不同高温过程产生的 $PM_{2.5}$、PM_{10} 的化学组成

依据不同高温过程产生的 $PM_{2.5}$ 的化学组成,并采用式(6-1)计算干燥预热过程、燃烧前期、燃烧后期产生的 $PM_{2.5}$ 占整个高温过程产生 $PM_{2.5}$ 的百分比。将各高温过程产生的 $PM_{2.5}$ 中 Fe、Ca、K 的含量代入式(6-1)可以计算出 x_{dry}、y_{pre}、z_{post} 的值分别为 14.4%、6.2%、83.4%,表明干燥预热过程、燃烧前期、燃烧后期产生的 $PM_{2.5}$ 占整个高温过程产生 $PM_{2.5}$ 的百分比分别为 14.4%、6.2%、83.4%。

$$\begin{bmatrix} A_1 & A_2 & A_3 \\ B_1 & B_2 & B_3 \\ C_1 & C_2 & C_3 \end{bmatrix} \begin{Bmatrix} x_{dry} \\ y_{pre} \\ z_{post} \end{Bmatrix} = \begin{Bmatrix} D_1 \\ D_2 \\ D_3 \end{Bmatrix} \tag{6-1}$$

式中,A_1、B_1、C_1 分别为干燥预热过程、燃烧前期、燃烧后期产生的 $PM_{2.5}$ 中元素 Fe 的含量,%;A_2、B_2、C_2 分别为干燥预热过程、燃烧前期、燃烧后期产生的 $PM_{2.5}$ 中元素 Ca 的含量,%;A_3、B_3、C_3 分别为干燥预热过程、燃烧前期、燃烧后期产生的 $PM_{2.5}$ 中元素 K 的含量,%;D_1、D_2、D_3 分别为连续干燥预热、燃烧、熔融过程产生的 $PM_{2.5}$ 中元素 Fe、Ca、K 的含量,%;x_{dry}、y_{pre}、z_{post} 分别为需要求解的干燥预热过程、燃烧前期、燃烧后期产生的 $PM_{2.5}$ 占连续高温过程所产生 $PM_{2.5}$ 的比例,%。

根据连续高温过程 Fe、Ca 的含量,依据式(6-2)、式(6-3)可分别计算出经由脱落过程形成的 $PM_{2.5}$ 比例 $W_{脱落}$ 为 15.4%,经由矿物熔融过程形成 $PM_{2.5}$ 的比例 $W_{熔融}$ 为 52.9%,两者的加和为 68.3%,与连续高温过程 Fe、Ca 以 Fe_2O_3、CaO 的形式存在时所占比例 64.4% 较为接近。

$$W_{脱落} = (D_{dry\text{-}CaO} + D_{dry\text{-}Fe_2O_3}) \cdot x_{dry} + (D_{pre\text{-}CaO} + D_{pre\text{-}Fe_2O_3}) \cdot y_{pre} \quad (6\text{-}2)$$

$$W_{熔融} = D_{post\text{-}CaO \cdot Fe_2O_3} \cdot z_{post} \quad (6\text{-}3)$$

式中,$W_{脱落}$、$W_{熔融}$ 分别为脱落过程、熔融过程产生的 $PM_{2.5}$ 的比例,%;$D_{dry\text{-}CaO}$、$D_{dry\text{-}Fe_2O_3}$ 分别为干燥预热过程 Ca、Fe 分别以 CaO、Fe_2O_3 形式存在于 $PM_{2.5}$ 的比例,%;$D_{pre\text{-}CaO}$、$D_{pre\text{-}Fe_2O_3}$ 分别为燃烧前期 Ca、Fe 分别以 CaO、Fe_2O_3 形式存在于 $PM_{2.5}$ 的比例,%;$D_{post\text{-}CaO \cdot Fe_2O_3}$ 表示燃烧后期 Ca、Fe 以 $CaO \cdot Fe_2O_3$ 形式存在于 $PM_{2.5}$ 的比例,%。

根据连续高温过程 K、Na、Pb、Zn、Cl 的含量,假设 K、Na、Pb、Zn 全部以氯化物的形式存在,可以计算出氯的需求量与实际含量的比值为 0.95,说明满足全部形成氯化物的条件。因此,将 K、Na、Pb、Zn 转化为 KCl、NaCl、$PbCl_2$、$ZnCl_2$,利用式(6-4)可计算出经由气化-均相(异相)凝结途径形成的 $PM_{2.5}$ 所占比例为 20.3%。

$$W_{气化\text{-}凝结} = \sum \left(D_i \cdot \frac{M_i}{m_i} \right) \quad (6\text{-}4)$$

式中,$W_{气化\text{-}凝结}$ 分别为气化-凝结过程产生的 $PM_{2.5}$ 的比例,%;D_i 为连续高温过程形成 $PM_{2.5}$ 中元素 K、Na、Pb、Zn 的含量,%;M_i 为 K、Na、Pb、Zn 分别以 KCl、NaCl、$PbCl_2$、$ZnCl_2$ 存在时的相对分子质量;m_i 为 K、Na、Pb、Zn 的相对原子质量。

由以上计算可知,烧结过程经由细粒熔剂和铁矿颗粒脱落、矿物熔融、有害元素气化-凝结途径形成的 $PM_{2.5}$ 所占百分比分别为 15.4%、52.9%、20.3%。此外,部分难以辨识的 $PM_{2.5}$ 可能产生于脱落的铝硅酸盐脉石矿物、焦粉燃烧形成的飞灰。

综合不同高温过程超细颗粒物的特点及高温过程所发生的物理化学反应,揭示了烧结高温过程 PM_{10} 和 $PM_{2.5}$ 的主要生成机理,如图 6.33 所示。烧结过程 PM_{10} 和 $PM_{2.5}$ 主要经由微细粒级铁矿和熔剂颗粒脱落、矿物熔融及有害元素气化-凝结三种途径形成。有害元素气化后会通过两种形式向 PM_{10} 和 $PM_{2.5}$ 转化:①通过异相凝结黏附在微细粒级铁矿、熔剂颗粒及熔融过程形成的铁酸钙($CaO \cdot Fe_2O_3$)颗粒表面;②通过均相凝结形成 KCl 等颗粒[7-9]。

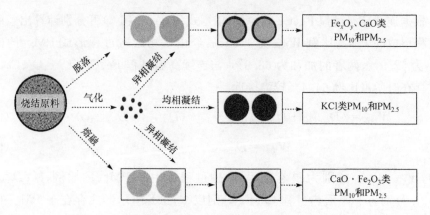

图 6.33　烧结高温过程 PM_{10} 和 $PM_{2.5}$ 生成机理示意图

6.4　料层对 PM_{10}、$PM_{2.5}$ 的吸附行为

高温带产生的 PM_{10} 和 $PM_{2.5}$ 在下部料层迁移过程中,与湿料带相互作用。因此,本节研究湿料层性质对 PM_{10}、$PM_{2.5}$ 的吸附行为和解吸行为。

6.4.1　湿料带厚度的影响

湿料带厚度对 PM_{10} 和 $PM_{2.5}$ 排放浓度的影响,如图 6.34 所示。由图可知,随湿料带厚度减小,各种粒径超细颗粒物排放浓度逐渐增加;湿料带厚度由 600mm 降低至 100mm 时,PM_{10} 及 $PM_{2.5}$ 的排放浓度呈现近似线性增加的变化规律;而当吸附带厚度由 100mm 降低至 0mm 时,PM_{10} 及 $PM_{2.5}$ 的排放浓度均出现较大幅度的增加,分别从 $23.5mg/m^3$、$14.9mg/m^3$ 增加至 $38.4mg/m^3$、$22.2mg/m^3$,表明湿料带存在与否对 PM_{10}、$PM_{2.5}$ 排放浓度影响较大。

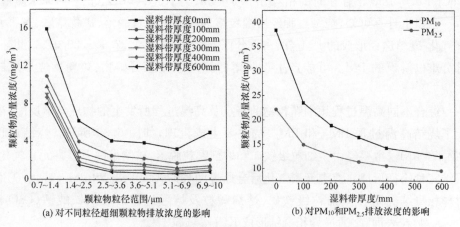

(a) 对不同粒径超细颗粒物排放浓度的影响　　　(b) 对 PM_{10} 和 $PM_{2.5}$ 排放浓度的影响

图 6.34　湿料带厚度对 PM_{10} 和 $PM_{2.5}$ 排放浓度的影响

　　湿料带厚度对料层 PM_{10} 和 $PM_{2.5}$ 吸附效率的影响,如图 6.35 所示。由图可知,当湿料带厚度由 600mm 减小为 100mm 时,料层对各粒径超细颗粒物的吸附效率逐渐降低,对 PM_{10}、$PM_{2.5}$ 的吸附效率从 67.5%、56.8% 分别降低为 38.7%、32.6%;在相同湿料带厚度条件下,料层对较大粒径颗粒物吸附效率高,对较小粒径颗粒物吸附效率低,尤其是对粒径为 $0.7\sim1.4\mu m$ 的吸附效率明显低于对其他粒径颗粒物的吸附效率。因此,料层对 PM_{10} 的吸附效率高于对 $PM_{2.5}$ 的吸附效率[10]。

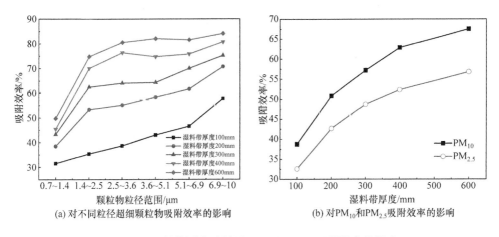

(a) 对不同粒径超细颗粒物吸附效率的影响　　　(b) 对 PM_{10} 和 $PM_{2.5}$ 吸附效率的影响

图 6.35　湿料带厚度对料层 PM_{10} 和 $PM_{2.5}$ 吸附效率的影响

6.4.2　湿料带水分的影响

　　在湿料带厚度为 200mm 的条件下,本小节研究了湿料带水分含量对 PM_{10} 和 $PM_{2.5}$ 排放浓度的影响,结果如图 6.36 所示。由图可知,随着湿料带水分含量的增加,各粒径超细颗粒物排放浓度均降低;当湿料带水分含量从 5.5% 提高至 7.5% 时,PM_{10}、$PM_{2.5}$ 的排放浓度分别由 $30.6mg/m^3$、$19.1mg/m^3$ 降低为 $18.9mg/m^3$、$12.7mg/m^3$,继续提高水分含量至 9.5%,PM_{10}、$PM_{2.5}$ 排放浓度分别降至 $9.7mg/m^3$、$7.2mg/m^3$。

　　湿料带水分含量对料层 PM_{10} 和 $PM_{2.5}$ 吸附效率的影响如图 6.37 所示。由图可知,增加湿料带水分含量有利于提高料层对超细颗粒物的吸附效率,且颗粒物粒径越大,吸附效率提高的幅度越大;湿料带水分含量由 5.5% 提高至 7.5% 时,料层对 PM_{10}、$PM_{2.5}$ 的吸附效率由 20.2%、13.9% 分别提高至 50.8%、42.7%,继续提高水分含量至 9.5%,吸附效率提高至 74.8%、67.6%。

　　虽然提高湿料带水分含量可以提高料层对 PM_{10} 和 $PM_{2.5}$ 的吸附效率,但要考虑水分过湿对烧结指标的影响。因此,湿料带水分的控制是在不造成料层严重过湿的条件下适当提高水分含量。

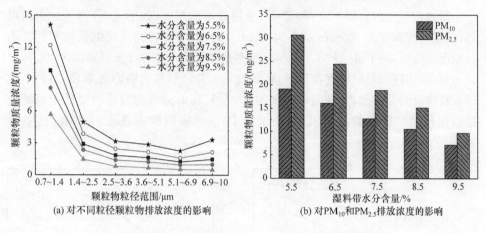

(a) 对不同粒径颗粒物排放浓度的影响　　　(b) 对 PM$_{10}$ 和 PM$_{2.5}$ 排放浓度的影响

图 6.36　　湿料带水分含量对 PM$_{10}$ 和 PM$_{2.5}$ 排放浓度的影响

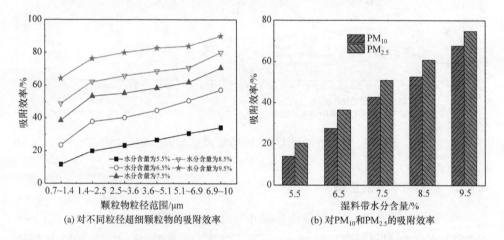

(a) 对不同粒径超细颗粒物的吸附效率　　　(b) 对 PM$_{10}$ 和 PM$_{2.5}$ 的吸附效率

图 6.37　　湿料带水分含量对料层 PM$_{10}$ 和 PM$_{2.5}$ 吸附效率的影响

6.4.3　混合料粒度分布的影响

　　制粒后的混合料粒度组成见表 6.6,混合料中－5mm 和＋5mm 制粒小球的比例均在 50％左右。为了研究混合料粒度分布对颗粒物排放浓度的影响,在湿料带厚度为 200mm 的条件下,本小节设计了两个粒度偏析分布方案,粒度偏析-1 是上层分布粒度为－5mm 的制粒小球、下层分布粒度为＋5mm 的制粒小球;粒度偏析-2 是上层分布粒度为＋5mm 的制粒小球、下层分布粒度为－5mm 的制粒小球。

表 6.6　　制粒后的混合料粒度组成

粒径/mm	＋8	5~8	3~5	1~3	－1	合计
比例/％	21.92	31.33	35.22	11.40	0.13	100

粒度偏析对 PM_{10} 和 $PM_{2.5}$ 排放浓度的影响如图 6.38 所示。由图可知,与无粒度偏析时对比,在粒度偏析-1 的条件下,粒径 $>3.6\mu m$ 的颗粒物排放浓度降低,其余粒径的升高,PM_{10}、$PM_{2.5}$ 的排放浓度也略有升高;针对粒度偏析-2 方案,不同粒径超细颗粒物的排放浓度降低,PM_{10}、$PM_{2.5}$ 的排放浓度从 $18.9mg/m^3$、$12.7mg/m^3$ 分别降低至 $14.8mg/m^3$、$10.5mg/m^3$,同时较粒度偏析-1 的排放浓度有所降低。

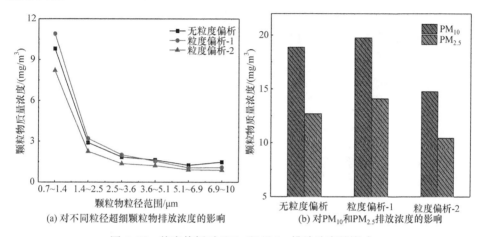

图 6.38　粒度偏析对 PM_{10} 和 $PM_{2.5}$ 排放浓度的影响

粒度偏析对料层吸附超细颗粒物效率的影响如图 6.39 所示。由图可知,与无粒度偏析相比,在两种粒度偏析条件下,料层对粒径较大颗粒物吸附效率均提高,但对于粒度偏析-1 方案,料层对粒径 $<3.6\mu m$ 颗粒物的吸附效率降低,使料层对 PM_{10}、$PM_{2.5}$ 的吸附效率变差;对于粒度偏析-2 方案,料层对各粒径超细颗粒物的吸附效率均提高,但对 $0.7\sim1.4\mu m$ 颗粒物吸附效率提高幅度较小。

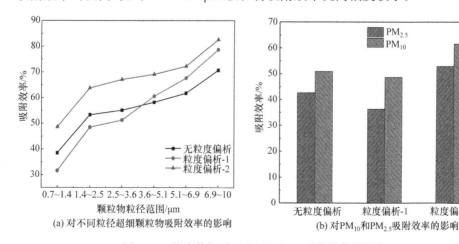

图 6.39　粒度偏析对 PM_{10} 和 $PM_{2.5}$ 吸附效率的影响

6.4.4　湿料带吸附 PM_{10}、$PM_{2.5}$ 的机理

湿料带由大小不一的制粒小球堆积而成,小球颗粒间存在一定的孔隙,为烟气向下流动的通道。一般而言,颗粒床层过滤烟气中的颗粒物主要存在拦截、惯性碰撞、扩散沉降、重力沉降、静电力等五种作用方式,因烧结过程中产生的 PM_{10} 和 $PM_{2.5}$ 不存在捕集体(制粒小球)和颗粒物同时带电的特点,且颗粒粒径不够大($<10\mu m$),可忽略静电力作用和重力沉降作用的影响。因此,烧结料层过滤颗粒物主要通过拦截、惯性碰撞和扩散等三种方式[11-12],其作用示意图如图 6.40 所示。

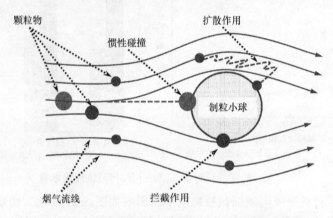

图 6.40　湿料带吸附 PM_{10} 和 $PM_{2.5}$ 的作用机理示意图

根据 Slinn 等的研究[13],颗粒物粒径与不同捕集方式作用强弱的关系如图 6.41 所示。由图可知,当颗粒物粒径大于 $2\mu m$ 时,颗粒发生惯性碰撞而被捕集的

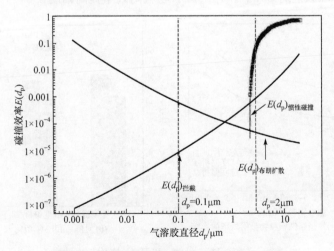

图 6.41　影响不同粒径颗粒碰撞效率的因素

效率随颗粒物粒径增加而显著提高,因此粒径较大颗粒物容易被料层吸附。粒径为 $0.1\sim2\mu m$ 的颗粒物处于惯性碰撞、扩散沉降、拦截效应等多重作用力的混合作用区,但各种作用力的影响均较弱,因此,粒径为 $0.7\sim1.4\mu m$ 的颗粒物被湿料带的吸附效率相对较低。

图 6.42 为烟气中 $PM_{2.5}$ 被湿料带(厚度为 200mm,水分含量为 7.5%,无粒度偏析)吸附前后的形貌特征。由图可知,吸附前,$PM_{2.5}$ 含有较多粒径为 $2\mu m$ 左右的较大颗粒(图 6.42(a));吸附后,$PM_{2.5}$ 主要为粒径为 $1\mu m$ 左右的球形颗粒,这些颗粒更加难以被料层吸附(图 6.42(b))。

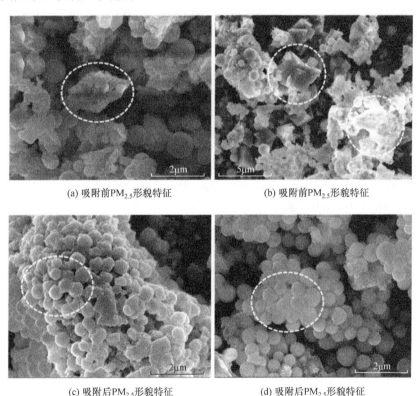

(a) 吸附前$PM_{2.5}$形貌特征　　　　　　　(b) 吸附前$PM_{2.5}$形貌特征

(c) 吸附后$PM_{2.5}$形貌特征　　　　　　　(d) 吸附后$PM_{2.5}$形貌特征

图 6.42　湿料层吸附前后 $PM_{2.5}$ 的形貌特征

当湿料带厚度减小时,惯性碰撞、扩散等方式的作用时间缩短,有利于降低超细颗粒物被料层捕获的机会;采用粒度偏析-2 方案时,从上至下料层孔隙率减小,烟气穿过料层时不断加速,惯性碰撞作用增强,有利于颗粒物的捕集;提高料层水分含量会增加混合料堆密度,料层孔隙率降低(式(6-5)),从而加快烟气流速,有利于提高惯性碰撞效率;并且小球表面的水膜对颗粒物具有黏附作用,有利于降低颗粒物被捕集体弹开或被气流吹落的概率,提高颗粒物捕集效率。

$$\varepsilon = \left(1 - \frac{\rho_{堆}}{\rho_{真}}\right) \times 100\% \tag{6-5}$$

式中，ε 为料层孔隙率，%；$\rho_{堆}$ 为混合料堆密度，kg/m^3；$\rho_{真}$ 为混合料真密度，kg/m^3。

6.5　PM_{10}、$PM_{2.5}$在料层的解吸行为

吸附在料层下部湿料层中的 PM_{10} 和 $PM_{2.5}$，在高温带继续往下迁移过程，湿料带经历干燥、预热、燃烧等高温过程，被料层吸附的 PM_{10} 和 $PM_{2.5}$ 在高温下的行为对 PM_{10} 和 $PM_{2.5}$ 排放浓度有重要影响。因此，本节研究 PM_{10} 和 $PM_{2.5}$ 在高温过程的解吸行为。

6.5.1　湿料带吸附 PM_{10}、$PM_{2.5}$后的化学组成变化

本小节研究了湿料层（100mm）吸附 PM_{10} 和 $PM_{2.5}$后，混合料中有害元素含量的变化，结果如图 6.43 所示。由图可知，相比吸附前，吸附后混合料中的 K、Na、Pb、Zn、Cl、S 等有害元素含量均出现增加，其中 K、Cl、S 含量增加比较明显，分别从吸附前的 625.8mg/kg、247.5mg/kg、991.5mg/kg 增加至 703.5mg/kg、405.3mg/kg、1870.5mg/kg。

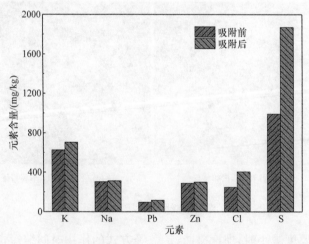

图 6.43　吸附 PM_{10} 和 $PM_{2.5}$后混合料中有害元素含量的变化

混合料中 S 含量增加的原因在于烟气中的 SO_2 经化学反应后被湿料带吸附，湿料层吸附烟气后，烟气中 SO_2 含量明显降低（图 6.44(a)）；由于下部湿料层的吸附作用，从上部混合料中脱除的 K、Na、Pb、Cl 可被有效吸附，使得排放烟气中 K、Na、Pb、Cl 等元素的浓度降低（图 6.44(b)）。

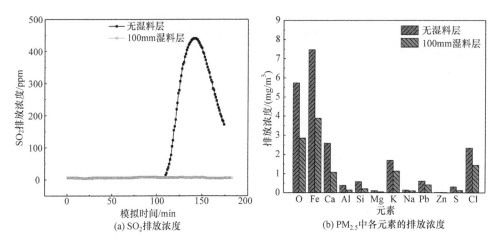

(a) SO₂排放浓度

(b) PM₂.₅中各元素的排放浓度

图 6.44　烧结烟气经湿料带吸附前后 SO₂和 PM₂.₅中各元素的排放浓度

6.5.2　PM₁₀、PM₂.₅在高温过程的解吸特征

湿料层吸附 PM₁₀和 PM₂.₅后，在后续烧结过程分别经历干燥预热、燃烧等过程，各高温阶段产生的颗粒物化学组成如图 6.45～图 6.47 所示。

吸附后的混合料经历干燥预热过程，产生的 PM₂.₅也主要由 Fe、Ca 组成，但相比基准混合料，其产生的 PM₂.₅中 Fe 含量明显降低、Ca 含量明显增加，PM₂.₅中 K、Na、Pb、Zn、Cl、S 等有害元素含量提高，且总含量从 2.8%增加至 7.6%（图 6.45）。

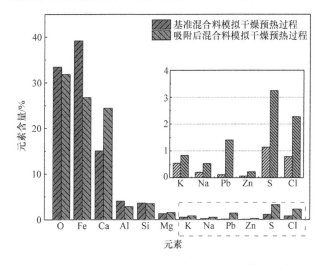

图 6.45　干燥预热过程解吸产生的 PM₂.₅化学组成

吸附后的混合料经历燃烧前期时，产生的 PM₂.₅也主要由 Fe、Ca 组成，但相比

基准混合料,其产生的 Fe、Ca 含量均降低,$PM_{2.5}$ 中 K、Na、Pb、Zn、Cl、S 等有害元素含量均提高,总含量从 17.2%增加至 27.0%,表明料层中吸附的有害元素部分解吸后进入超细颗粒物(图 6.46)。

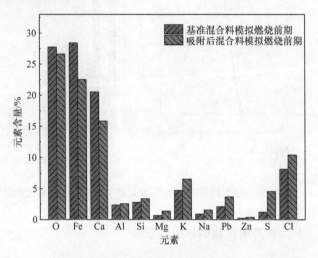

图 6.46　燃烧前期解吸产生的 $PM_{2.5}$ 化学组成

　　吸附后的混合料经历燃烧后期时,产生的 $PM_{2.5}$ 中 Fe 含量明显降低,从 29.1%降至 19.8%;K、Na、Pb、Zn、Cl、S 等微量组分在 $PM_{2.5}$ 中的总含量大幅上升,从 31.5%提高至 49.4%,其中 K、Pb、Cl 的增加量较大,分别从 8.7%、3.0%、16.8%提高至 15.6%、6.2%、23.2%,表明料层吸附的有害元素在燃烧后期大量解吸进而转化为超细颗粒物(图 6.47)。

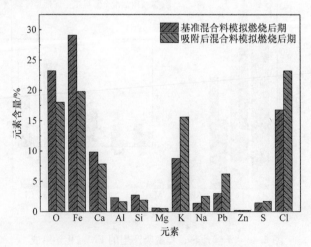

图 6.47　燃烧后期解吸产生的 $PM_{2.5}$ 化学组成

湿料层吸附 PM_{10} 和 $PM_{2.5}$ 后,经历干燥预热过程、燃烧过程产生的颗粒物形貌特征如图 6.48～图 6.52 所示。

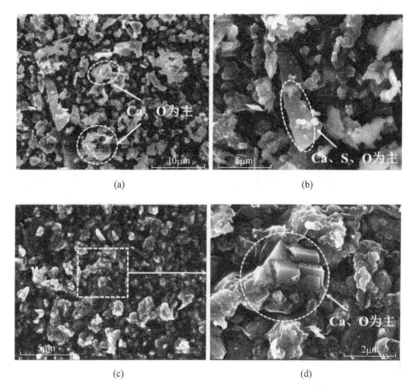

图 6.48　干燥预热带解吸产生的 $PM_{2.5}$ 形貌特征和典型颗粒化学组成

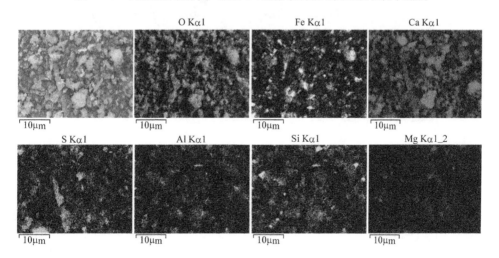

图 6.49　干燥预热带解吸产生的 $PM_{2.5}$ 中主要元素分布特征

　　吸附有 PM_{10} 和 $PM_{2.5}$ 的混合料经历干燥预热过程时产生的 $PM_{2.5}$ 主要为富含 Fe、Ca 的片状、粒状、长条状颗粒及细颗粒物的聚集体,并且有富含 Ca、S、O 的片状颗粒和富含 Ca、O 的方块状颗粒(图 6.48 和图 6.49)。富含 Ca、S、O 颗粒的出现与被料层大量吸附的 SO_2 密切相关;结合燃烧前期所产生 $PM_{2.5}$ 的形貌特征,富含 Ca、O 的方块状颗粒源于料层中吸附颗粒的脱落,这也是 $PM_{2.5}$ 中 Ca 含量上升的原因。

　　吸附有 PM_{10} 和 $PM_{2.5}$ 的混合料经历燃烧前期时产生的 $PM_{2.5}$ 主要为小颗粒团聚体(富含 Fe、Ca、O)、方块状颗粒(富含 Ca、O)、树枝状颗粒(富含 Ca、Fe、O),但 $PM_{2.5}$ 中出现了大量由 Ca、S、O 组成的光滑柱状颗粒及富含 K、Cl 的细小颗粒(图 6.50 和图 6.51)。光滑柱状颗粒的形成和大量 SO_2 与细粒熔剂间的反应有关,富含 K、Cl 小颗粒形成与料层中吸附的 K、Cl 等有害元素的解吸有关。

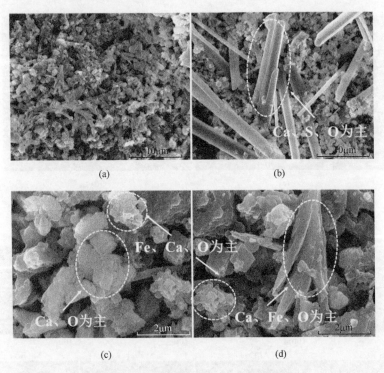

图 6.50　燃烧前期解吸产生的 $PM_{2.5}$ 形貌特征

　　吸附有 PM_{10} 和 $PM_{2.5}$ 的混合料经历燃烧后期时产生的 $PM_{2.5}$ 形貌与基准混合料产生的较为相似,主要由富含 Fe、Ca、O 的光滑球形颗粒及富含 K、Cl 的光滑块状颗粒组成(图 6.52)。

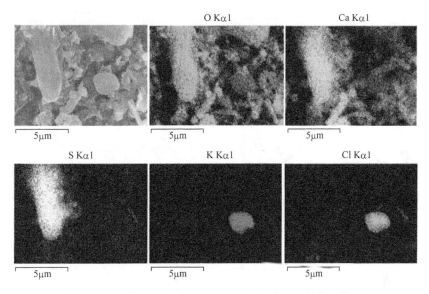

图 6.51 燃烧前期解吸产生的 PM$_{2.5}$ 中主要元素分布特征

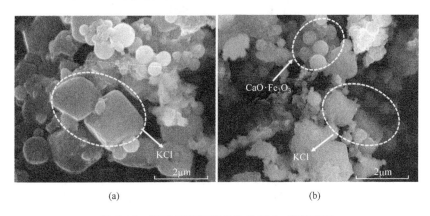

图 6.52 燃烧后期解吸产生的 PM$_{2.5}$ 形貌特征

6.5.3 有害元素在高温过程的解吸行为

吸附后的混合料解吸时,生成的 PM$_{2.5}$ 中有害元素含量变化比较明显,表明吸附的有害元素在高温过程再次解吸并向颗粒物转化,但不同高温过程有害元素的解吸量存在差异,在颗粒物形成过程中的作用也不同。混合料吸附颗粒物前后经历不同高温过程时,有害元素的脱除量及解吸量如图 6.53 和图 6.54 所示。

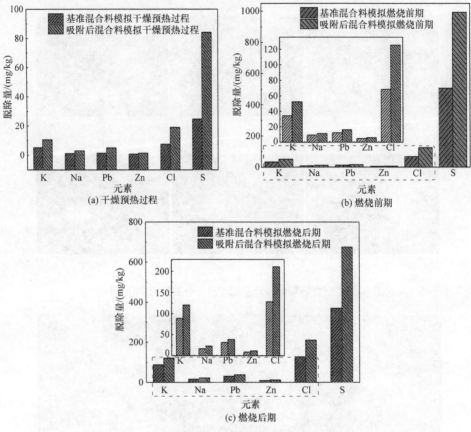

图 6.53　不同高温解吸过程有害元素的脱除量

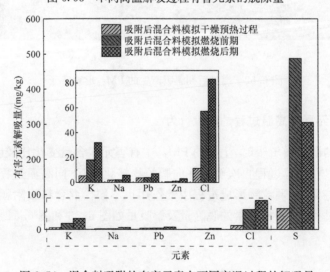

图 6.54　混合料吸附的有害元素在不同高温过程的解吸量

由图 6.53 和图 6.54 可得到以下结论。

（1）吸附 PM_{10} 和 $PM_{2.5}$ 后的混合料经历高温过程后，与基准混合料相比，其 K、Na、Pb、Zn、Cl、S 等的脱除量均有所升高；在干燥预热过程，S 的脱除量提高比较明显，而其他有害元素脱除量差异不大；在燃烧前期，混合料中 S、Cl 的脱除量明显提高；在燃烧后期，K、Cl、S 的脱除量也明显提高。

（2）K、Na、Pb、Zn、Cl 等相对于基准混合料的脱除增量从干燥预热过程到燃烧后期呈现上升的趋势，这表明与干燥预热过程相比，料层中吸附的有害元素在升温前期的解吸量更多，且在燃烧后期的解吸量达到最大（S 除外），从而可使更多有害元素向超细颗粒物转化，这也是燃烧前期解吸时形成的 $PM_{2.5}$ 中有害元素总含量的提高幅度较大，且在燃烧后期达到最大的主要原因。

6.5.4 PM_{10}、$PM_{2.5}$ 排放与其生成-迁移的关系

烧结过程 PM_{10} 和 $PM_{2.5}$ 排放与其生成-迁移的关系如图 6.55 所示。由图可以看出，烧结物料在干燥预热带和燃烧带经由微细颗粒脱落、气化-凝结、熔融等途径生成 $PM_{2.5}$，并由微细铁矿和熔剂颗粒、KCl 颗粒、$CaO \cdot Fe_2O_3$ 球形或光滑无棱角颗粒等组成。这些颗粒随烟气在料层中迁移时，部分颗粒尤其是粒径较大颗粒因拦截、惯性碰撞等作用而被湿料层吸附，逃逸出来的主要为粒径较小的 $CaO \cdot Fe_2O_3$ 球形颗粒，因此，Ⅰ区～Ⅱ-2 区烟气中 PM_{10} 和 $PM_{2.5}$ 排放浓度较低，$PM_{2.5}$ 主要由 $CaO \cdot Fe_2O_3$ 球形颗粒构成。

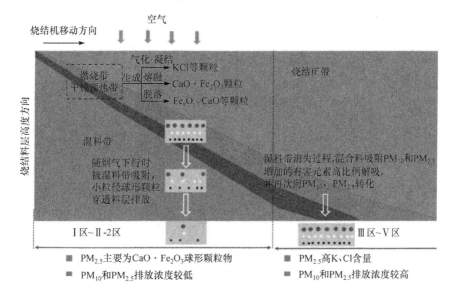

图 6.55 PM_{10} 和 $PM_{2.5}$ 排放规律与其生成-迁移间的关系

吸附了 PM_{10} 和 $PM_{2.5}$ 的混合料在经历干燥、预热、燃烧、熔融等高温过程时，颗粒物会大量解吸，$PM_{2.5}$ 中 K、Cl 等有害元素含量大幅提高。在Ⅲ区，湿料带开始消失，料层对超细颗粒物的吸附作用减弱，吸附的超细颗粒物开始解吸，随料层温度不断增加，料层吸附的 K、Cl 大量解吸并向超细颗粒物转化，从而使得Ⅲ区～Ⅴ区排放的 $PM_{2.5}$ 中 K、Cl 含量均较高，PM_{10}、$PM_{2.5}$ 排放浓度明显提高。

6.6　基于分层布料调控 PM_{10}、$PM_{2.5}$ 排放的技术

烧结过程 PM_{10} 和 $PM_{2.5}$ 排放呈现前段烟气(Ⅰ区～Ⅱ-2 区)排放浓度较低、后段烟气(Ⅲ区～Ⅴ区)排放浓度较高的特征。因此，进一步降低前段烟气 PM_{10} 和 $PM_{2.5}$ 的排放浓度，使其更为集中地排放到升温段，可以减少烟气的处理量，是 PM_{10} 和 $PM_{2.5}$ 经济、高效控制的关键。依据烧结过程有害元素向超细颗粒物转化是 PM_{10} 和 $PM_{2.5}$ 的重要来源，因此调控其在料层中的转化区域是控制 PM_{10} 和 $PM_{2.5}$ 排放的重要手段，据此本节提出通过高有害元素原料分层布料调控 PM_{10} 和 $PM_{2.5}$ 高效集中排放的技术思路。

6.6.1　料层中有害元素的脱除规律

本小节将烧结料层沿高度方向由上至下均匀分为五层，研究了 K、Na、Pb、Zn 等有害元素在烧结过程中的脱除规律，不同料层高度处 K、Na、Pb、Zn 的脱除率如图 6.56 所示。由图可知，烧结过程 K、Na、Pb、Zn 的平均脱除率分别达到 24.4%、10.0%、44.3%、4.2%，在不同料层高度处的脱除率差异较大，从第一层到第五层，脱除率呈现升高的趋势：K、Na、Pb、Zn 在第一层的脱除率分别为 5.4%、4.8%、

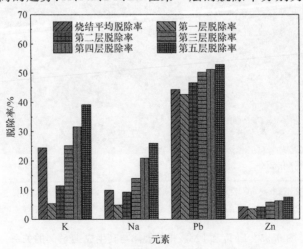

图 6.56　烧结过程 K、Na、Pb、Zn 的脱除率

42.7%、3.5%,均低于烧结过程的平均脱除率;K、Na、Pb、Zn 在第三层的脱除率分别为 25.2%、14.0%、50.3%、5.8%,均略高于烧结过程的平均脱除率;K、Na、Pb、Zn 在第五层的脱除率进一步提高至 39.2%、26.0%、52.9%、7.5%。沿料层高度方向从上至下 K、Na、Pb、Zn 的脱除率逐渐提高的原因是:蓄热作用使料层从上至下最高温度逐渐升高(图 6.57),而随着反应温度的升高,K、Na、Pb、Zn 的脱除率均会提高(图 6.58)。

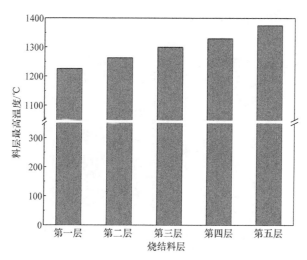

图 6.57　不同高度烧结料层的最高温度

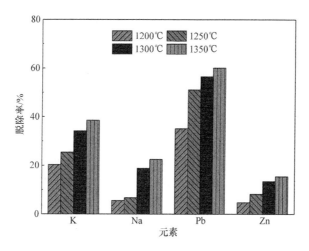

图 6.58　温度对 K、Na、Pb、Zn 脱除率的影响

6.6.2 分层布料对 PM_{10}、$PM_{2.5}$ 排放的影响

根据原料中 K、Na、Pb、Cl 等元素对 PM_{10} 和 $PM_{2.5}$ 形成的影响,将试验所用含铁原料分为高 K/Na/Pb/Cl 原料(K≥0.1%、Na≥0.05%、Pb≥0.05%、Cl≥0.1%)和相对纯净的含铁原料,如表 6.7 所示。由图 6.59 可知,高有害元素原料带入的 K、Na、Pb、Cl 的比例分别为 89.90%、61.24%、90.99%、94.82%,占含铁原料带入的 K、Na、Pb、Cl 总量的比例为 84.81%,明显高于纯净矿带入的有害元素的比例。

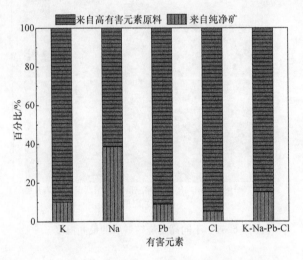

图 6.59 高有害元素原料和纯净矿带入的有害元素比例

表 6.7 原料类型划分 （单位:%）

矿种	类型	K	Na	Pb	Cl
澳矿 A	纯净	0.002	0.016	0.001	0.002
澳矿 B	纯净	0.014	0.015	0.002	0.002
巴西矿 A	纯净	0.014	0.010	0.002	0.002
巴西矿 B	纯净	0.002	0.013	0.003	0.001
南非矿 B	纯净	0.071	0.019	0.002	0.007
铁皮	纯净	0.002	0.022	0.002	0.001
返矿	纯净	0.054	0.034	0.005	0.004
南非矿 A	高 K、Na	0.212	0.056	0.002	0.002
越南矿	高 K、Na、Pb	0.168	0.065	0.064	0.005
国内矿 A	高 Na	0.008	0.080	0.002	0.006

续表

矿种	类型	K	Na	Pb	Cl
国内矿 B	高 Pb	0.076	0.023	0.057	0.001
回收铁精粉	高 Na	0.016	0.062	0.003	0.002
返矿混合料	高 K、Na、Pb、Cl	0.344	0.089	0.115	0.395
瓦斯灰	K、Na、Cl	0.236	0.073	0.014	0.162

基于此,将 K、Na、Pb、Cl 等有害元素含量较高的南非矿 A、越南矿、国内矿 A、国内矿 B、回收铁精粉、返矿混合料、瓦斯灰等与相对纯净的含铁原料分别制粒,将高有害元素含铁原料分别布在料层的上部、中部、下部(图 6.60)。

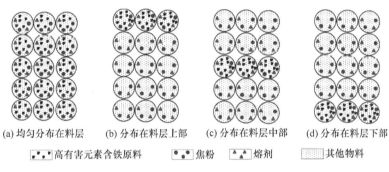

(a) 均匀分布在料层　　(b) 分布在料层上部　　(c) 分布在料层中部　　(d) 分布在料层下部

▫▪·高有害元素含铁原料　　●▪·焦粉　　▲▲熔剂　　▨其他物料

图 6.60　高有害元素含铁原料在料层中的分布位置示意图

进而,研究有害元素在料层中的分布对烧结过程 PM₁₀、PM₂.₅ 排放的影响,结果分别如图 6.61~图 6.63 所示。由图 6.61~图 6.63 可得到以下结论。

(1) 与均匀分布相比,高有害元素原料分布在料层上部时,PM₁₀、PM₂.₅ 的高浓度排放阶段由Ⅲ区前提至Ⅰ区,排放浓度分别为 53.0mg/m³、34.2mg/m³(图 6.61 和图 6.62),而且各粒径超细颗粒物排放浓度均提高,0.7~1.4μm 的更为明显(图 6.63(a));而在Ⅱ-2 区、Ⅳ区烟气中的排放浓度也较高(图 6.61 和图 6.62)。

(2) 当高有害元素原料分布在料层中部时,PM₁₀、PM₂.₅ 主要在Ⅱ-2 区高浓度排放,排放浓度为 54.8mg/m³、34.5mg/m³,且在Ⅱ-2 区~Ⅴ区的排放浓度均较高(图 6.61 和图 6.62);与均匀分布相比,Ⅱ-2 区烟气中各种粒径超细颗粒物的排放浓度均较高,其中 0.7~1.4μm 的排放浓度提高更为明显(图 6.63(b))。

(3) 当高有害元素原料分布在料层下部时,PM₁₀、PM₂.₅ 主要集中排放在Ⅳ-1区、Ⅴ区,PM₁₀ 的排放浓度分别为 77.0mg/m³、55.0mg/m³,PM₂.₅ 的排放浓度分别为 55.1mg/m³、29.4mg/m³,且在Ⅱ-1 区~Ⅲ区烟气中的排放浓度均明显低于均匀分布的(图 6.61 和图 6.62);Ⅳ-1 区烟气中—6.9μm 颗粒物的排放浓度均高于均匀分布的,且随着粒径的减小,排放浓度差值增大,Ⅴ区烟气中—5.1μm 的排放浓度均高于均匀分布的,尤其是 $0.7 \sim 1.4 \mu m$ 的颗粒物(图 6.63(c) 和 (d))[14,15]。

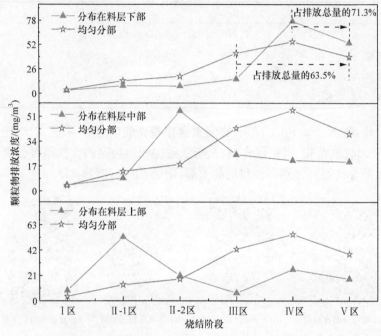

图 6.61　高有害元素原料在料层分布位置对烧结过程 PM_{10} 排放特性的影响

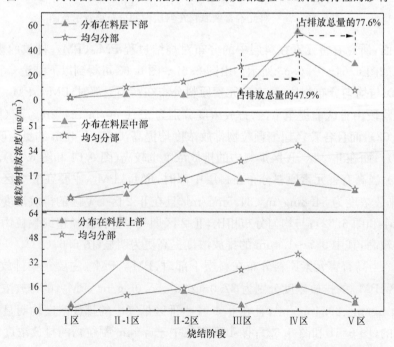

图 6.62　高有害元素原料在料层分布位置对烧结过程 $PM_{2.5}$ 排放特性的影响

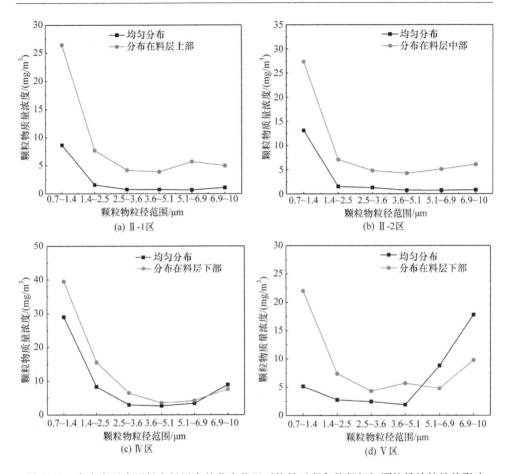

图 6.63　高有害元素原料在料层中的分布位置对烧结过程各粒径超细颗粒排放特性的影响

　　如图 6.64 所示,高有害元素原料分布在料层下部时,Ⅰ区、Ⅱ-1 区～Ⅲ区排放的 PM$_{2.5}$主要由 Fe、Ca 组成,含有少量 K、Na、Pb、Zn、Cl、S 等元素,在Ⅰ区,其含量与均匀分布的差异不大,但在Ⅱ-1 区～Ⅲ区,Fe、Ca 含量高于均匀分布的,K、Pb、Cl 等含量较均匀分布的低;Ⅳ区、Ⅴ区烟气中的 PM$_{2.5}$主要由 K、Pb、S、Cl 组成,其中 K、Cl 含量明显低于均匀分布的,但 Pb、S 含量明显高于均匀分布的。

　　由图 6.65 可知,Ⅳ区烟气中的 PM$_{2.5}$大多数为光滑的块状颗粒,以 PbSO$_4$-K$_2$SO$_4$ 的形式存在。

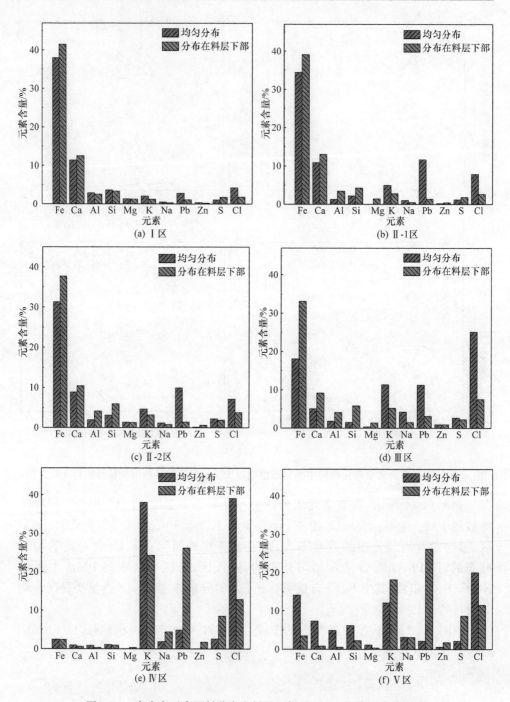

图 6.64　高有害元素原料分布在料层下部对 $PM_{2.5}$ 化学组成的影响

(a) PM$_{2.5}$形貌特征及典型颗粒化学组成

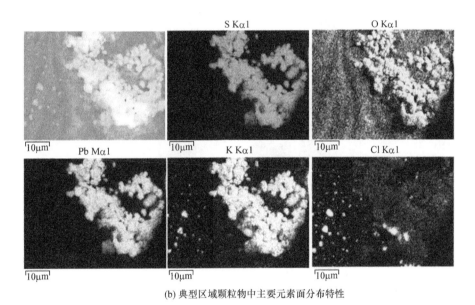

(b) 典型区域颗粒物中主要元素面分布特性

图 6.65　高有害元素原料分布在下部时Ⅳ区排放 PM$_{2.5}$的形貌及典型颗粒化学组成

6.6.3　分层布料对烧结和有害元素脱除的影响

　　当高有害元素原料分布在料层下部时,烧结速率、成品率、转鼓强度、利用系数略有下降(表 6.8),烧结矿中 K、Na、Pb、Zn、Cl 的含量明显低于均匀分布的烧结矿,也低于分布在上部和中部时的烧结矿(图 6.66)。其主要原因是高有害元素原料分布在料层不同位置时其脱除率的变化(图 6.67),分布在料层上部时,K、Na、Pb、Zn、Cl 等的脱除率均低于均匀分布的,分布在料层中部时,脱除率比分布在料层上部时及均匀分布时的均有小幅升高;分布在料层下部时,脱除率较均匀分布时进一步提高,其中 K、Na、Pb、Zn、Cl 的脱除率提高更为明显。

表 6.8　高有害元素原料在料层中的分布位置对烧结产量、质量指标的影响

方案	混合料水分 /%	焦粉配比 /%	烧结速率 /(mm/min)	成品率 /%	转鼓强度 /%	利用系数 /(t/(m² · h))
均匀分布			25.19	73.59	63.00	1.60
分布在料层上部			24.45	71.80	62.09	1.55
分布在料层中部	7.50	5.00	23.88	73.02	60.73	1.58
分布在料层下部			24.18	72.15	61.70	1.57

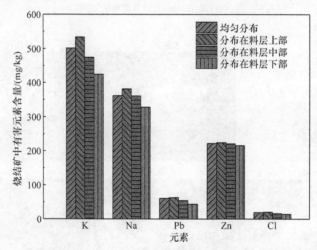

图 6.66　高有害元素原料在料层中的分布位置对烧结矿中有害元素含量的影响

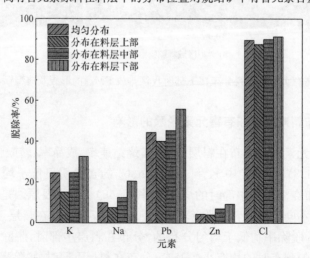

图 6.67　高有害元素原料在料层中的分布位置对有害元素脱除率的影响

因此,将高有害元素原料分布在料层下部,中间段烟气中超细颗粒物排放浓度明显降低,PM$_{10}$和 PM$_{2.5}$高浓度集中释放至Ⅳ区、Ⅴ区烟气,PM$_{10}$、PM$_{2.5}$的排放量占排放总量的比例为71.3%、77.6%;使 K、Na、Pb、Zn、Cl、S 等有害元素集中在Ⅳ区、Ⅴ区释放,且可减少Ⅰ区、Ⅱ区、Ⅲ区有害元素的排放,同时提高有害元素的脱除率,改善烧结矿质量[16]。

6.7　基于黏结剂强化料层吸附的 PM$_{10}$、PM$_{2.5}$迁移调控技术

湿料层具有吸附 PM$_{10}$和 PM$_{2.5}$的作用,进一步增强料层的吸附能力是控制Ⅱ区 PM$_{10}$和 PM$_{2.5}$排放的关键,因此本节提出向制粒小球表面喷加黏结剂强化料层的吸附作用,从而调控 PM$_{10}$和 PM$_{2.5}$迁移的技术思路,将 PM$_{10}$和 PM$_{2.5}$集中排放至Ⅳ区、Ⅴ区烟气。

6.7.1　黏结剂强化料层吸附 PM$_{10}$、PM$_{2.5}$的效果

为了研究黏结剂对料层吸附 PM$_{10}$和 PM$_{2.5}$的影响,本小节设计了总厚度为200mm 的湿料层,并在 100mm 的制粒小球表面喷加了雾状有机黏结剂 XF 溶液,用量为 1%,在此条件下研究了黏结剂浓度对料层吸附 PM$_{10}$和 PM$_{2.5}$的影响,结果如图 6.68 所示。

由图 6.68 可知,随着黏结剂浓度的增加,料层对各种粒径超细颗粒物的吸附效率不断提高,使各粒径超细颗粒物的排放浓度逐渐降低,其中 PM$_{2.5}$的排放浓度降低尤为明显;当黏结剂浓度为 0.5%时,料层对 PM$_{10}$、PM$_{2.5}$的吸附效率由未喷加黏结剂时的 50.8%、42.7%分别提高至 76.4%、73.6%,PM$_{10}$、PM$_{2.5}$的排放浓度分别由未喷加黏结剂时的 18.9mg/m³、12.7mg/m³ 降低至 9.1mg/m³、5.9mg/m³。

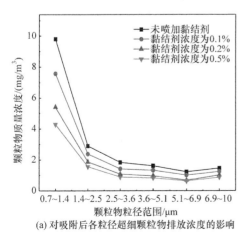

(a) 对吸附后各粒径超细颗粒物排放浓度的影响

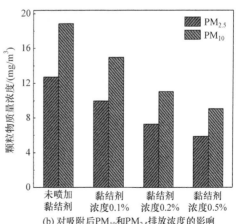

(b) 对吸附后PM$_{10}$和PM$_{2.5}$排放浓度的影响

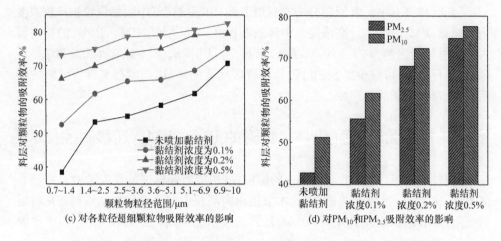

(c) 对各粒径超细颗粒物吸附效率的影响　　　　(d) 对PM₁₀和PM₂.₅吸附效率的影响

图 6.68　喷加黏结剂对 PM_{10} 和 $PM_{2.5}$ 排放浓度和料层吸附效率的影响

6.7.2　黏结剂强化 PM_{10}、$PM_{2.5}$ 集中排放的效果

在 100mm 底部料层喷加浓度为 0.5% 黏结剂溶液的条件下,烧结过程各粒径超细颗粒物排放如图 6.69 所示,PM_{10}、$PM_{2.5}$ 排放特性如图 6.70 所示。

由图可知,与未喷加黏结剂相比,喷加黏结剂后有以下结论。

(1) 在 Ⅰ 区,各粒径超细颗粒物的排放浓度均有小幅度降低(图 6.69(a));PM_{10}、$PM_{2.5}$ 的排放浓度差异不大(图 6.70)。

(2) 在 Ⅱ-1 区~Ⅲ 区,各粒径超细颗粒物的排放浓度均降低,其中,大于 $1.4\mu m$ 的颗粒物排放浓度降低幅度不大,但 $0.7\sim1.4\mu m$ 的颗粒物排放浓度降低明显(图 6.69(b)~(d));PM_{10}、$PM_{2.5}$ 的排放浓度均降低,且在 Ⅲ 区最为明显,分别从 $42.9mg/m^3$、$27.0mg/m^3$ 降至 $15.7mg/m^3$、$8.7mg/m^3$(图 6.70)。

(3) 在 Ⅳ 区,各粒径超细颗粒物的排放浓度均增加(图 6.69(e));在 Ⅴ 区,小于 $5.1\mu m$ 的颗粒物排放浓度均增加,其中 $0.7\sim1.4\mu m$ 的颗粒物排放浓度增加较为明显(图 6.69(f));在 Ⅳ 区、Ⅴ 区,PM_{10}、$PM_{2.5}$ 的排放浓度均提高,且在 Ⅳ 区比较明显,从 $55.2mg/m^3$、$37.4mg/m^3$ 分别提高至 $105.3mg/m^3$、$66.9mg/m^3$(图 6.70)。

由图 6.71 可知,与未喷加黏结剂相比,喷加黏结剂后排放的 $PM_{2.5}$ 以小粒径 $CaO \cdot Fe_2O_3$ 球形颗粒为主,粒径较大的 $PbCl_2$ 多面体柱状颗粒减少,说明喷加黏结剂后,较大粒径的 $PbCl_2$ 被料层吸附,穿过料层排放的 $PM_{2.5}$ 主要为 $CaO \cdot Fe_2O_3$ 球形粒径颗粒。

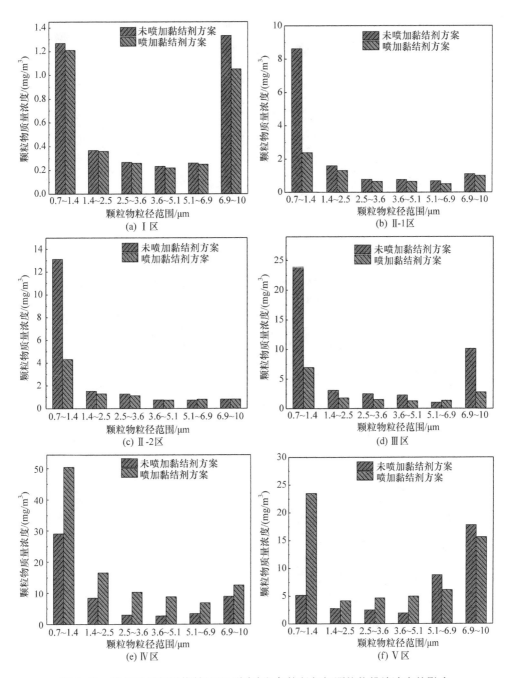

图 6.69 喷加黏结剂对烧结过程不同阶段各粒径超细颗粒物排放浓度的影响

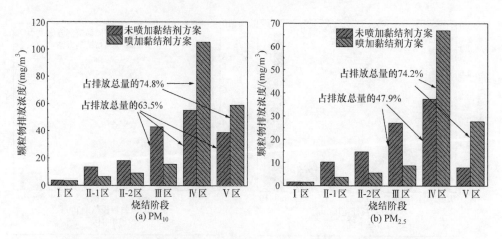

图 6.70　喷加黏结剂对烧结过程不同阶段 PM_{10} 和 $PM_{2.5}$ 排放特性的影响

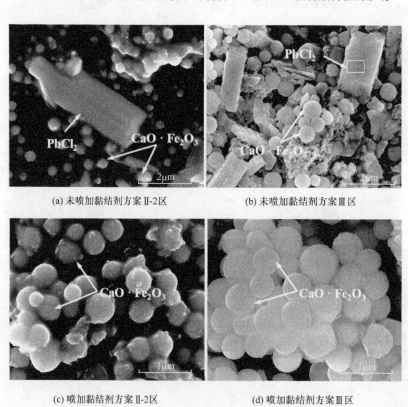

图 6.71　喷加黏结剂对烧结过程 Ⅱ-2 区和 Ⅲ 区烟气中
的 $PM_{2.5}$ 形貌及特征颗粒化学组成的影响

6.7.3　黏结剂强化料层吸附 PM_{10}、$PM_{2.5}$ 的机理

当颗粒物经过湿料层时,与料层物料颗粒之间发生惯性碰撞、拦截、扩散等作用而被料层捕集,使 PM_{10}、$PM_{2.5}$ 的排放浓度有所降低。

当向湿料层喷加一定浓度的有机高分子黏结剂后,进一步强化了湿料层对超细颗粒物的吸附[17,18],其增强料层捕集 PM_{10}、$PM_{2.5}$ 的机理主要如下。

(1) 扩大了料层颗粒吸附 PM_{10}、$PM_{2.5}$ 的作用范围。有机黏结剂是一种线型有机高分子,其分子链附着在料层颗粒表面,分子链长度可以达到几十至数百纳米,由于有机高分子链直径很小,当烟气流经料层颗粒表面时,气流流线的变化可以忽略,处于拦截作用和扩散作用粒径范围的颗粒物依旧按照原来的轨迹运动,这些颗粒物不仅可以在料层颗粒表面相遇而被捕集(拦截 1、扩散 1),如图 6.72(a)所示,同时还可以与有机黏结剂的分子链相遇,发生拦截 2、扩散 2 类型的捕集,使物料颗粒捕获到远离其表面运动的超细颗粒物,因此扩大了料层颗粒通过拦截作用和扩散作用捕集颗粒物的半径,如图 6.72(b)所示;同时高分子链区域也可能作为处于惯性碰撞的大颗粒与料层颗粒碰撞的缓冲区,最终强化了料层颗粒对 PM_{10}、$PM_{2.5}$ 的吸附。

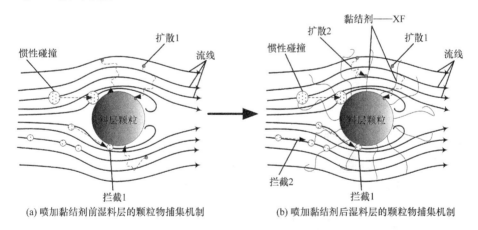

(a) 喷加黏结剂前湿料层的颗粒物捕集机制　　　　(b) 喷加黏结剂后湿料层的颗粒物捕集机制

图 6.72　含有机黏结剂 XF 湿料层吸附颗粒物机制

(2) 延长了湿料层水分保持时间。有机高分子黏结剂的亲水基团的存在使得它非常容易与水结合,在氢键与范德华力的作用下高分子聚合物相互交错形成网状结构,可以与水结合形成水凝胶,从而阻碍料层中水分的蒸发。有机黏结剂溶液的蒸发速率-质量浓度关系,如图 6.73 所示。随着黏结剂浓度的增大,水分蒸发速率逐渐减小,因此在料层中加入黏结剂可以延长料层保持较高水分的时间,从而强化了吸附料层对 PM_{10}、$PM_{2.5}$ 的脱除。

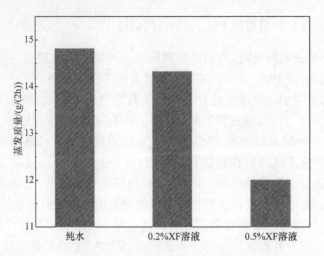

图 6.73 水/黏结剂溶液蒸发速率与黏结剂质量浓度的关系

（3）架桥絮凝作用。随着有机黏结剂浓度的提高，分散在吸附料层颗粒表面的有机黏结剂量增多，有机高分子链一端吸附超细颗粒物，另一端吸附在料层大颗粒表面，通过"架桥"作用将两者牢固地连接在一起，类似于颗粒物化学团聚过程的软团聚，其作用示意图如图 6.74 所示，这就避免了在烟气气流夹带作用下颗粒物的再"逃逸"。

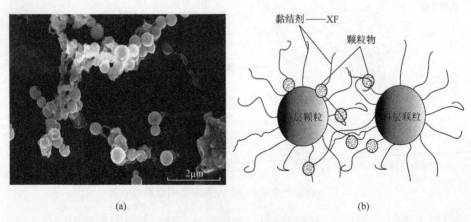

图 6.74 架桥絮凝作用机制

（4）硬团聚作用。在烧结过程中，当料层温度开始升高（≤100℃）时，制粒小球表面水分不断蒸发，黏结剂溶液浓度增加、黏性增强，会进一步提高制粒小球表面对超细颗粒物的黏附能力；而当温度继续升高（100～250℃）时，液体状态的黏结剂干燥固化后形成的固体架桥仍然可将超细颗粒物牢固地黏附在制粒小球表面（图 6.75(a)），类似于颗粒物化学团聚过程中的硬团聚[19-20]，直到温度逐步升高至黏结剂开始分解时（>250℃，图 6.76），这种黏附作用开始弱化直至消失，超细颗粒物从制粒小球表面脱落（图 6.75(b)）。因此，在Ⅰ区～Ⅱ-2 区，湿料带一直存在，因黏结剂的吸附作用，可以将超细颗粒物牢固地吸附在制粒小球表面；在Ⅲ区，料层温度开始升高，湿料带开始消失，但在料层温度尚未达到黏结剂剧烈分解的温度前，被料层吸附的超细颗粒物因黏结剂的吸附作用不会脱落，从而可以降低Ⅱ区、Ⅲ区超细颗粒物的排放浓度。

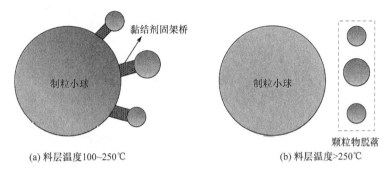

(a) 料层温度100~250℃　　　　　(b) 料层温度>250℃

图 6.75　黏结剂在料层中与颗粒物间作用的示意图

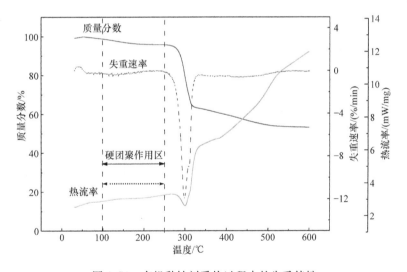

图 6.76　有机黏结剂受热过程中的失重特性

因此，在制粒小球表面喷加黏结剂溶液可有效提高湿料带在Ⅱ区、Ⅲ区对 PM_{10} 和 $PM_{2.5}$ 的吸附能力，使其排放浓度降低；而在Ⅳ区，湿料带消失，被料层吸附的超细颗粒物解吸，使 PM_{10} 和 $PM_{2.5}$ 高浓度集中释放，PM_{10}、$PM_{2.5}$ 排放量分别占排放总量的 74.8%、74.2%。

6.8　本章小结

（1）PM_{10} 和 $PM_{2.5}$ 理化特性研究表明，I 区～II-2 区排放的 $PM_{2.5}$ 主要由 Fe、Ca 组成，以 $CaO \cdot Fe_2O_3$ 存在于规则球形颗粒，II-1 区～III 区排放的 $PM_{2.5}$ 中 Pb 含量较高，黏附在其他颗粒表面或以 $PbCl_2$ 形式存在于多面体柱状颗粒，III 区～IV 区排放的 $PM_{2.5}$ 中 K、Cl 含量较高，黏附在其他颗粒表面或以 KCl 形式存在于方块状颗粒。

（2）工艺参数与原料条件对 PM_{10} 和 $PM_{2.5}$ 排放的影响研究表明，提高混合料水分和延长制粒时间有利于降低 PM_{10} 和 $PM_{2.5}$ 的排放浓度，焦粉配比和原料中有害元素含量的提高均会增加有害元素向超细颗粒物转化，导致 PM_{10} 和 $PM_{2.5}$ 的排放浓度升高。

（3）烧结过程 $PM_{2.5}$ 产生的途径主要有三种：微细粒级铁矿和熔剂等在干燥预热带从制粒小球表面脱落后形成、燃烧带铁酸钙矿物熔融过程产生的超细球形熔融体冷却后形成以及脱除的有害元素均相或异相凝结转化形成，其形成的 $PM_{2.5}$ 占总量的比例分别为 15.4%、52.9%、20.3%；部分难以辨识的 $PM_{2.5}$ 可能形成于脱落的铝硅酸盐脉石矿物、焦粉燃烧产生的飞灰。

（4）PM_{10} 和 $PM_{2.5}$ 随烟气在料层迁移时，部分因拦截、惯性碰撞、扩散、沉降等作用被湿料带吸附，而粒径较小的 $CaO \cdot Fe_2O_3$ 球形颗粒则穿过料层随烟气排出，湿料带的厚度增大、料层含水量增加或"上层混合料粒度大、下层粒度小"的粒度偏析等均可使料层的吸附能力提高；PM_{10} 和 $PM_{2.5}$ 被湿料层吸附后，在后续的燃烧过程中其 K、Cl 等元素解吸后再向超细颗粒物转化使 III 区～IV 区、V 区烟气排放的 $PM_{2.5}$ 主要由 K、Cl 组成，PM_{10}、$PM_{2.5}$ 的排放浓度明显提高。

（5）开发了基于分层布料调控排放与强化料层吸附调控迁移的 PM_{10} 和 $PM_{2.5}$ 集中排放调控技术，即将高有害元素原料单独制粒后分布在烧结料层下部，或者通过在制粒小球表面喷加 1% 黏结剂溶液（浓度为 0.5%）并分布在料层底部。两种调控技术均明显降低了 PM_{10} 和 $PM_{2.5}$ 在 II-1 区～III 区的排放浓度，将其更为集中地调控在 IV 区集中释放，PM_{10}、$PM_{2.5}$ 在 IV 区、V 区的排放量分别提高为占总排放量的 71.3%、77.6% 和 74.8%、74.2%。

参 考 文 献

[1] 尹亮. 铁矿烧结过程超细颗粒物的排放规律及其特性研究. 长沙：中南大学，2015
[2] 季志云. 铁矿烧结过程 PM_{10}、$PM_{2.5}$ 形成机理及控制技术. 长沙：中南大学，2017
[3] 范晓慧，尹亮，何向宁，等. 铁矿烧结过程烟气中微细颗粒污染物的特性. 钢铁研究学报，2016，28(5)：18-23

[4] 范晓慧,甘敏,季志云,等. 烧结烟气超细颗粒物排放规律及其物化特性. 烧结球团, 2016(3):42-45

[5] Ji Z Y,Fan X H,Gan M,et al. Influence factors on $PM_{2.5}$ and PM_{10} emissions in iron ore sintering process. ISIJ International,2016,56(9):1580-1587

[6] Ji Z Y,Gan M,Fan X H,et al. Characteristics of $PM_{2.5}$ from iron ore sintering process:Influences of raw materials and controlling methods. Journal of Cleaner Production, 2017, 148:12-22

[7] Ji Z Y,Fan X H,Gan M,et al. Speciation of $PM_{2.5}$ released from iron ore sintering process and calculation of elemental equilibrium. ISIJ International,2017,57(4):673-680

[8] Ji Z Y,Fan X H,Gan M,et al. Influence of SO_2-related interactions on $PM_{2.5}$ formation in iron ore sintering. Journal of the Air & Waste Management Association,2017,67(4):488-497

[9] Fan X H,Ji Z Y,Gan M,et al. Participating patterns of trace elements in $PM_{2.5}$ formation during iron ore sintering process. Ironmaking & Steelmaking,2018,45(3):288-294

[10] Gan M,Ji Z Y,Fan X H,et al. Emission behavior and physicochemical properties of aerosol particulate matter ($PM_{10/2.5}$) from iron ore sintering process. ISIJ International, 2015, 55(12):2582-2588

[11] Chi T,Ramarao B V. Granular Filtration of Aerosols and Hydrosols. Switzerland:Elsevier Science & Technology Books,2007

[12] 向晓东. 烟尘纤维过滤理论、技术及应用. 北京:冶金工业出版社,2007

[13] Slinn W G N. Precipitation scavenging. Washington D. C. :Division of Biomedical Environmental Research,U. S. Department of Energy,1984:55-62

[14] 范晓慧,季志云,甘敏,等. 一种降低铁矿烧结烟气中 $PM_{2.5}$ 排放量方法:ZL201510574218. 2. 2017-5-10

[15] 范晓慧,季志云,甘敏,等. 一种采样膜及基于采用膜检测分析铁矿烧结烟气超细颗粒物的方法:ZL201610264841. 2. 2016-4-26

[16] 甘敏,范晓慧,季志云,等. 一种集中脱除铁矿烧结烟气中 $PM_{2.5}$ 和重/碱金属的方法: ZL201711457948. X. 2017-12-28

[17] 季志云,范晓慧,甘敏,等. 基于强化料层吸附的烧结烟气 $PM_{2.5}$ 减排方法: ZL201711457956. 4. 2017-12-28

[18] 季志云,甘敏,范晓慧,等. 一种提高铁矿烧结烟气电除尘过程 $PM_{2.5}$ 脱除效率的方法: ZL201711457959. 8. 2017-12-28

[19] Anita J,Torben S. Effects of physical properties of powder particles on binder liquid requirement and agglomerate growth mechanisms in a high shear mixer. European Journal of Pharmaceutical Sciences,2001,14(2):135-147

[20] Alexandre G,Jacques B. Wet agglomeration of powders from physics toward process. Powder Technology,2001,117(7):221-231

第7章　烧结烟气污染物综合控制技术探讨

面对当前严峻的环境保护形势,只对单种污染物进行治理,或者采用单一的污染物治理方法,都难以达到严格的环境保护要求。烧结烟气治理应从单一污染物治理向多污染物协同治理过渡,治理方法应从依赖末端治理向全过程、全流程控制发展。从工艺入手,重视污染物源头、过程控制技术,通过源头、工艺生产全过程控制,减少污染物的生成量和烟气的排放量,在此基础上有机耦合低成本、高效的末端协同净化技术,从全流程实现污染物综合减排,从而实现烧结烟气多污染物的达标排放甚至超低排放。

7.1　基于烟气减量与生物质减排的综合技术

生物质燃料替代煤炭类化石燃料可从源头上降低烧结过程 CO_2、SO_x 及 NO_x 的产生;而烟气循环烧结可以减少烟气外排量,且粉尘和有害气体在循环过程被吸附或降解,可以降低粉尘、二噁英、NO_x 和 CO 的排放;因此,烟气循环和生物质烧结结合可实现多种污染物的大幅减量化排放。

将烟气循环与生物质能烧结相结合,其关键是查明与生物质烧结相适应的烟气循环方式,使其烟气特性有利于烧结传热前沿和燃烧前沿的传播达到协调一致,并使循环烟气中的 CO 潜热和物理显热得到合理的利用,从而改善生物质能烧结的产量、质量指标,同时进一步促进烧结节能减排[1-3]。

7.1.1　燃烧和传热行为

在木质炭替代 40% 的焦粉条件下,烟气性质对生物质能烧结过程中燃烧和传热的影响如图 7.1 所示。

由图 7.1 可知,随着循环烟气中 O_2 含量的降低,燃烧前沿速率逐渐降低,当 O_2 含量降低到 15% 时,燃烧前沿速率和传热前沿速率基本达到一致;随着 CO_2 含量的增加,传热前沿速率提高,燃烧前沿速率也略有加快,两个前沿速率的差距缩小;$H_2O(g)$ 含量的提高使得两个前沿速率的差异也有缩小的趋势。循环烟气温度的提高对前沿速率的差异影响不大。

由于生物质的燃烧速率快,烧结过程中燃烧前沿速率比传热前沿速率快。而烟气循环 CO_2、H_2O 等气体组分的热容量大,可促进料层气-固传热而提高传热前沿速率。因此,利用烟气循环,有利于生物质能烧结燃烧前沿速率和传热前沿速率

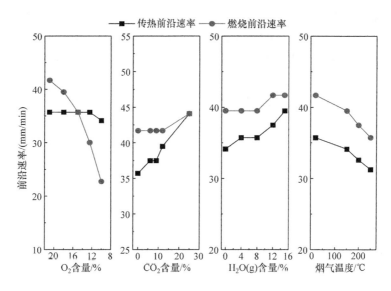

图 7.1　循环烟气性质对传热前沿速率和燃烧前沿速率的影响

达到协调一致。目前,国内的烟气循环主要分为内循环和外循环,外循环是从风机后的烟道中抽出部分烟气循环到烧结料层,而剩余的烟气通过净化后经烟囱放散;内循环是抽取部分风箱的烟气,经循环风机将其循环到烧结料层。在木质炭替代40%焦粉的条件下,烟气循环模式对传热前沿和燃烧前沿的影响如图 7.2 所示。由图可知,当采用循环比例为 40%、面积覆盖比为 100%的外循环,或者采用循环比例为 40%、面积覆盖比为 44.5%的内循环时,烧结传热前沿速率和燃烧前沿速率趋于一致,分别从 35.7mm/min、41.7mm/min 一致趋近于 37.5mm/min。由此表明烟气循环后,传热前沿速率和燃烧前沿速率趋于一致,这对烧结过程是有利的。

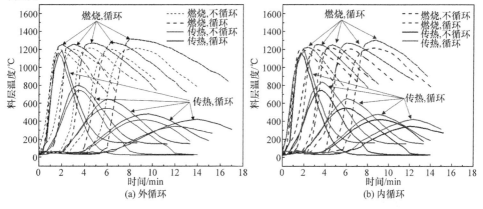

图 7.2　烟气循环对传热前沿和燃烧前沿的影响

烟气循环对生物质能烧结料层温度的影响见表 7.1。由表可知,烟气循环后,烧结料层的最高温度提高、高温时间延长、冷却速率减慢。主要原因是循环烟气显热、CO 潜热的再利用,以及传热前沿速率和燃烧前沿速率趋于协调一致,使得料层温度场得到优化,因此有利于铁精矿烧结。

表 7.1 烟气循环对生物质能烧结料层温度的影响

距料面高度/mm	循环类型	T_{max}/℃	$t_{>1200℃}$/min	$V_{cooling}$/(℃/min)
	不循环	1295	3.17	98
300	外循环 40%	1311	3.50	89
	内循环 40%	1326	3.83	85
	不循环	1262	2.00	132
180	外循环 40%	1277	2.33	99
	内循环 40%	1292	2.50	98

7.1.2 对烧结指标的影响

两种烟气循环模式对生物质能烧结指标的影响见表 7.2。由表可知,当采用循环比例为 40%、烟罩覆盖烧结机面积比为 100% 的外循环,或者采用循环比例为 40%、烟罩覆盖烧结机面积比为 44.5% 的内循环时,循环烟气中 O_2 含量接近 15%,CO_2 和 H_2O 含量低于 8%,满足烟气循环的要求,此时能获得较好的烧结指标,与焦粉为燃料的常规烧结指标接近。

表 7.2 两种烟气循环模式对生物质能烧结指标的影响

是否循环	生物质替代焦粉比例/%	循环烟气组成(%)和温度(℃)					烧结指标			
		O_2	CO_2	CO	H_2O	温度	烧结速率/(mm/min)	成品率/%	利用系数/(t/(m²·h))	转鼓强度/%
否	0			空气			22.50	72.68	1.55	60.98
否	40			空气			24.15	66.18	1.50	58.68
内循环 40%	40	14.58	4.88	0.43	6.44	150	22.95	70.24	1.53	60.68
外循环 40%	40	14.24	6.38	0.84	7.28	175	23.15	72.03	1.55	61.45

7.1.3 综合减排效果

在木质炭替代 40% 焦粉的条件下,分别采用循环比例 40%、面积覆盖比 100% 的外循环以及循环比例 40%、烟罩覆盖烧结机面积比 44.5% 的内循环,其污染物排放特征如图 7.3 所示。由图可知,当木质炭替代 40% 焦粉时,在外循环条件下,CO_2、CO、SO_2、NO_x 分别减排 31.39%、19.84%、41.04%、42.25%;在内循环条件下,CO_2、CO、SO_2、NO_x 分别减排 33.06％、22.06％、44.51％、45.07％。在木质炭替代 40％焦粉的条件下,结合外循环和内循环方式,与没有循环的烧结相比,CO_x 排放分别可多减少 12.74％、13.13％,SO_2 排放分别可多减少 2.89％、6.36％,NO_x 排放分别可多减少 15.49％、18.31％。因此,烟气循环与生物质能相结合可起到综合降低 CO_x、SO_2、NO_x 排放的作用。

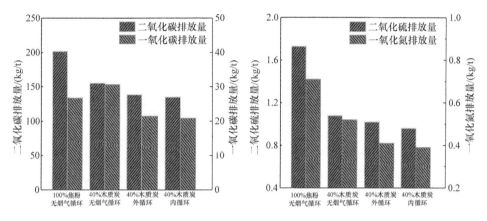

图 7.3　烟气循环与生物质能烧结相结合对 CO_x、SO_2 和 NO 排放量的影响

7.2　基于集中排放的 $PM_{2.5}$ 综合控制技术

7.2.1　$PM_{2.5}$ 集中排放区烟气特点

6.6 节和 6.7 节提出了分层布料和强化湿料层吸附调控颗粒物排放的方法,具体如下。

(1) 当烧结原料中存在有害元素含量高的铁矿石或者二次含铁资源时,通过高有害元素原料分层布料调控 PM_{10} 和 $PM_{2.5}$ 排放:将有害元素含量高的原料单独制粒,制备高有害元素混合料,布到烧结台车底部,其上布低有害元素混合料,实现分层布料;烧结过程中,有害元素主要在料层下部脱除并向 PM_{10} 和 $PM_{2.5}$ 转化,在 I～III 区烟气中 PM_{10} 和 $PM_{2.5}$ 低浓度排放,在 IV 区高浓度排放。

(2) 当烧结原料中有害元素分布较为均匀时,采用黏结剂强化料层吸附调控 PM_{10} 和 $PM_{2.5}$ 迁移:在混合料卸料端向制粒小球表面喷加雾状黏结剂溶液,将喷加有黏结剂的混合料先布到烧结台车,其上部布常规混合料;烧结过程高温带形成的 PM_{10} 和 $PM_{2.5}$ 随烧结烟气向下部料层迁移时,因料层吸附能力增强,使 PM_{10} 和 $PM_{2.5}$ 在 I～III 区低浓度排放,在 IV 区高浓度集中释放,如图 7.4 所示。

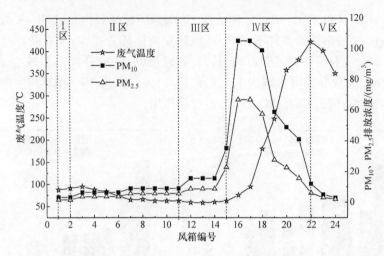

图 7.4　PM_{10} 和 $PM_{2.5}$ 集中排放的烟气特征

因此,调控 PM_{10} 和 $PM_{2.5}$ 排放后,IV区烟气具有高粉尘以及高碱金属和重金属、高温、低水蒸气的特点,可以对其单独处理,以提高 $PM_{2.5}$ 的脱除效率。

7.2.2　$PM_{2.5}$ 集中区布袋除尘方法

IV区(升温段)烟气几乎没有水蒸气,适合布袋除尘,但该区烟气温度最高可达300℃,长期运行会对布袋造成影响。针对此,本小节提出了一种粉尘集中脱除的方法,将温度高、粉尘浓度大的升温段烟气进行降温冷却然后布袋除尘,一方面将烟气中过剩的热量进行回收利用,另一方面达到调控烟气温度的目的,使烟气温度满足布袋除尘的温度范围。IV区(升温段)烟气处理工艺如下。

(1) IV区烟气的冷却通过逆流式水冷塔实现,逆流式冷却塔内设置多组耐热不锈钢管,冷却水从下而上通过耐热不锈钢管内部,烟气从上往下通过逆流式水冷塔内部与耐热不锈钢管的外壁接触,烟气温度冷却至 $180\sim240$℃,而耐热不锈钢管的内冷却水被加热成温度为150℃以上的蒸汽。通过逆流式水冷塔可以将IV区高温烟气调节至温度满足布袋除尘要求,同时可以回收中高温蒸汽。

(2) IV区通过回收热量后,烟气温度降低至布袋除尘器可以耐受的温度范围,因此可以设计布袋除尘过滤实现深度除尘,将主要排放在升温段的富含 K、Na、Pb等碱金属、重金属元素的超细颗粒物通过布袋除尘过滤掉。

通过布袋除尘可将IV区烟气中粉尘的浓度降低至 $20mg/Nm^3$ 以下。而非升温段烟气水蒸气含量高、$PM_{2.5}$ 浓度低,可直接通过电除尘进行净化处理。

7.2.3　活性炭吸附

将 $PM_{2.5}$ 集中排放到IV区烟气,并通过降温和布袋除尘,使得烟气中的粉尘含

量降低至较低的程度,且通过适当回收Ⅳ区烟气的余热,可使烟气整体温度控制在
135~145℃,温度适合采用活性炭工艺进行净化。活性炭脱硫脱硝技术作为一种
烧结烟气除尘、脱硫、脱硝、脱重金属、脱二噁英五位一体的污染物净化技术已经广
泛应用于烟气治理。本小节主要研究活性炭脱除 $PM_{2.5}$ 的行为[4-6]。

　　活性炭表面广泛分布着不同大小的孔洞,包括 $10\mu m$ 以上的较大孔洞、$5\sim$
$10\mu m$ 的较小孔洞和 $-2\mu m$ 的微细孔洞;而且活性炭表面比较粗糙、凹凸不平,为
PM_{10} 和 $PM_{2.5}$ 吸附提供大量存储区域。采用活性炭处理烟气,其吸附颗粒物后表
面的形貌特征如图 7.5 所示;图 7.5(a)~(c)说明活性炭表面 $10\mu m$、$5\sim10\mu m$ 及
$1\mu m$ 左右的孔洞吸附了大量超细颗粒物,且 $10\mu m$、$5\sim10\mu m$ 孔洞中吸附的颗粒物
粒径分布较宽,包含 $10\mu m$ 左右的大颗粒与 $2.5\mu m$ 以下的小颗粒。图 7.5(d)和
(e)说明活性炭表面凹陷区域也吸附了大量的超细颗粒物;从图 7.5(f)中可以看
出,活性炭表面也黏附大量 $-1\mu m$ 颗粒。

图 7.5　吸附超细颗粒物后活性炭的形貌特征

　　在活性炭粒级为 $8\sim12mm$、空速为 $15min^{-1}$ 条件下,活性炭吸附对不同粒级
颗粒脱除比例的影响如图 7.6 所示。由图可知,各种粒级超细颗粒物的脱除比例
随着粒级的增大而逐渐提高,颗粒物粒级越大,其脱除比例越高;PM_{10}、$PM_{2.5}$ 的脱
除比例分别可达到 60% 和 50% 以上。

　　因此,可以采用 $PM_{2.5}$ 集中排放-布袋除尘-活性炭吸附的方法实现颗粒物的深
度净化[7],如图 7.7 所示。将 $PM_{2.5}$ 集中排放Ⅳ区,然后将Ⅳ区烟气通过热交换器

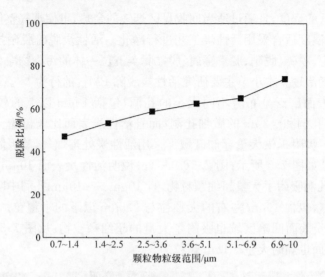

图 7.6　活性炭对不同粒级颗粒脱除比例的影响

回收部分余热,并将烟气温度冷却至 $180 \sim 240 ℃$,然后采用布袋除尘脱除烟气中的 $PM_{2.5}$,将粉尘浓度控制在 $20mg/Nm^3$ 以下。剩余其他烟气通过电除尘,然后与除尘后的Ⅳ区烟气汇合进入活性炭净化系统。由于布袋除尘效率高,进入活性炭吸附塔的烟气粉尘浓度较低,可以防止粉尘大量吸附在活性炭表面对脱硫脱硝造成负面影响,从而可以利用活性炭对 PM_{10}、$PM_{2.5}$ 进行深度净化。活性炭减排 PM_{10}、$PM_{2.5}$ 分别达到 60%、50% 以上,最终使烟气中粉尘浓度降低到 $10mg/Nm^3$ 以下的超低排放水平。

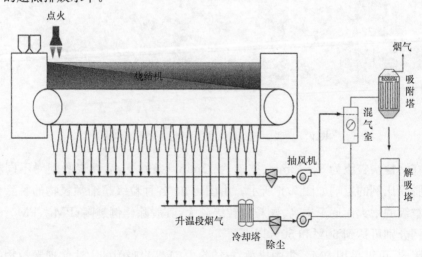

图 7.7　基于 $PM_{2.5}$ 集中排放的除尘工艺

7.3　过程控制耦合低成本净化工艺

7.3.1　过程综合控制技术

"半干法脱硫＋SCR"、活性炭综合净化工艺均是实现烧结烟气超低排放的潜在可行工艺。无论是半干法脱硫还是活性炭脱硫,其脱硫效率均可达到很高程度,可以实现 SO_2 的超低排放。但对脱硝来说,按照当前烧结烟气 NO_x 的排放浓度,需稳定达到80%～87.5%的脱硝效率才能达到超低排放的要求,无论是SCR脱硝还是活性炭脱硝,其难度都较大。

因此,脱硝前有必要耦合 NO_x 过程控制技术,通过优选低氮燃料、燃料预处理、优化烧结生产条件、采用烟气循环工艺等技术措施(表7.3),从烧结过程实现 NO_x 的减排[8-9]。

表 7.3　NO_x 的过程控制综合减排方法

途径	适宜条件	减排效果
优选燃料	优选氮含量低的燃料; 优选反应性较好的燃料,减少燃料氮向 NO_x 转化; 控制燃料具有适宜粒度,减少−1mm粒级的含量	10%～20%
燃料预处理	采用石灰乳对燃料进行表面改性,或在石灰乳中配加细粒铁精矿,再对燃料进行处理; 在燃料中添加 NO_x 生成抑制剂	18%～24%
优化制粒 过程和工艺	控制混合料中适宜的黏附粉与核颗粒比例,使燃料形成的制粒小球具有一定厚度的黏附层; 促进燃料参与制粒,减少燃料以单独颗粒形式存在的比例; 通过燃料预制粒工艺,调控燃料在小球中的分布	10%～20%
优化生产条件	生产高碱度烧结矿,最佳碱度为2.0～2.4; 提高生石灰活性和生石灰配比,利于减少 NO_x 生成; 优化燃料在料层中的分布; 实施厚料层烧结,优化烧结过程,降低固体燃耗,减少 NO_x 产生	10%～30%
采用烟气 循环工艺	循环高 NO_x 段烟气,在循环过程降解 NO_x; 利用烟气循环适当降低 O_2 含量,减少 NO_x 产生	20%～30%

单独采用源头控制或过程控制技术,其 NO_x 减排率不高,可利用各个技术之间良好的兼容性,同步采用多个技术措施,实现多途径 NO_x 高效减排。例如,通过改善料层透气性实施厚料层烧结,同时结合石灰乳对燃料进行表面改性,并对烧结生产条件进行优化,以综合降低 NO_x 排放,见表7.4。首先,通过强化制粒改善料层透气性,结合负压小幅调整,可实现超厚料层1000mm烧结,烧结利用系数没有

明显影响,且焦粉配比从 5.6% 降低至 5.3%,NO_x 平均排放浓度由 220mg/m³ 降低至 197mg/m³。然后,结合燃料预处理(方法见 4.7 节),NO_x 平均排放浓度降低至 146mg/m³,综合减少 NO_x 生成 33.6%。最后,耦合"半干法脱硫+SCR 脱硝"或活性炭工艺。

表 7.4　超高料层结合燃料预处理对烧结指标和 NO_x 排放的影响

是否强化制粒	料层高度/mm	燃料是否预处理	燃料配比/%	烧结负压/kPa	烧结速率/(mm/min)	成品率/%	转鼓强度/%	利用系数/(t/(m²·h))	NO_x 平均排放浓度/(mg/m³)
否	700	否	5.6	−10	21.66	76.22	63.67	1.46	220
是	1000	否	5.3	−12	20.76	78.88	64.07	1.48	197
是	1000	是	5.3	−12	21.88	79.65	64.47	1.55	146

7.3.2　分段脱硫脱硝工艺

目前,脱硫结合 SCR 脱硝有两种技术方案,一是先脱硫后脱硝,由于脱硫后烧结烟气温度低,达不到 SCR 脱硝所需反应温度,需通过外加热提高烧结烟气温度,这就造成脱硝能耗高、设备庞大、运行费用高等;二是先脱硝后脱硫,由于脱硝过程烟气中高浓度的 SO_2、碱金属、重金属等对催化剂有严重的毒化作用,催化剂容易失效,从而使得催化剂使用量大、运行费用高。因此,虽然脱硫和 SCR 脱硝技术均比较成熟,但在烧结烟气治理中,两者不能有机兼容。

针对上述存在的问题,下面提出采用过程控制结合低成本分段式脱硫脱硝的工艺。

(1) 针对 NO_x 浓度在 300mg/Nm³ 左右的烧结烟气,先采用过程控制的方法减少 30% 的 NO_x(可采用 7.2 节所述的方案),结合 SCR 脱硝减少 75% 以上的 NO_x,即可将 NO_x 的浓度降低至 50mg/Nm³,满足钢铁行业超低排放的要求。

(2) 针对现有 SCR 脱硝存在烟气再加热导致高能耗和二次污染,以及催化剂易被毒化等问题,设计和开发了一种烧结烟气分段高效脱硫脱硝的方法[10](图 7.8),该方法根据烧结机各区域产生的烟气成分不同进行分段,将高 SO_2 和高 NO_x 烟气分开治理,分别单独进行脱硫和脱硝,一方面可以在现有脱硫工艺的基础上增加脱硝装置,实现脱硫脱硝工艺的兼容;另一方面确保脱硝烟气具有较高的温度和低毒化组分,对烟气进行经济、高效脱硝。

以 24 个风箱 360m² 的烧结机为例,烧结机沿入料端至出料端方向的烟气依次分为 Ⅰ、Ⅱ、Ⅲ、Ⅳ、Ⅴ 区,分段处理的方法如下。

(1) 将 Ⅳ 区前段 SO_2、重(碱)金属排放浓度最高的 2 个或 3 个风箱烟气与 Ⅰ 区烟气合并进入脱硫烟道,主要进行脱硫。

(2) 将 Ⅲ 区低温、高 NO_x、低 $H_2O(g)$ 的烟气,与烧结环冷热废气合并后进行循环利用,循环至Ⅱ区对应的烧结料面,确保循环烟气 O_2 含量大于 $15\%\sim18\%$、温度高于 $100℃$;烟气在循环过程降解一部分 NO_x,未降解的 NO_x 富集在Ⅱ区烟气中。

(3) 将Ⅱ区烟气、Ⅳ区后段烟气、Ⅴ区烟气合并后进入脱硝烟道,由于Ⅳ区后段烟气、Ⅴ区烟气均为高温烟气,可保证脱硝烟气温度大于 $200\sim250℃$,从而可以不需要对烟气进行加热,即可采用中温催化剂的 SCR 技术对其进行脱硝净化处理;若脱硝净化后的烟气中 SO_2 浓度超过排放标准的限值,则继续通入脱硫装置进行脱硫。

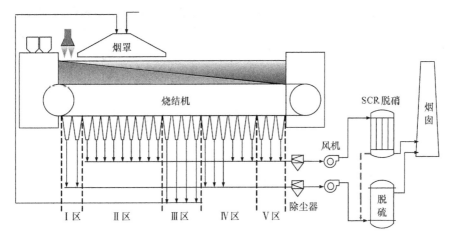

图 7.8　分段式高效脱硫脱硝工艺

各烟道的烟气特征见表 7.5。因此,通过将高 SO_2、高重(碱)金属的烟气分出,确保脱硝烟气中对催化剂中毒作用大的 SO_2、高重(碱)金属组分含量低,解决了脱硝过程易存在催化剂中毒的问题;同时,通过循环部分低温烟气,提高脱硝烟气的温度,解决了现有技术中烟气再加热后脱硝存在能耗高的问题。此外,将 SO_2 和 NO_x 分别富集在烧结机特定区域排放,大大降低了烟气的处理量,实现烟气经济、高效脱硫脱硝。

表 7.5　各烟道的烟气特征

烟气分段	烟气特征				
	SO_2	NO_x	$H_2O(g)$	重金属、碱金属粉尘	温度
脱硫烟道	高	相对较低	相对较低	高	相对较低
脱硝烟道	相对较低	高	相对较高	低	相对较高
循环烟道	相对较低	高	相对较低	相对较高	相对较低

采用分段式脱硫脱硝方法,大部分烧结厂家可以利用已有的脱硫设施,只需增

加相对小型的 SCR 装置,不需要外部供热即可实现高效脱硫脱硝,同时大幅降低烟气处理量,降低脱硝设施投资成本 35%~50%,降低脱硫脱硝运行费用 30%~40%。

7.3.3 并联式活性炭脱硫脱硝工艺

活性炭法要获得较高的脱硝效率,一般采用双级串联脱硫脱硝活性炭工艺,在串联的第一级塔中先完成 SO_2 的脱除,在第二级塔中实现脱硝,由于烟气处理量大、投资成本高、运行费用高,所以制约了其进一步推广应用。

针对现有技术中烧结烟气采用活性炭脱硫脱硝的工艺存在脱硝率偏低、投资成本高和运行费用高的问题,本小节设计和开发了一种烧结烟气活性炭并联式双塔脱硫脱硝新工艺[11](图 7.9),该工艺不仅能降低活性炭工艺投资成本和运行费用,还能提高净化效率。

并联式工艺的特点如下。

(1) 将烧结机烟气沿长度方向依次分为 Ⅰ、Ⅱ、Ⅲ、Ⅳ、Ⅴ 区,根据烟气含 NO_x 和 SO_2 的浓度不同,分别进入不同的烟道:Ⅱ 区烟气中 NO_x 浓度高,其进入脱硝烟道,但由于其温度低,将 Ⅴ 区烟气导入脱硝烟道以提高烟气温度;Ⅳ 区烟气中 SO_2 浓度高,其进入脱硫烟道,但由于其温度较高,将 Ⅰ 区和部分 Ⅲ 区烟气导入脱硫烟道使其满足活性炭工艺的温度要求。

(2) 活性炭解吸塔采用并联式双塔结构,主体包括一个脱硫塔和一个脱硝塔,脱硫塔与烧结机脱硫烟道连接,脱硝塔与烧结机脱硝烟道连接;脱硫塔和脱硝塔之间设有再生塔。

(3) 脱硫塔内活性炭脱硫后,进入再生塔进行解析,再生活性炭经过筛分去除粒径小于 2mm 的活性炭粉末,粒径在 2mm 以上的活性炭进入脱硝塔脱硝,脱硝塔中的活性炭再进入脱硫塔循环利用。

与传统的串联式双塔脱硫脱硝工艺相比,并联式双塔活性炭脱硝脱硫烟气综合治理工艺具有如下优势。

(1) 将高 NO_x 烟气和高 SO_2 烟气分开处理,可以利用烟气分段调节脱硝烟气的温度,克服串联式双塔因先脱硫后脱硝而导致脱硝反应温度低的不足。

(2) 将 Ⅳ 区 SO_2 浓度较高,且富含碱金属的烟气,与 NO_x 高的烟气分段净化,不仅可以避免 SO_2 对脱硝的负面作用,同时大幅降低 K、Na 等碱金属对活性炭脱硝的毒化作用,也可以进一步提高脱硝效率。

(3) 将高 NO_x 烟气和高 SO_2 烟气分流治理,避免所有烟气既进脱硫塔又进脱硝塔,因此两个吸附塔的烟气处理量相比传统工艺减少了 50%,从而可以减小吸附塔和再生塔的规模,大幅降低设备投资成本和运行费用。

该工艺通过调控脱硝烟气的温度,满足催化脱硝的温度要求,同时大幅降低烟

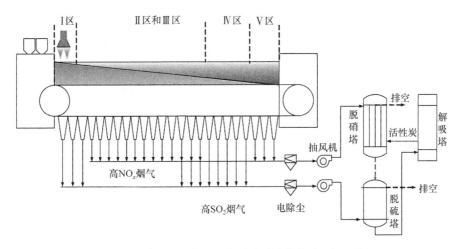

图 7.9　并联式双塔活性炭脱硝脱硫综合治理新工艺

气处理量,可以大大缩小吸附塔和解吸塔的规模,降低设备投资成本和运行费用,在不影响脱硫效率的基础上,提高活性炭的脱硝效率,同时可降低投资成本 30%～50%,减少运行费用 20%～40%。

7.4　本 章 小 结

（1）根据生物质能烧结和烟气循环烧结对燃料燃烧、料层传热的互补性,提出了基于烟气循环的生物质能烧结新工艺,揭示了燃烧前沿速率和传热前沿速率趋于一致的适宜烟气循环工艺条件。在适宜的烟气循环条件下,生物质替代 40%焦粉的烧结指标与 100%焦粉的指标相当,SO_x 和 NO_x 减排均达到 40%以上。

（2）提出了基于 $PM_{2.5}$ 集中排放的整体控制技术,即将 $PM_{2.5}$ 调控至Ⅳ区集中排放后,通过烟气换热、布袋除尘将烟气粉尘浓度控制在 $20mg/Nm^3$ 以下,然后结合活性炭烟气净化技术,使粉尘浓度降低到 $10mg/Nm^3$ 以下的超低排放水平。

（3）根据烧结过程中烧结机内各区域产生的烟气成分不同进行分段处理,提出了烧结烟气分段式高效脱硫和 SCR 脱硝的方法、烧结烟气活性炭并联式双塔脱硫脱硝新工艺,在降低设备投资成本和运行费用的基础上,结合源头与过程控制,实现 NO_x 的达标排放或超低排放。

参 考 文 献

[1] 甘敏. 生物质能铁矿烧结的基础研究. 长沙:中南大学,2012

[2] Gan M,Fan X H,Jiang T,et al. Fundamental study on iron ore sintering new process of flue gas recirculation together with using biochar as fuel. Journal of Central South University,

2014,21(11):4109-4114

[3] 范晓慧,甘敏,陈许玲,等.烟气循环和生物质能相结合的铁矿烧结方法:ZL201110180961. 1.2013-4-24

[4] 季志云.铁矿烧结过程 PM_{10}、$PM_{2.5}$形成机理及控制技术.长沙:中南大学,2017

[5] Ji Z Y,Fan X H,Gan M,et al. Analysis of commercial activated carbon controlling ultra-fined particulate emissions from iron ore sintering process. ISIJ International,2018,58(7): 1204-1209

[6] Gan M,Ji Z Y,Fan X H,et al. Clean recycle and utilization of hazardous iron-bearing waste in iron ore sintering process. Journal of Hazardous Materials,2018(353):381-392

[7] 甘敏,范晓慧,季志云,等.一种烧结烟气活性炭高效净化工艺:ZL2018080201813570.2018- 8-2

[8] 范晓慧,甘敏,陈许玲,等.铁矿烧结节能减排现状及其研究进展.第十五届全国炼铁原料学术会议,合肥,2017:1-9

[9] 范晓慧,甘敏,季志云,等.一种全过程控制减少烧结烟气 NO_x 排放的方法及其装置: ZL201711364224.0.2017-12-18

[10] 范晓慧,甘敏,季志云,等.一种烧结烟气集中高效脱硫脱硝的方法:ZL201711211985.2. 2017-11-28

[11] 甘敏,范晓慧,季志云,等.一种烧结烟气活性炭并联式双塔脱硫脱硝工艺: ZL201711212095.3.2017-11-28

作者简介

甘敏,1983 年出生于江西省萍乡市。2002 年考入中南大学学习,2012 年获工学博士学位并留校任教,2015 年晋升为副教授,2018 年聘为博士生导师。入选中南大学升华育英计划,获湖南省优秀博士学位论文、湖南省科技进步创新团队奖,担任中国硅酸盐学会冶金固废专业委员会委员、《烧结球团》期刊编委会委员。

主要研究领域为:烧结球团新理论与新技术、冶金节能与污染物控制、工业固废无害化与增值利用、多金属矿产资源清洁提取等。主持国家自然科学基金青年科学基金、国家自然科学基金钢铁联合研究基金、湖南省自然科学基金、博士后科学基金面上资助和特别资助项目等 10 余项;在 *Journal of Hazardous Materials*、*Journal of Cleaner Production*、*Powder Technology*、*Fuel Processing Technology*、*ISIJ International* 等国内外著名期刊、会议上发表学术论文 50 余篇,其中 SCI 收录 32 篇;参与撰写专著和教材 3 部;以第一发明人获授权发明专利 14 项;培养硕士研究生 4 人,博士研究生 1 人。

范晓慧,1969 年出生于河北省昌黎县。1987 年考入中南工业大学(现为中南大学)学习,1996 年获工学博士学位并留校任教。1997 年破格晋升为副教授,2002 年晋升为教授,2004 年聘为博士生导师,2007~2008 年作为访问教授到澳大利亚昆士兰大学留学一年。享受国务院特殊津贴专家,获宝钢优秀教师特等奖和中国金属学会冶金青年科技奖,入选教育部新世纪优秀人才支持计划,被评为湖南省芙蓉百岗明星和湖南省学科带头人、教育部骨干教师。兼任中国金属学会冶金环境保护分会副主任委员,中国高等教育学会工程教育专业委员会理事,国家烧结球团装备系统工程技术研究中心技术委员会委员。

主要研究领域为:铁矿造块新理论与新工艺、冶金过程节能减排与环境保护、钢铁冶金数学模型与人工智能、铁矿直接还原理论与新工艺、二次资源综合利用等。获国家科学技术进步奖二等奖 2 项,省部级科学技术奖 9 项,全国优秀科技图书奖 1 项;获国家授权发明专利 50 余项,软件著作权 5 项;出版专著《铁矿造块数学模型与专家系统》《铁矿烧结优化配矿原理与技术》《烧结过程数学模型与人工智能》,出版教材《烧结球团厂设计原理》,参编教材《铁矿造块》《资源加工学》,参编《烧结球团生产技术手册》《选矿工程师手册》,发表学术论文 250 余篇。培养博士、硕士研究生 70 余名。